Heinz Axel Pürner
Beate Pürner

DB2/2 kompakt

Heinz Axel Pürner
Beate Pürner

DB2/2 kompakt

Professioneller Einsatz des Datenbank-management-Systems unter OS/2

Additional material to this book can be downloaded from http://extras.springer.com

Alle Rechte vorbehalten
© Springer Fachmedien Wiesbaden 1994
Ursprunglich erschienen bei Friedr. Vieweg & Sohn Verlagsgesellschaft 1994
Softcover reprint of the hardcover 1st edition 1994

Der Verlag Vieweg ist ein Unternehmen der Verlagsgruppe Bertelsmann International.

Gedruckt auf säurefreiem Papier

ISBN 978-3-322-83072-2   ISBN 978-3-322-83071-5 (eBook)
DOI 10.1007/978-3-322-83071-5

Vorwort

Mit diesem Buch wenden wir uns an erfahrene EDV-Anwender mit Kenntnissen relationaler Datenbanken und SQL. OS/2 ist unserer Ansicht nach besonders interessant für Anwender in Unternehmen, die bereits IBM-Kunde sind und die im Rahmen einer verteilten Datenverarbeitung gleich welcher Art die Vorteile eines Herstellers nutzen wollen. Der Einsatz von DB2/2 ist überlegenswert für Firmen, die bereits ein relationales Datenbank-Management-System einsetzen und ein System suchen, das zu den großen Brüdern wie SQL/DS oder DB2/MVS[1] kompatibel ist und die Möglichkeiten einer verteilten Datenhaltung mit diesen bietet. Genau dies verspricht IBM für DB2/2.

In Verbindung mit CICS OS/2, der entsprechenden Version des Mainframe-Transaktionsmonitors, bietet DB2/2 dem Anwender die Möglichkeit, im Rahmen von Downsizing-Aktionen sogar bestehende DB2-CICS-Anwendungen auf OS/2 zu übernehmen. Die Kommunikationsfähigkeit von CICS OS/2 bietet darüber hinaus noch weitere Möglichkeiten zur verteilten Verarbeitung.

Wir wollen gerade EDV-Anwendern, die an den oben erwähnten Fragestellungen interessiert sind, ein kompaktes Handbuch über DB2/2 zur Verfügung stellen, in dem sie auf einen Griff Hinweise zu vielen Aspekten des Einsatzes von DB2/2 finden.

Darüber hinaus wenden wir uns auch an EDV-Profis, die ihre Anwendungssoftware unter OS/2 für Mainframe-Systeme erstellen. Sie finden in DB2/2 einen adäquaten Ersatz für DB2/MVS oder SQL/DS.

Bei den Erläuterungen der SQL-, DB2/2- und QM-Befehle lehnen wir uns in der Darstellung an die knappen Erläuterungen der online-Hilfe zu DB2/2 an. Wir haben diese aber ergänzt um die Informationen, die nach unserer Meinung wichtig für das Verständ-

---

[1] Zur Unterscheidung zwischen DB2, dem bekannten Mainframe-Produkt und Namensgeber, und DB2/2, dem jungen PC-Ableger, verwenden wir die Bezeichnung DB2/MVS für das Mainframe-Produkt - vielleicht unter Vorwegnahme eines neuen Namens.

nis der Befehle sind. Wir haben außerdem irreführende oder schlicht falsche Aussagen korrigiert oder weggelassen.

Diese nicht korrekten Aussagen finden sich vor allem in der online-Hilfe. Nach unserer Erfahrung können Sie sich besser auf die Original-IBM-Handbüchern (englische Fassung) verlassen als auf die online-Texte.

Da wir Ihnen die wichtigsten Informationen zu DB2/2 kompakt darstellen wollen, bleiben wir natürlich in der Ausführlichkeit unserer Erläuterung hinter den umfangreichen Handbüchern der IBM zurück. Sollten Sie daher zu speziellen Fragestellungen ausführlichere Informationen benötigen, als wir Ihnen hier anbieten können und wollen, so sollten Sie die IBM-Handbücher zu Rate ziehen.

- *Kapitel 1* beschreibt die Entwicklung von DB2/2, stellt kurz die Konzepte des Relationenmodells vor und erläutert dessen Implementierung in DB2/2.

- Der Datenbank-Entwurf wird in *Kapitel 2* behandelt. Nach ein wenig Theorie (Modellierung, ERA, Normalformen) wird die Umsetzung in die Praxis mit DB2/2 dargestellt (Verarbeitungsregeln für referentielle Integrität definieren, Index-Strukturen, Sichten, Zugriffsrechte). Die physischen Strukturen der DB2/2-Konstrukte sowie deren Umsetzung in OS/2-Strukturen werden beschrieben und mit DB2/MVS verglichen.

- *Kapitel 3* beschreibt den Leistungsumfang und die Handhabung des Query Managers. Zur Verdeutlichung wird eine kleine Anwendung zur Verwaltung eines Yachthafens entwickelt.

- Die Query Manager-Kommandos werden in *Kapitel 4* dargestellt.

- In *Kapitel 5* finden Sie die Beschreibung der SQL-Befehle von DB2/2 sowie deren Vergleich mit DB2/MVS.

- *Kapitel 6* behandelt die Anwendungsprogrammierung. Die unterschiedlichen Schnittstellen werden aufgezeigt. Beispiele veranschaulichen die Programmierung in COBOL und mit REXX. Außerdem finden Sie eine Zusammenstellung der ESQL-Befehle, der Dienstprogramme und Kommandos, die die Programmierung unterstützen.

- *Kapitel 7* beschäftigt sich mit Leistung und Durchsatz von DB2/2. Die leistungsbestimmenden Faktoren wie Optimizer, die Zugriffstechniken, Sperren und Benutzertrennung werden beschrieben. Die Performance-Messung mit RUNSTATS und EXPLAIN wird erläutert und mit Beispielen verdeutlicht.

- In *Kapitel 8* werden die Dienstprogramme für die Datenbank-Administration beschrieben.

- *Kapitel 9* bietet einen Überblick über die Berechtigungsprofile und die vielfältigen Einzelrechte.

- DB2/2 bei verteilter Datenverarbeitung ist Thema in *Kapitel 10*. Client-Server-Technologie, verteilte Datenbanken mit DRDA und DDCS/2 und verteilte Verarbeitung mit CICS OS/2 werden erläutert.

- Im *Anhang A* werden einige Programmausgaben, Prozeduren und Katalog-Tabellen dargestellt. *Anhang B* enthält das Literaturverzeichnis, das Abkürzungsverzeichnis und eine Begriffsliste, in der die deutschen und englischen Fachbegriffe gegenübergestellt werden.

- Am Ende des Buches finden Sie noch das *Stichwortverzeichnis*.

Wir danken unseren Kollegen Frau E. Liebig-Stöckigt, Herrn Kl. Fricke, Herrn Dr. W. Steinbuß und Herrn A. Stöckigt sowie Herrn K.-H. Scheible von der Firma IBM Deutschland Informationssysteme GmbH für ihre Unterstützung.

Die Autoren

Beate Pürner ist technische Autorin/Redakteurin. Viele Jahre hat sie für ein großes Software-Haus die Benutzer-Dokumentation erstellt. Davor war sie als Systemspezialistin für das Software-Haus tätig. Seit 1993 ist sie freiberuflich tätig.

Dipl.-Ing. Dipl.-Ök. H. A. Pürner, hat sich auf die Fachgebiete Information Engineering und Datenbank-Technologie spezialisiert. Er besitzt langjährige Erfahrungen als Datenbank-Administrator, Berater und Projekt-Manager und ist bekannt durch Seminare, Vorträge und Veröffentlichungen zu seinen Fachgebieten. Seit 1986 ist er Inhaber der

Pürner Unternehmensberatung

- Ingenieurbüro für Informationstechnologie -

Von-der-Tann-Str. 14

44143 Dortmund 1

Tel. 0231 / 5 60 03 94

Fax 0231 / 5 60 03 96

Inhaltsverzeichnis

1   DB2/2 – Eine Implementierung des Relationenmodells

In diesem Kapitel beschreiben wir kurz die Highlights des Relationenmodell von Edgar F. Codd und seine Implementierung in DB2/2.

Das Relationenmodell ist eine Zusammenfassung von elementaren Konzepten

- zur Strukturierung,

- zur Integritätsdefinition und

- zur Manipulation von Daten.

Wir gehen davon aus, daß Ihnen das Relationenmodell grundsätzlich bekannt ist, und verzichten daher auf langatmige Erläuterungen. Zum Schluß werden die verschiedenen Normalformen als Regeln für diese Strukturen dargestellt.

1.1   Entwicklung von DB2/2

DB2/2, Nachfolger von Database Manager in OS/2 Version 1.x EE (Extended Edition), ist eine 32-Bit-Implementierung für OS/2 Version 2.x. Es ist das PC-Mitglied der DB2-Familie. Für die neue Version verspricht die IBM eine verbesserte DB2/MVS-Kompatibilität.

Ein völlige Übereinstimmung mit DB2/MVS ist damit nicht erreicht und auch nicht versprochen worden. Wir werden in den folgenden Kapiteln auf die Unterschiede hinweisen.

Nach Aussagen von IBM war DB2/2 auch die Basis von DB2/6000, das auf der Portierung der OS/2-Software aufbaut.

Entwicklung von DB2/2:

1988	Single-user-Version mit SQL-Unterstützung, 16-Bit Implementierung
1990	Client-Server-Version mit konkurrierendem Zugriff im lokalen Netz
1992	Einbindung in DRDA (Distributed Relational Database Architecture), Zugriff auf DB2, SQL/DS, OS/400
1993	32-Bit Implementierung

Verwendungsmöglichkeiten:

OS/2	Einzelplatzsysteme
OS/2	Datenserver mit Client-Workstations unter OS/2, Windows, DOS
DRDA	Datenzugriff über DDCS/2 (Distributed Database Connection Services)

DB2/2 enthält als Endbenutzer-Werkzeug den Query Manager: eine Presentation Manager-Anwendung mit geführtem Modus (prompted mode), SQL Panel und Report Writer einschließlich Grafikschnittstelle.

Es verfügt weiterhin über eine Kommandozeilen-Schnittstelle und drei Werkzeuge für den Datenbank-Administrator

— *Configuration Tool* zur Definition verschiedener Parameter für System und Datenbanken

— *Recovery Tool* zur Sicherung und Wiederherstellung der Datenbanken

— *Directory Tool* für das Anlegen, Katalogisieren und Löschen von Datenbanken

1.2   Strukturierung

Datenwert Die kleinste Einheit des Relationenmodells ist der Datenwert. Er wird als atomar angenommen, d.h. er ist nicht weiter zerlegbar. Jegliche Information im Relationenmodell wird ausschließlich durch Datenwerte wiedergegeben.

Domäne Eine Menge von Datenwerten der gleichen Art ist eine Domäne. Sie umfaßt den gesamten erlaubten Wertebereich.

Relationen und Attribute Relationen sind Mengen von Elementen identischer Struktur. Eine Relation besteht aus einem Kopf und einem Rumpf; der Kopf wiederum aus einer festen Menge von Attributen, die jeweils genau einer Domäne zugeordnet sind, der Rumpf aus einer variablen Menge von Tupeln, die ihrerseits aus einer Menge von (*Attribut-Name:Attributwert*)-Paaren bestehen. Der Attributwert ist ein erlaubter Datenwert aus der Domäne, zu der das Attribut gehört.

Dem Praktiker vertrauter ist die Darstellung von Relationen als Tabellen, in denen die Tupel als Zeilen und die Attribute als Spalten definiert sind.

Bild 1.1:
Tabellen-
Darstellung
einer
Relation

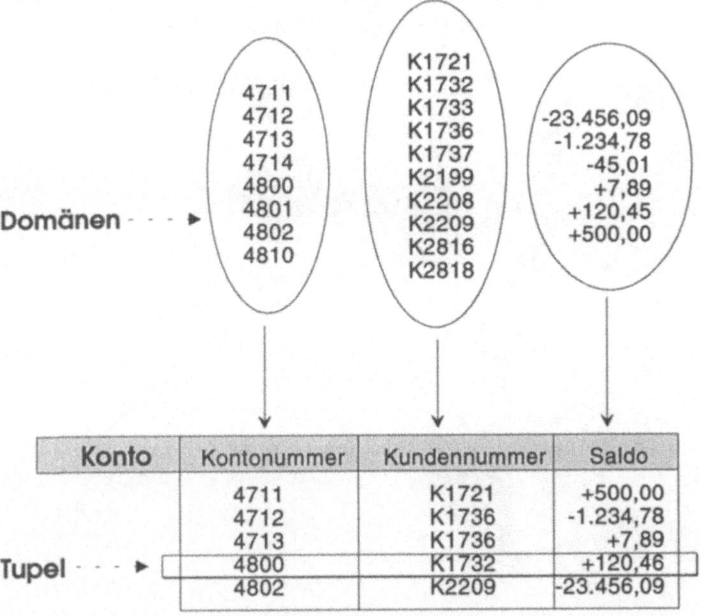

Konto	Kontonummer	Kundennummer	Saldo
	4711	K1721	+500,00
	4712	K1736	-1.234,78
	4713	K1736	+7,89
	4800	K1732	+120,46
	4802	K2209	-23.456,09

Primärschlüssel Die Mengenstruktur von Relationen schließt die Existenz von Elementen (Tupeln) gleichen Wertes aus. Die Datenobjekte werden assoziativ, d.h. durch Attributwerte bestimmt. Die Relationenelemente werden nur dann eindeutig durch die Werte in ausgezeichneten Attributen identifiziert, wenn stets sichergestellt ist, daß in einer Relation eine bestimmte Wertekombination in diesen Attributen nur einmal vorkommt. Die Kombination dieser ausgezeichneten Attribute wird als Primärschlüssel, die Attribute als Schlüsselattribute bezeichnet. Der Primärschlüssel muß nicht nur *eindeutig*, sondern auch *minimal* sein, d.h. es darf kein Attribut mehr entfernt werden können, ohne daß der Primärschlüssel seine Eindeutigkeit verliert. Die Nichtschlüsselattribute werden vom Primärschlüssel funktional bestimmt, sie sind vom Schlüssel funktional abhängig.

Schlüsselkandidat Attributmengen, die nicht als Primärschlüssel gewählt wurden, aber auch die Tupel einer Relation eindeutig identifizieren können, heißen Schlüsselkandidaten.

Fremdschlüssel Referenziert eine Attributmenge einer Relation eine andere eindeutig, d.h. ist sie der Primärschlüssel der anderen Relation, so wird sie als *Fremdschlüssel* bezeichnet. Die Attribute des Fremdschlüssels und die des zugehörigen Primärschlüssels müssen paarweise zu denselben Domänen gehören.

Bild 1.2:
Schlüssel im
Relationen-
modell

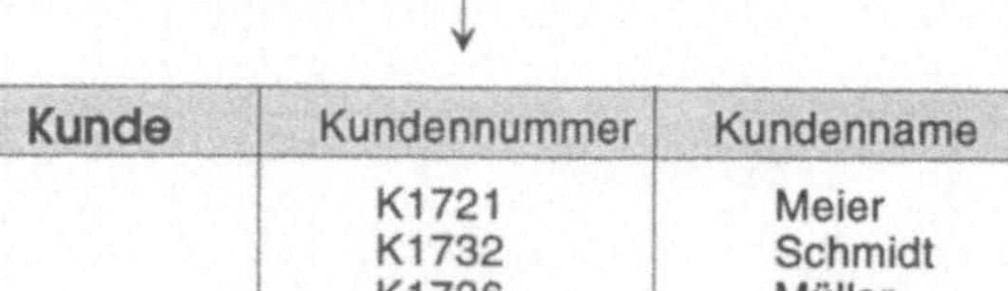

NULL-Wert Sind Attribute in ihrem Wert nicht definiert, so haben sie den Wert NULL[1] angenommen.

DB2/2 ist eine der mittlerweile vielen Implementierungen dieser Prinzipien. Es bietet die Organisation von Informationen in Tabellen mit Spalten (Attributen) und Zeilen (Tupeln). Es bietet (wie so viele andere Produkte auch) **keine** Unterstützung des Domänenkonzepts. Es kennt Primär- und Fremdschlüssel, erzwingt aber (ebenso wie

---

[1] Leider war Herr Codd in der deutschen Sprache nicht so bewandert, sonst hätte er sich für unbestimmte Werte einen anderen terminus technicus ausgesucht. Wir schreiben grundsätzlich NULL, wenn wir „unbestimmt" meinen, und Null, wenn wir die Ziffer 0 meinen.

die anderen) nicht deren Gebrauch. Entgegen der Theorie können Tabellen doppelte Zeilen in beliebiger Anzahl enthalten. Eine Definition eines Primärschlüssels ist nicht erforderlich.

1.3 Integritätsbedingungen

Zum Relationenmodell gehören Integritätsbedingungen:

Kein Teil des Primärschlüssels darf jemals den Wert NULL annehmen (Entitäten-Integrität). Diese Bedingung folgt aus der Forderung nach minimalen Primärschlüsseln. Ist ein Teil des Schlüssels unbestimmt, so verliert dieser seine identifizierende Funktion.

Fremdschlüssel müssen entweder den Wert eines existierenden Primärschlüsselwertes oder vollständig den NULL-Wert annehmen (referentielle Integrität). Daraus lassen sich für Operationen auf den Tupeln wie Zugang, Ändern oder Löschen weitere konkrete Bedingungen zur Erhaltung der Konsistenz der Daten ableiten.

Entitäten-Integrität
DB2/2 unterstützt die Entitäten-Integrität (entity integrity). Alle Attribute, die einen Primärschlüssel bilden, müssen mit der Klausel NOT NULL oder NOT NULL WITH DEFAULT definiert werden. Sie dürfen also nicht den NULL-Wert annehmen. Zur Einhaltung der Eindeutigkeitsregel bedient sich DB2/2 ebenso (wie der große Bruder) eines Index mit dem Attribut UNIQUE. Dieser Index wird von DB2/2 automatisch mit der Primärschlüssel-Definition angelegt (im Gegensatz zu DB2/MVS).

referentielle Integrität
Ebenso wird die referentielle Integrität (referential integrity) von DB2/2 unterstützt. Zeilen, die einen Fremdschlüssel enthalten, müssen für diesen den Wert NULL oder den eines bereits existierenden Primärschlüssels besitzen, sonst werden sie abgewiesen.

Fremdschlüssel dürfen nur auf die Werte ungleich NULL geändert werden, die als Werte eines Primärschlüssels bereits existieren.

Primärschlüssel dürfen nicht verändert werden, wenn zu ihnen Fremdschlüssel existieren. D.h. DB2/2 führt eine Änderung eines Primärschlüssels durch, wenn mit seinen alten Werten keine zugehörigen Fremdschlüssel existieren. Existiert ein solcher Fremdschlüssel, lehnt DB2/2 die Änderung rundweg ab.

Sie sollten deshalb die Änderung eines Primärschlüssels vermeiden, denn nicht jeder Anwender am Computer versteht, warum eine Änderung einmal geht und einmal nicht. DB2/2 ist in dieser

Hinsicht vielleicht nicht komfortabel, aber immerhin zu DB2/MVS kompatibel.

Wird eine Zeile mit Primärschlüssel gelöscht, so kann DB2/2

- die Zeilen mit zugehörigem Fremdschlüssel ebenfalls löschen,

- die zugehörigen Fremdschlüssel auf NULL setzen,

- die Löschung solange abweisen, wie noch zugehörige Fremdschlüssel existieren.

1.4 Datenmanipulation

Das Relationenmodell besteht nicht nur aus flachen Datenstrukturen, wie uns manche Hersteller nicht-relationaler DBMS in der Vergangenheit oftmals vorgaukeln wollten. Vielmehr gehören die mächtigen relationalen Grundoperationen ebenso dazu; die flachen Datenstrukturen sind nur die Voraussetzungen dafür. Die grundlegenden Operationen des Relationenmodells sind die relationalen Operationen

- Selektion

- Projektion

- Verbund

sowie die klassischen Mengenoperation

- Vereinigung

- Schnittbildung

- Differenz.

Ergebnis dieser Operation ist grundsätzlich eine Relation bzw. Tabelle.

SQL Als Sprache zur Durchführung relationaler Operationen hat sich SQL (Structured Query Language) durchgesetzt. Sie wurde in den IBM-Labors entwickelt und schon beim legendären relationalen Prototypen von IBM, dem SYSTEM R, eingesetzt. Wir benutzen daher natürlich auch SQL zur Erläuterung der relationalen Grundoperaionen.

Selektion Die Selektion ist die Auswahl von Zeilen einer Tabelle:

```
SELECT * FROM KONTO WHERE KUNDEN_NUMMER = 5186
```

Die Zeilen mit KUNDEN_NUMMER 5186 aus der Tabelle KONTO werden ausgewählt, d.h. alle Kontendaten zu Kunde 5186.

Projektion Die Projektion ist die Auswahl von Spalten einer Tabelle:

```
SELECT KONTO_NUMMER, SALDO FROM KONTO
```

Es werden die Spalten KONTO_NUMMER und SALDO aus der Tabelle KONTO ausgewählt.

Verbund In der Verbund-Operation werden Relationen miteinander verknüpft (Join):

```
SELECT * FROM KONTO, KUNDE
```

Alle Zeilen der Tabellen KONTO und KUNDE werden miteinander verknüpft, wobei jede Zeile der einen Tabelle mit allen Zeilen der anderen verknüpft wird (Kartesisches Produkt). Dieses Beispiel ist nicht besonders praxisgerecht. Daher hier noch ein sinnvolles, wobei die relationalen Grundoperationen miteinander kombiniert werden:

```
SELECT KONTO_NUMMER, KUNDEN_NAME FROM KONTO, KUNDE
WHERE KONTO.KUNDEN_NUMMER = KUNDEN.KUNDEN_NUMMER
```

Die Spalten KONTO_NUMMER und KUNDEN_NAME aus den Tabellen KONTO und KUNDE werden angezeigt. Dabei werden nur die Zeilen mit gleicher Kunden-Nummer in den Tabellen miteinander verknüpft (Equi-Join).

Mengen-operationen Während die drei speziell relationalen Grundoperationen in einem SQL-Befehl quasi versteckt wurden, gibt es im DB2/2 für die drei klassischen Mengenoperationen eigene Operatoren.

UNION UNION bildet die Vereinigungsmenge zweier Tabellen:

```
SELECT * FROM A.KUNDEN
UNION
SELECT * FROM B.KUNDEN
```

Ergebnis ist die Menge aller Kunden(daten) von Kreditinstitut A und Sparkasse B.

INTERSECT INTERSECT bildet die Schnittmenge zweier Tabellen:

```
SELECT * FROM A.KUNDEN
INTERSECT
SELECT * FROM B.KUNDEN
```

Ergebnis ist die Menge aller Kunden(daten), die Kunden beider Kreditinstitute sind.

EXCEPT EXCEPT ist die Bildung einer Differenzmenge:

```
SELECT * FROM A.KUNDEN
EXCEPT(
SELECT * FROM B.KUNDEN)
```

Ergebnis ist die Menge der Kunden(daten) von Kreditinstitut A, die nicht Kunde von Sparkasse B sind.

Die Operatoren INTERSECT und EXCEPT sind bisher im DB2/MVS unbekannt.

Über weitere Implementierungen relationaler Konzepte verfügt DB2/2 nicht. Insbesondere nicht über CHECK- oder ASSERT-Klauseln, Trigger sowie die in DB2/MVS möglichen VALIDPROC, FIELDPROC oder EDITPROC.

1.5 Normalformen

Im vorhergehenden Abschnitt wurden Relationen als eine Menge von Elementen gleicher Struktur definiert. Die Normalformen stellen nun Regeln für diese Struktur dar.

Die Normalisierung dient der Beseitigung der Redundanz und der Beschränkung von funktionalen und mehrwertigen Abhängigkeiten zwischen den Attributen. Die Folgen redundanter Datenhaltung und nicht beachteter Abhängigkeiten sind Probleme bei Operationen wie Einfügen, Ändern oder Löschen; diese sind auch unter dem Begriff *Anomalien* bekannt. Sie gefährden die logische Konsistenz der Datenbasis und sollten bereits im Entwurf einer Datenbank erkannt und vermieden werden.

Unnormalisierte Datenstrukturen, auch NF2-Relationen (NF2 = **n**on **f**irst **n**ormal **f**orm) genannt, zeichnen sich dadurch aus, daß sie Attribute besitzen, die sich aus mehreren Elementen, Vektoren und/oder Gruppen, zusammensetzen.

Beispiel Nehmen wir dazu ein Beispiel aus dem Bankbereich (Primärschlüssel unterstrichen):

Bank-Kunde:

```
Kunden-Nr.
Name
Anschrift:
        Orts-Nr.
        PLZ
        Ort
        Straße
Konto (x-fach):
        Konto-Nr.
        Saldo
        Umsatz (n-fach):
                Betrag
                Buchungsdatum:
                        Tag
                        Monat
                        Jahr
                Buchungs-Nr.
                B-Kz.
                Buchungstext
                Gegenkonto-Nr.
Bonnität
```

DB2/2 unterstützt solche NF2-Datenstrukturen nicht, sondern nur *flache* Strukturen, bei denen jedes Attribut (Spalte) nicht weiter unterdefiniert ist. Natürlich kann DB2/2 auch niemanden daran hindern, in einer Spalte mehrere Attribute miteinander zu vermengen, wie es ja leider in der Praxis so gern gemacht wird.

Beispiel Ein eher abschreckendes Beispiel ist eine Kunden-Identifikation aus

− etwas Geburtsdatum,

− einem Geschlechtskennzeichen,

− etwas laufender Nummer und

− etwas vom Vornamen des Bezirksleiters.

1NF Eine Relation ist in *erster Normalform* (1NF), wenn jeder Attributwert elementar ist, sie also keine Vektoren, Gruppen usw. enthält.

Beispiel:

Bank-Kunde:

```
Kunden-Nr.
Name
Orts-Nr.
PLZ
Ort
Straße
Bonnität
```

Kundenkonto:

```
Kunden-Nr.
Konto-Nr.
Saldo
```

Kontoumsatz:

```
Kunden-Nr.
Konto-Nr.
Buchungs-Nr.
Betrag
Buchungstag,
Buchungsmonat
Buchungsjahr
B-Kz.
Buchungstext
Gegenkonto-Nr.
```

2NF Eine Relation ist in *zweiter Normalform* (2NF), wenn sie in 1NF ist und jedes Nichtschlüsselattribut vom Gesamtschlüssel voll funktional abhängig ist, d.h. auch nicht nur von einem Schlüsselteil.

In unserem Beispiel einer kleinen Provinzbank unterstellen wir eindeutige und selbständige Kontonummern und Buchungsnummern:

```
Bank-Kunde: (Kunden-Nr., Name, Orts-Nr., PLZ, Ort, Straße, Bonnität)
Konto: (Kunden-Nr., Konto-Nr., Saldo)
Umsatz: (Konto-Nr., Buchungs-Nr., Betrag, Buchungstag,-monat, -jahr,
         B-Kz., Buchungstext, Gegenkonto-Nr.)
```

3NF Eine Relation ist in *dritter Normalform* (3NF), wenn sie in 2NF ist und kein Nichtschlüsselattribut von einer Menge anderer Nichtschlüsselattribute transitiv abhängig ist, d.h. für das Nichtschlüsselattribut A und Schlüssel X darf es keine zwischengeschaltete Attributmenge Y geben, daß A und Y jeweils funktional von X abhängig sind, aber A auch von Y.

Daraus folgt für unser Beispiel:

    Bank-Kunde: (<u>Kunden-Nr.</u>, Name, Orts-Nr., Straße, Bonnität)

    Ortsverzeichnis: (<u>Orts-Nr.</u>, PLZ, Ort)

    Konto: (Kunden-Nr., <u>Konto-Nr.</u>, Saldo)

    Umsatz: (Konto-Nr., <u>Buchungs-Nr.</u>, Betrag, Buchungstag, -monat, -jahr,
        B-Kz., Gegenkonto-Nr.)

    Buchungsvariante: (<u>B-Kz.</u>, Buchungstext)

4NF Eine Relation ist in *vierter Normalform* (4NF), wenn sie in 3NF ist und außer funktionalen Abhängigkeiten keine mehrwertigen Abhängigkeiten enthält.

Unterstellen wir zur Erläuterung der 4. Normalform, daß nicht nur ein Kunde mehrere Konten besitzen kann, sondern auch mehrere Kunden gemeinschaftlich ein Konto (n:m-Beziehung), so erhalten wir die Beziehungsrelation:

    Kunde-Konto: (Kunden-Nr., Konto-Nr.)

Außerdem existiert die Relation *Bürge* als Ausdruck der n:m-Beziehungen zwischen Bürgschaften und Kunden:

    Bürge: (Kunden-Nr., Bürgschaft-Nr.)

Diese beiden Relationen lassen sich nun unter rein formalen Aspekten vereinigen (*Natürlicher Verbund*), ohne gegen die 3. Normalform zu verstoßen:

    Kunde-Konto-Bürgschaft: (Kunden-Nr., Konto-Nr., Bürgschaft-Nr.)

Abgesehen von der mißverständlichen Bedeutung, die eine solche Relation in einem Datenmodell hätte, verstößt sie nun gegen die Regel der 4. Normalform, da sie mehrwertige Abhängigkeiten enthält. Für jede Kombination einer Kunden-Nummer mit Konto-Nummern erscheint eine identische Menge von Bürgschaftsnummern.

5NF Abschließend sei noch die fünfte Normalform erwähnt, deren praktische Bedeutung strittig ist:

Eine Relation ist in *fünfter Normalform* (5NF), wenn sie in 4NF ist und sie nicht aufgrund von Verschmelzungen einfacherer Relationen mit unterschiedlichen Schlüsseln erstellt werden kann.

Tabellen, die wir für eine relationale Datenbank entwerfen, sollten idealerweise normalisiert sein. Abweichungen von einer Normalform mögen aus Gründen guter Performance notwendig sein, sollten aber immer bewußt vorgenommen werden. Mit anderen Worten: für einen guten Datenbank-Entwurf sind die Relationen zunächst normalisiert zu entwerfen und dann dürfen die Abweichungen für die reale Implementierung angebracht werden. Erstellen Sie also als erstes ein logisches Datenmodell, das Sie dann zur Implementierung in ein physisches Modell transformieren.

2 Datenbank-Entwurf

Es ist heute üblich, vor dem eigentlichen Entwurf von Datenbank-Strukturen ein Datenmodell zu erstellen. Dazu setzt man am besten bereits im Fachkonzept auf und stellt die fachlichen Zusammenhänge der betrachteten Informationen in einem sogenannten konzeptionellen Modell dar. Es enthält keinesfalls die DV-technischen Aspekte der zukünftigen Realisierung oder Beschränkungen der einzusetzenden Datenbank-Software. Das konzeptionelle Datenmodell wird im Rahmen des DV-Entwurfs in ein logisches Modell umgesetzt.

2.1 Entity-Relationship-Aproach (ERA)

Als Standard-Verfahren zur Erstellung eines konzeptionellen Datenmodells hat sich heute der Entity-Relationship-Aproach ERA von Chen durchgesetzt. Chen hat seinen Ansatz, der auf den Ideen des Relationenmodells von Codd aufbaut, 1976 vorgestellt [1]. Mittlerweile ist aus einem Ansatz eine Familie von Vorgehensweisen geworden, die alle unter ERA firmieren. Fast jeder Werkzeug-Entwickler, jeder Universitätsprofessor oder EDV-Berater mußte seine persönliche Variante schaffen. Diese Varianten unterscheiden sich durch zusätzliche Beschränkungen, andere grafische Notationen oder ergänzende Konstrukte voneinander. Wir können nicht an dieser Stelle auf die vielen Nuancen zum ERA eingehen und verweisen die interessierten Leser auf die Fachliteratur zu diesem Thema.

Der ERA, wie ihn Chen 1976 vorstellte, ist ein Top-down-Ansatz zur Beschreibung der Informationsstrukturen. Seine Konstrukte sind:

– Entität

– Beziehung

– Attribut

– Integritätsbedingungen.

Entität Entität (entity) ist eine grundlegende Einheit, die für eine Organisation von Interesse ist. Es kann ein konkreter Gegenstand, ein Begriff oder ein Ereignis sein, kann real existieren oder abstrakt sein. Gleiche Entitäten werden zu Klassen von Entitätstypen zusammengefaßt.

Grundsätzlich wird zwischen Entitäten unterschieden, die eigenständig existenzfähig sind (starke Entität, strong entities, kernel entities), und solchen, deren Existenz nur in Zusammenhang mit anderen möglich ist (schwache Entität, weak entities).

Beziehungen Als Beziehungen (relationships) werden die Zusammenhänge zwischen Entitäten bezeichnet. Ein Beziehungstyp wird immer über einen oder mehrere Entitätstypen definiert. Ein Beziehungsexemplar, d.h. eine konkrete Ausprägung einer Beziehung, verknüpft immer mindestens zwei Entitätsexemplare. Ein wesentliches Charakteristikum von Beziehungen ist ihre Kardinalität (1:1, 1:n, n:m).

Attribute Durch Attribute (Eigenschaften) werden Entitäten und Beziehungen beschreibende Werte zugeordnet. Die Zuordnung erfolgt unter Beachtung der funktionalen Abhängigkeiten.

Integritäts-bedingungen Integritätsbedingungen sind Regeln, die zur Erhaltung einer sachlich und logisch richtigen Datenbasis eingehalten werden müssen. Sie umfassen auch die Integritätsbedingungen des Relationenmodells, gehen aber weit darüber hinaus.

Zunächst werden Entitäten klassifiziert und in verschiedene Entitätsmengen (entity sets) eingeordnet. Diese Mengen müssen nicht notwendig disjunkt sein. Ebenso werden die Beziehungen zwischen den Entitäten betrachtet. Dabei wird die Funktion, die ein Gegenstand in einer Beziehung inne hat, als Rolle bezeichnet. Es können Beziehungen zwischen Entitäten einer, zweier (binäre Beziehung) oder mehrerer Entitätsmengen vorkommen. Entitäten können zu jeweils genau einem oder mehreren Entitäten – einseitig oder wechselseitig – in Beziehung stehen (1:1-, 1:n oder n:m-Beziehung). Dies wird auch als Kardinalität der Beziehung bezeichnet.

Informationen über Entitäten und Beziehungen werden durch ihre Attributwerte ausgedrückt. Diese Werte werden in verschiedene Wertemengen klassifiziert. Attribute ordnen Entitäten und Beziehungen Werte aus diesen Mengen zu. Die Zuordnung von Attributen zu Entitäten und Relationships erfolgt nach funktionaler Abhängigkeit. Bei einer korrekten Modellierung mit einer sauberen Wiedergabe jedes sachlichen Zusammenhangs durch eine eigene Beziehung erhalten wir automatisch Relationen in 4. Normalform (4NF).

Entitäten können durch einzelne Attribute oder eine Gruppe von Attributen – im Sinne einer 1:1-Abbildung zwischen Wertemenge(n) und Gegenstandsmenge – eindeutig identifiziert werden (Schlüssel). Gibt es kein identifizierendes Attribut, bzw. keine Gruppe, so ist ein künstliches Attribut als Schlüssel einzuführen. Gibt es mehrere, so muß ein Primärschlüssel bestimmt werden. Alle Nichtschlüssel-Attribute sind vom Schlüssel funktional abhängig.

Eine Beziehung wird durch die beteiligten Entitäten identifiziert. Daher können die Schlüsselattribute dieser Entitäten zusammen als Schlüssel der Beziehung definiert werden. Damit werden die Schlüsselattribute der Entitäten aber nicht zu Attributen der Beziehungen.

Es gibt regelmäßig auch Entitäten, die nicht eindeutig durch ihre eigenen Attributwerte identifiziert werden. Sie werden erst durch eine binäre 1:n-Beziehung zu einem anderen Gegenstand eindeutig identifizierbar. Solche Entitäten werden als schwach (weak entities) bezeichnet.

Entitätsmengen werden in den Diagrammen als Rechtecke, Beziehungsmengen als Rauten dargestellt. Die Kardinalität einer Beziehung wird explizit vermerkt. Die Existenzabhängigkeit eines Gegenstands von einem anderen wird durch einen Pfeil kenntlich gemacht. Schwache Entitäten sind durch Doppelrechtecke hervorgehoben.

Bild 2.1:
ER-Modell
MARINA

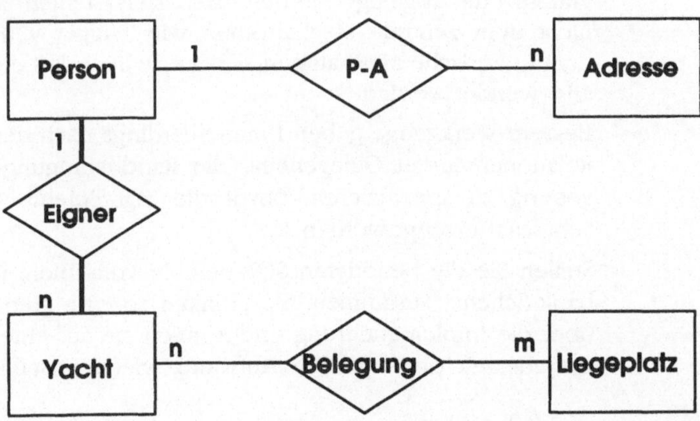

Das Bild 2.1 zeigt den Ausschnitt eines Entity-Relationship-Modells, den wir unserer Beispielanwendung Yachthafen „MARINA" zugrunde legen (siehe Abschnitt 3.4, *Eine kleine Anwendung entwickeln*).

Die Vorteile des ER-Ansatzes liegen in einer ausreichenden Beschreibung der Semantik der Daten – im Gegensatz zum einfachen Relationenmodell – und in der grafischen Unterstützung. Die ER-Diagramme sind leicht verständlich und auch einem DV-Laien zumutbar. Als Nachteil kann es angesehen werden, daß zumindest zu Beginn der Informationsanalyse Entitäten und besonders Beziehungen noch intuitiv festgelegt werden.

konzeptionelles Datenmodell

Wir gehen davon aus, daß Sie nach der Ihnen bekannten Variante und mit Hilfe eines der auch unter OS/2 verfügbaren Werkzeuge ein konzeptionelles Datenmodell erstellt haben.

Viele Werkzeuge erlauben Ihnen nun, ein solches Modell nach einem einfachen Kochrezept in ein Relationenmodell umzusetzen und auch gleich die SQL-Datendefinitionen dafür zu generieren.

Das Kochrezept lautet:

Entität	Tabelle
n:m-Beziehung	Tabelle mit Fremdschlüsseln
1:n-Beziehung	Fremdschlüssel
Attribut	Spalte

Die Integritätsbedingungen des Modells, soweit sie über die einfachen Regeln des Relationenmodells hinausgehen, müssen als Programmcode abgelegt werden. Bei Zielsystemen, die wie DB2/2 nicht über zentrale Mechanismen wie Trigger verfügen, ist durch organisatorische Maßnahmen sicherzustellen, daß diese Regeln auch angewendet werden.

Bessere Werkzeuge geben Ihnen allerdings nach der Umsetzung ins Relationenmodell Gelegenheit, die Randbedingungen der DV-Umgebung zu spezifizieren, bevor die SQL-Befehle des Datenbank-Schemas[1] erzeugt werden.

Stellen Sie die benötigten SQL-Befehle vollständig in einem Datenbank-Schema zusammen. Sie erhalten so eine gute Dokumentation über die Implementierung und können sie auf einer anderen Anlage jederzeit ohne großen Aufwand wieder installieren. Der erste

---

[1] Der alte CODASYL-Begriff *Schema* wurde im Zusammenhang mit der Datenbank- und Tabellen-Definition vom ANSI-Standard zu SQL 1986 benutzt.

Befehl des Schemas sollte der CREATE DATABASE sein, der in DB2/2 nicht zu den SQL-Befehlen zählt.

2.2 Verarbeitungsregeln für referentielle Integrität definieren

Wenn die Verarbeitungsregeln für die Erhaltung der referentiellen Integrität nicht schon im konzeptionellen Modell definiert wurden, müssen sie spätestens nun im Relationenmodell angegeben und an das Zielsystem DB2/2 angepaßt werden:

DB2/2 unterstützt, im Einklang mit DB2/MVS, nur für den Löschvorgang die ganze Bandbreite der möglichen Auswirkungen auf abhängige Tabellen:

```
ON DELETE [CASCADE | RESTRICT | SET NULL]
```

Wird also eine Tabellenzeile mit einem Primärschlüssel gelöscht, zu dem es zugehörige Fremdschlüssel-Verweise gibt, so

- werden die Zeilen mit den entsprechenden Fremdschlüsseln gelöscht (Angabe CASCADE) – natürlich unter Beachtung der referentiellen Integrität auch für diese Zeilen

- wird die Löschung zurückgewiesen (Angabe RESTRICT)

- werden die Fremdschlüssel auf NULL gesetzt (Angabe SET NULL).

Für Änderungen, die auch einen Primärschlüssel betreffen, gilt grundsätzlich

```
ON UPDATE RESTRICT
```

unabhängig von der optionalen Angabe bei der Definition. D.h. eine Änderung eines Primärschlüsselwertes wird dann abgewiesen, wenn zum alten Wert bereits zugehörige Fremdschlüssel existieren. Natürlich wird die Änderung auch abgewiesen, wenn durch sie die Eindeutigkeit des Primärschlüssels verletzt würde.

Neuzugänge haben keine Auswirkungen auf abhängige Tabellen. Neuzugänge mit Fremdschlüsselwerten ungleich NULL werden darauf geprüft, daß dieser Fremdschlüsselwert als Primärschlüssel existiert.

Bei Änderungen eines Fremdschlüssels auf Werte ungleich NULL, wird die Existenz eines zugehörigen Primärschlüssels mit dem neuen Wert geprüft. Die Änderung wird abgewiesen, falls ein solcher Primärschlüssel nicht existiert.

Bitte beachten Sie, daß auch der Import von Tabellen (siehe auch 4.5 Tabellenbearbeitung, *IMPORT TABLE*) durch Definitionen zur referentiellen Integrität tangiert wird:

– Die Funktionen REPLACE oder REPLACE CREATE sind für Tabellen mit abhängigen Fremdschlüssel-Definitionen nicht erlaubt.

– Bei Tabellen mit Eigenverweisen ist die Reihenfolge der Zeilen beim IMPORT ausschlaggebend für den erfolgreichen Durchlauf (erst die referenzierten Primärschlüssel, dann die referenzierenden Fremdschlüssel).

2.3 Indizes

Es gibt zwei Gründe, warum Sie in DB2/2 einen Index definieren müssen:

1) Über den Index erzwingen Sie die Eindeutigkeit von Werten in einer oder mehrerer Spalten. Obwohl der ANSI-Standard zu SQL bereits 1986 das Attribut UNIQUE für Spalten-Definitionen im CREATE TABLE vorsah, muß auch heute noch bei IBMs DB2 dazu ein Index mit UNIQUE-Parameter benutzt werden (auch deshalb legt DB2/2 für den Primärschlüssel einen Index an!)

2) Mit einem Index beschleunigen Sie den Zugriff auf die Tabelle, wenn die Spalten des Index zugleich Auswahlkriterien des SQL-Befehls sind (auch deshalb legt DB2/2 für den Primärschlüssel einen Index an!)

Ein Index kann nur über jeweils einer Tabelle errichtet werden und maximal 16 Spalten der Tabelle umfassen.

Spalten, die häufig als Auswahl-, Join- oder Sortierkriterien benutzt werden, sind gute Kandidaten für einen Index. Wird häufig auf eine einzelne Zeile zugegriffen, ist ein Index in DB2/2 für das Auswahlkriterium dieser Zugriffe absolut notwendig, da die Zeilen der Tabellen ungeordnet gespeichert werden. Auch die Einrichtung eines Index für einen Fremdschlüssel kann die Verarbeitung beschleunigen.

Bitte beachten Sie aber, daß jeder Index auch vom DB2/2 gepflegt werden muß. Alle Veränderungen an den Zeilen müssen in den betroffenen Indizes nachgehalten werden. Dies kann bei einer großen Anzahl von Indizes zu einer spürbaren Verschlechterung der Performance für die Änderungsoperationen führen.

Bei sehr kleinen Datenmengen ist es ebenfalls unsinnig, Indizes aus Gründen besserer Performance zu definieren. Der Overhead der Index-Verwaltung ist größer als der Aufwand für einen Table Scan, dem sequentiellen Lesen der Tabelle.

Die Entscheidung, ob ein Index genutzt werden soll, trifft DB2/2 zum Zeitpunkt des BIND.

2.4 Sichten und Zugriffsrechte

Planen Sie bereits vor der Implementierung der Datenbank auch die Zugriffe. Definieren Sie so früh wie möglich die Sichten von Programmen und Anwendern auf die Datenbank. Es gibt mehrere Gründe, Sichten (views) zu benutzen:

- Sichten erhöhen die Datenunabhängigkeit von Programmen. Änderungen der Tabellen-Definition schlagen nicht zu den Programmen durch.

- Sichten bieten die Möglichkeiten, Benutzern nur klar vordefinierte Ausschnitte aus Tabellen zugänglich zu machen. Durch Projektion erhält der Anwender nur die für ihn wichtigen Spalten zu sehen. Durch Selektion mit beliebigen Auswahlbedingungen wird ihm der Zugriff auf für nicht relevante gehaltene Zeilen verwehrt. Mit GROUP BY erhält er nur verdichtete Informationen.

- Sichten erlauben es, dem Benutzer komplizierte Abfragen bereits vorzudefinieren. JOINs oder komplexe Auswahlkriterien mit Unterabfragen bleiben für ihn verdeckt. Zugleich helfen Sichten so zu verhindern, daß der Anwender mit schlecht formulierten Befehlen das System übermäßig belastet.

- Sichten ermöglichen es, bei Änderungen und Neuzugängen Validierungen vorzunehmen. Die CHECK-Option in der Sicht-Definition verhindert, daß alle Daten, die der Auswahlbedingung der Sicht-Definition nicht genügen, abgewiesen werden.

Erstellen Sie die CREATE VIEW-Befehle für Ihre geplanten Sichten und nehmen Sie sie in Ihr Datenbank-Schema auf.

Zugriffsrechte Mit der Planung der Zugriffe auf die Datenbank geht auch die Festlegung einher, welcher Anwender welche Zugriffsrechte benötigt. Dokumentieren Sie bereits vor der Implementierung der Datenbank die Zugriffsrechte, die Anwender(gruppen) erhalten sollen, und nehmen Sie die entsprechenden GRANT-Befehle in Ihr Datenbank-Schema auf.

Die Zugriffsrechte, die Ihnen DB2/2 bietet, werden in Abschnitt 9.3, *DB2/2-Berechtigungen* beschrieben.

2.5 Datenbank-Entwurf ändern

Auch wenn Sie besonders sorgfältig Ihren Datenbank-Entwurf vorbereitet und erstellt haben, bleibt es nicht aus, daß im Laufe des Datenbank-Betriebs Änderungen an den Definitionen notwendig werden. Dafür bietet Ihnen DB2/2 eine Reihe von Befehlen.

Wir empfehlen Ihnen, die Änderungen auch in Ihren Datenmodellen vorzunehmen und das ursprüngliche Datenbank-Schema mit seinen SQL-Befehlen zu ergänzen. Nur so erhalten Sie die Übereinstimmung von Konzeption und Dokumentation einerseits und tatsächlicher Implementierung andererseits aufrecht.

Neue Datenbank-Objekte, Tabellen, Sichten oder Indizes, können Sie jederzeit problemlos erstellen.

Bereits bestehende Datenbank-Objekte können jedoch nur in begrenztem Umfang geändert werden:

Sie können eine Tabelle um neue Spalten erweitern. Der ALTER TABLE-Befehl ändert dabei nur die Tabellen-Definition im Katalog. Bereits existierende Zeilen werden erst verändert, wenn sie mit UPDATE verändert werden.

Spalten-Definitionen können aber nicht verändert oder gelöscht werden.

Sie können die Tabellen-Definition um Primär- oder Fremdschlüssel-Definitionen ergänzen. Ergänzen Sie einen Primärschlüssel, wird ein eindeutiger Index dazu von DB2/2 erstellt oder ein bestehender benutzt.

Ergänzen Sie einen Fremdschlüssel, muß der zugehörige Primärschlüssel schon existieren. Alle Zugriffspläne (packages), die INSERT oder UPDATE-Zugriffe auf die betroffene Tabelle oder UPDATE, DELETE oder CASCADE-Zugriffe auf die Primärschlüssel-Tabelle (parent) enthalten, werden von DB2/2 nicht verfügbar gemacht.

Primär- oder Fremdschlüssel-Definitionen können mit ALTER TABLE auch gelöscht werden. Löschen Sie einen Primärschlüssel, löscht

DB2/2 auch den zugehörigen Index, falls er automatisch erstellt wurde, und alle zugehörigen Fremdschlüssel.

Löschen Sie einen Fremdschlüssel, werden von DB2/2 alle Zugriffspläne (packages) mit UPDATE-Zugriff auf Primärschlüssel-Tabelle (parent) und KEY-Abhängigkeit, alle mit UPDATE-Zugriff auf die betroffene Tabelle und KEY-Abhängigkeit zum parent, alle mit INSERT-Zugriff auf die betroffene Tabelle und alle mit DELETE-Zugriff oder CASCADE-Abhängigkeit auf die parent Tabelle invalidiert.

Sie können natürlich auch Tabellen-Definitionen löschen. Damit löschen Sie die Tabelle mit ihrem Inhalt, alle ihre Spalten-Definitionen, alle Indizes der Tabelle, alle auf ihr basierenden Datensichten, alle zugehörigen referentiellen Abhängigkeiten, alle zugehörigen Berechtigungen. Alle betroffenen Zugriffspläne werden invalidiert.

Eine Index-Definition kann nicht verändert werden. Ein Index kann nur gelöscht werden; davon sind andere Datenbank-Objekte nicht betroffen. Allerdings können Sie keinen Primärschlüssel-Index direkt löschen.

Löschen Sie einen Index, werden Zugriffspläne, die den Index benutzten, nicht verfügbar (unavailable) gemacht. Wird das zugehörige Programm danach ausgeführt, wird eine neue Zugriffsmethode automatisch ausgewählt. Programme werden also von Index-Löschungen nicht direkt betroffen, ihre Performance allerdings schon.

Auch Sichten (views) können nicht geändert werden. Löschen Sie eine Sicht, löschen Sie auch die auf ihr basierenden Sichten und alle zugehörigen Berechtigungen. Die zugehörigen Zugriffspläne werden invalidiert.

2.6 Physische Strukturen

Wird eine Datenbank mit CREATE DATABASE erstellt, so legt DB2/2 ein eigenes OS/2-Directory[2] dafür an. Der Name des Verzeichnisses ist \SQL*nnnnn* mit nnnnn = laufende Nummer von 00001 an. Das Verzeichnis nimmt alle Dateien auf, die für Datenbank-Objekte erstellt oder für den Betrieb benötigt werden.

---

2 Der Begriff *Directory* ist mehrdeutig: einmal ist er wie hier ein Verzeichnis im OS/2-Dateisystem, einmal das Verzeichnis der Datenbanken und ihrer Alias-Namen im Netz

Mit dem Definieren der Datenbank wird für diese ein eigener Katalog mit den System-Tabellen angelegt. Im Gegensatz zu DB2/MVS hat also DB2/2 keinen systemweiten Katalog, der mehrere Datenbanken umfassen kann. Daraus folgt, daß der Datenbank-Begriff in beiden Systemen sehr wohl unterschiedlich ist.

In DB2/MVS ist eine Datenbank eine logische Zusammenfassung von Tabellen, der System-Ressourcen zugeordnet werden können. In DB2/2 ist eine Datenbank auch eine physische Zusammenfassung von Tabellen und eine in sich geschlossene Einheit. DB2/2-Datenbanken sind jeweils auch eigenständige Anwendungsserver.

Tabellen werden als eigene OS/2-Dateien implementiert. Ihr Name ist *SQLmmmmm.DAT* mit m = laufender Nummer von 00001 an, wobei zur Zeit die ersten 15 von Katalog-Tabellen beansprucht werden. Alle Tabellendaten außer LONG VARCHAR-Daten werden darin gespeichert. Für jene wird bei Bedarf eine Datei *SQLmmmmm.LF* angelegt. Die Dateien werden bereits bei der Definition mit ihrer Mindestgröße angelegt.

.DAT-Dateien sind in Blöcke (pages) zu 4096 Byte unterteilt. 76 Bytes jeder Page enthalten System-Informationen. Weitere 15 werden anderweitig benötigt. 4005 Bytes können Daten aufnehmen. Dies ist auch die maximale Größe für eine Zeile ohne LONG-Datentypen, da diese nicht über eine Page hinausgehen darf.

Zeilen werden in der Reihenfolge, wie sie zuerst passen, in der Datei abgelegt. Paßt eine Zeile nach einer Änderung nicht mehr an ihren alten Platz, wird sie in eine andere Page geschrieben. Ein Merkersatz bleibt aber an der ursprünglichen Stelle stehen, der auf die neue Position verweist.

Es gibt in DB2/2 keinen CLUSTER INDEX wie unter DB2/MVS (und SQL/DS), der die physische Reihenfolge der Zeilen einer Tabelle vorgibt.

.LF-Dateien besitzen eine andere Struktur: Die LONG-Daten werden in 32KB-Bereichen gespeichert, die wiederum in Segmente unterteilt sind. Die Größe der Segmente kann 512 Bytes oder geradzahlige Vielfache davon betragen. Informationen zur Dateiverwaltung und Freispeicherverwaltung werden in 4KB-Blöcken abgelegt, die über die Datei verteilt sind. Wegen des Verbrauchs an ungenütztem Platz, der bis zu 50% betragen kann, empfiehlt IBM, LONG-Datentypen unter 4KB Datenlänge nicht zu benutzen. Diese Empfehlung ist aber insofern nicht unproblematisch, da die maximale Länge für einen VARCHAR-Datentyp 4000 Bytes beträgt, was mit Längenfeld bis auf

ein Byte die maximale Länge einer Zeile ausmacht. Was tun bei etwa 4000 Bytes langen Zeichenketten? Eine Tabelle in zwei aufteilen und den Zusammenhang von Hand verwalten oder DB2/2-Funktionalität mit LONG-Datentypen ausnutzen?

Jeder Index zu einer Tabelle wird in einer Datei gespeichert. Der Dateiname ist *SQLmmmmm.INX* mit mmmmm = File-ID der Tabelle. Die Mindestgröße der Datei ist 3 Pages.

Weitere Dateien, die bei der Definition einer Datenbank angelegt werden, sind:

- *SQLDBCON* enthält die Konfigurationsparameter der Datenbank.
- *SQLOGCTL.LFH* verwaltet die Log-Dateien der Datenbank. Die Log-Dateien heißen *Sxxxxxx.LOG* mit xxxxxxx = laufende Nummer zwischen 0000001 und 9999999.
- *SQLOGDIR* ist ein OS/2-Verzeichnis und enthält die Log-Dateien.
- *SQL00001.SEM* ist ein Semaphore zur Vermeidung, daß mehr als ein DB2/2-System zu einer Zeit auf eine Datenbank zugreift. Denn zwei Systeme wissen nicht voneinander und könnten daher erhebliche Schäden in der Datenbank anrichten.

beschädigte Dateien — Beschädigte Dateien werden von DB2/2 durch einen besonderen Präfix gekennzeichnet:

- *SQLmmmmm.EDA* ist eine nicht reparierbare Tabellen-Datei.
- *SQLmmmmm.ELF* ist der nicht reparierbare LONG-Bereich einer Tabelle.
- *SQLmmmmm.EIX* ist die beschädigte Index-Datei einer Tabelle.

Datenbereiche müssen durch Sicherungskopien wiederhergestellt werden (siehe auch 8.4, *Recovery Tool*). Index-Bereiche werden von DB2/2 automatisch wiedererstellt; der Konfigurationsparameter *indexrec* gibt vor, wann DB2/2 das tun soll (beim Restart, beim ersten Index-Zugriff oder nach Zeitvorgabe).

Unterschiede zu DB2/MVS — DB2/2 stützt sich also auf die einfachen Strukturen des Dateisystems von OS/2 ab. Es fehlen im Vergleich zu DB2/MVS die Möglichkeiten, mehrere Tabellen in einer Datei zu speichern oder eine Tabelle auf mehrere Dateien zu verteilen. DB2/MVS verfügt über diese Möglichkeiten; es bedient sich dazu des Tabellenraums (TABLESPACE), der die Verbindung zu den Einheiten der komfortableren Dateiverwaltung VSAM darstellt und somit zwischen physischen Strukturen und Tabellen steht.

Neben dem TABLESPACE ist im DB2/2 ebenfalls unbekannt die STORAGEGROUP, die im DB2/MVS dazu dient, den logischen Datenbanken die Speichermedien zuzuordnen.

Da eine DB2/2-Datenbank gleich einer OS/2-Directory ist, können auch die Tabellen und Indizes einer Datenbank nicht auf mehrere physikalische Speichereinheiten (getrennten Platten, nicht nur logischen OS/2-Laufwerken) verteilt werden, was aus Performance-Gründen auf einem Server manchmal wünschenswert wäre.

In Anbetracht immer größerer Laufwerke in den Servern und der theoretischen Grenzen des DB2/2 bleibt hier noch ein weites Feld für Verbesserungsmöglichkeiten zukünftiger Versionen. IBM wäre auch nicht der erste Hersteller, der die physischen Strukturen seines DBMS änderte.

In diesem Kapitel wird der Leistungsumfang und die Handhabung
des Query Managers (QM) dargestellt. Die wichtigsten Funktionen

– zum Bearbeiten von Datenbanken, Tabellen und Sichten und

– zum Erstellen von Berichten

werden erläutert. Anschließend entwickeln wir eine kleine Anwendung, bei der Sie die Stärken und die Schwächen des Query Managers gut erkennen können.

Der Query Manager ist das Werkzeug für den Endbenutzer. Mit
einer Systemoberfläche, die mit Pull-down-Menüs, Tasten, Knöpfen
und Maus-Unterstützung maßvoll an den Presentation Manager
angepaßt ist, wird dem unerfahrenen Anwender Führung und Anlei-
tung geboten. Der Profi kann dagegen gleich mit SQL-Befehlen,
QM-Kommandos,   Funktionstasten   und   Kurzkommandos
([Alt]+Buchstabe oder nur Buchstabe) schnell und ohne große
Umstände arbeiten.

IBM verspricht, mit dem Query Manager gleichartige Funktionalität
für Abfragen und Berichte bereitzustellen wie mit QMF (Query
Management Facility) auf den Mainframes. Es ist aber bisher nicht
möglich, mit dem Query Manager über DDCS/2 auf Datenbanken
eines Mainframes zuzugreifen.

Die Bezeichnung Query Manager für das mächtige Werkzeug ist
nicht ganz zutreffend, da der Anwender eben nicht auf Abfragen
(Queries) beschränkt wird. Der Leistungsumfang des Query Manager reicht vielmehr vom Anlegen oder Löschen ganzer Datenbanken, einzelner Tabellen oder Sichten, über die Erstellung von
Berichten (reports) bis zur Entwicklung kleiner Anwendungen mit
Masken und Menüs. Es ist eine Frage der DB2/2-Berechtigungen,
was ein Benutzer alles tun darf.

geführter Der Query Manager unterstützt einen weniger erfahrenen Anwender
Modus beim Erlernen von SQL. SQL-Befehle können in einem geführten
Modus (prompted mode) eingegeben und gespeichert werden. Auf
Wunsch zeigt der Query Manager den zugehörigen SQL-Befehl an

oder konvertiert die ursprüngliche Eingabe in einen SQL-Befehl. Die Unterstützung im geführten Modus beschränkt sich allerdings auf das Definieren, Ändern oder Löschen von Tabellen und Sichten und auf die Formulierung von relativ einfachen Abfragen. UPDATE, INSERT und DELETE sind entweder über Standard-Masken durchzuführen oder als direkte SQL-Befehle abzusetzen.

Komplexe Abfragen mit Unterabfragen und den Mengenoperatoren IN, EXISTS, UNION, EXCEPT und INTERSECT bleiben den Experten vorbehalten.

Natürlich kann der Query Manager auch im geführten Modus nicht verhindern, daß unsinnige Abfragen formuliert werden. Er hilft nur, unabsichtliche Fehler zu vermeiden.

Der Query Manager verfügt über einen Satz eigener Befehle zum Bearbeiten von QM-Objekten (Abfragen, Formulare, Masken, Menüs und Prozeduren). Diese Befehle können Sie direkt über die QM-Kommandozeile eingeben.

Für den Experten zum Abschluß des Überblicks die belegten Funktionstasten im Query Manager. Wer sich als QMF-Nutzer durch Downsizing oder Verteilung von Rechner-Intelligenz plötzlich dem Query Manager gegenüber sieht, wird feststellen, daß die Übereinstimmung bei der Belegung der Funktionstasten minimal ist.

Funktionstasten	Taste	Funktion	QM-Kommando
	F1	Hilfe	help
	F2	Hole	GET
	F3	Ende Funktion	EXIT
	F4	Auswahlliste	list
	F5	Wiederherstellen	refresh
	F6	Öffnen / Neueinrichten	open
	F7	Add +Keep	
	F8	Nächste	NEXT
	F9	Drucken	PRINT
	F10	Menü-Leiste	
	F11	-	
	F12	-	

Taste	Funktion	QM-Kommando
⇧+F1	Ausführen	RUN / activate
⇧+F2	Sichern	save
⇧+F3	Ende QM	
⇧+F4	SQL-Eingabe / Konvertieren in SQL	
⇧+F5	Anzeigen Formular	DISPLAY form
⇧+F6	Anzeigen Bericht	DISPLAY report
⇧+F7	Anzeigen SQL / Anzeigen ...	DISPLAY query / show SQL / show index
⇧+F8	Löschen Objekt	ERASE
⇧+F9	QM-Kommandozeile	
⇧+F10	Lösche Maske	blank panel
⇧+F11	-	
⇧+F12	-	
Strg+F1	Ändern / Editieren	change / edit / change rows
Strg+F2	Einfügen	insert / add rows / ADD and Next
Strg+F3	Erweiterte Suche	EXTENDED SEARCH
Strg+F4	Markieren Feld	mark field
Strg+F5	Prüfe Maske	check panel
Strg+F6	Suche	SEARCH
Strg+F7	Markieren Text	mark text
Strg+F8	-	
Strg+F9	Editier-Löschen	delete
Strg+F10	Löschen Markierung	delete mark
Strg+F11	-	
Strg+F12	-	

Pull-down- Um ein Pull-down-Menü aufzurufen, drücken Sie den unterstriche-
Menü nen Buchstaben zusammen mit [Alt] oder nach [F10]. In den Menüs
aufrufen reicht die Eingabe des Buchstaben zur Selektion. In der Regel führt
die Benutzung der Funktionstasten schneller zum Ziel als die Kurzkommandos.

3.1   Datenbanken bearbeiten

Nach dem Aufruf des Query Manager erscheint als erstes eine Auswahlliste mit den verfügbaren Datenbanken. Die erste Zeile ist für
das Anlegen einer neuen Datenbank vorgesehen und enthält immer
den Eintrag

```
-NEW-    Open a new database
```

Bild 3.1:
Auswahlliste
der verfügbaren
Datenbanken

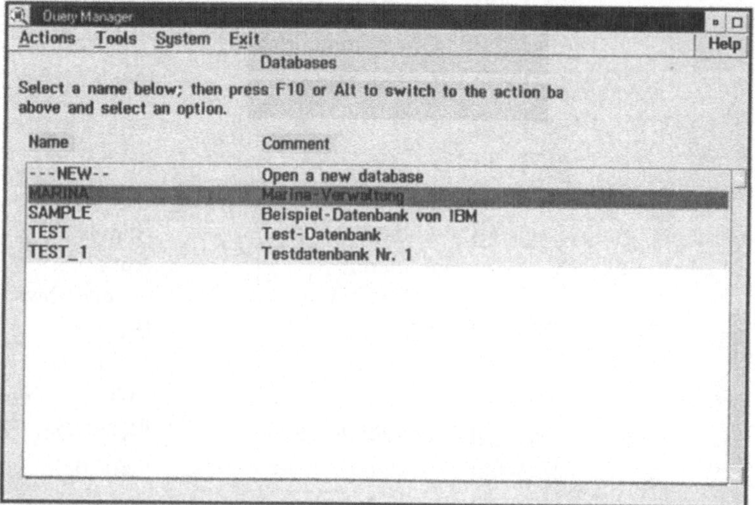

Wählen Sie nun aus dieser Liste die gewünschte Datenbank (Maus-
Doppelklick, [F6] oder Funktion *Open* aus Menü *Action*), damit der
Query Manager den notwendigen CONNECT an die Datenbank
durchführen kann.

Datenbank Wenn Sie über die Berechtigung zum Einrichten einer Datenbank
anlegen (SYSADM) verfügen, können Sie auch die erste Zeile anwählen.
DB2/2 richtet dann eine neue Datenbank auf Ihrer lokalen Workstation ein. Sie werden nach dem Namen der Datenbank und nach
dem Laufwerk für die Dateien gefragt. Außerdem können Sie noch

einen 30-stelligen erläuternden Kommentar eingeben, der auch im *System Database-* und *Volume Database*-Verzeichnis angezeigt wird.

Nach einiger Zeit (bei uns dauert es etwa 40 Sekunden) ist die Datenbank angelegt, der DB2/2-Katalog eingerichtet, die Datenbank im Directory katalogisiert, und der Query Manager verzweigt in das Hauptmenü.

Datenbank löschen
In dieser Auswahlliste können Sie auch eine Datenbank komplett löschen (Funktion *Erase* im Menü *Action*).

Die Datenbank wird nach Bestätigung sofort **physisch** gelöscht, d.h. durch Löschen von Dateien und Directory. Anschließend meldet sich der Query Manager mit der aktualisierten Datenbank-Auswahlliste zurück.

3.2 Tabellen und Sichten bearbeiten

Im Hauptmenü können Sie als Experte gleich in die SQL-Eingabe verzweigen und dort Ihre Tabellen definieren, verändern, löschen auswerten usw. Für Sie sind die folgenden Erläuterungen dann weniger interessant. Tabellen-Definitionen, die Sie frei formuliert angelegt haben, können Sie auch im geführten Modus ansehen und verändern.

Dies gilt aber nicht für Sichten: frei formulierte Sicht-Definitionen können nicht im geführten Modus betrachtet werden.

Tabellen und Sichten anlegen

„Sprechen Sie weniger fließend" SQL, so wählen Sie im Hauptmenü Tabellen und Sichten aus. Der Query Manager zeigt Ihnen dann eine Auswahlliste mit allen Tabellen und Sichten der Datenbank. Die erste Zeile ist für das Anlegen einer neuen Tabelle oder Sicht vorgesehen und enthält immer den Eintrag

```
-NEW-   Open a new table or view
```

Wählen Sie diese an, so werden Sie durch die notwendigen Angaben zur Definition einer Tabelle oder einer Sicht geführt.

Als erstes entscheiden Sie, ob Sie eine Tabelle oder eine Sicht anlegen wollen.

Tabelle anlegen
Legen Sie eine Tabelle an, so wird anschließend die leere Maske zur Spalten-Definitionen angezeigt. Sie wählen die Definition einer neuen Spalte mit (Strg)+(F2) oder über das Menü *Action*. Der Query Manager fragt Sie dann nach Datentyp und Spaltennamen. Zusam-

men mit dem Spaltennamen werden je nach gewähltem Datentyp abgefragt

- die Größe und Nachkommastellen einer Dezimalzahl
- ob reine Textzeichen oder nicht
- ob Pflichtfeld oder nicht.

Bei den Datentypen bedeuten *special data* LONG VARCHAR und *scientific notation* FLOAT.

Es ist nicht möglich, eine Spalte als NOT NULL WITH DEFAULT zu definieren.

Mit Hilfe des Menü *Constraints* können Sie Primär- und Fremdschlüssel definieren. Leider erscheinen diese Definitionen nicht in der Maske der Spalten-Definitionen.

Legen Sie einen Primärschlüssel an, fragt der Query Manager Sie nach den Spaltennamen (F4 für Auswahlliste). Die Spalten müssen mit *Data required* definiert worden sein.

Legen Sie einen Fremdschlüssel an, fragt der Query Manager Sie nach dem Namen dieser Beziehung, dem Namen der zugehörigen Tabelle (parent table) und der Löschregel. Der Query Manager zeigt Ihnen dann die Primärschlüssel-Spalte(n) an und fragt nach den Spaltennamen des Fremdschlüssels. Die Kompatibilität der Schlüsselspalten wird vom Query Manager nicht überprüft.

Haben Sie die Tabelle fertig definiert, verlassen Sie die Maske mit F3 oder über das Menü *Exit*. Der Query Manager fragt Sie dann, ob Sie die Definition speichern wollen. Wenn ja, fragt der Query Manager weiter nach dem Tabellennamen. Sie können dem Tabellennamen noch einen erläuternden Kommentar hinzufügen, den der Query Manager als REMARKS in der Katalogtabelle SYSIBM.SYSTABLES vermerkt und in der Auswahlliste anzeigt. Dann legt der Query Manager Ihre Tabelle an.

Fehler in der Definition, die der Query Manager nicht prüft, werden Ihnen nun vom DB2/2 via Query Manager gemeldet. Sie können dann erneut in die Maske zur Spalten-Definition springen, um die Fehler zu verbessern, oder die gesamte Definition der Tabelle verwerfen. Sind keine DB2/2-Fehler aufgetreten, wird die neue Tabelle in der Auswahlliste angezeigt.

Sie können sich die Definition einer Tabelle auch dadurch erleichtern, daß Sie auf die Definition einer ähnlichen Tabelle derselben Datenbank mit F2 oder *Get template* im Menü *Action* zurückgreifen.

Die Definitionen werden Ihnen dann zur weiteren Bearbeitung zur Verfügung gestellt. Selbstverständlich bleibt die Originaltabelle davon unberührt.

Sicht anlegen Wollen Sie eine Sicht anlegen, fragt der Query Manager Sie nach den Tabellen bzw. Sichten, die der neuen Sicht zugrunde liegen. Geben Sie mehrere Tabellen oder dieselbe Tabelle mehrfach an, erzeugen Sie einen Join in der Sicht. Der Query Manager fragt Sie dann nach den Spalten zur paarweisen Verknüpfung der Tabellen[1]. Es wird grundsätzlich ein Equi-Join generiert. Sie können die Definition der Join-Bedingungen über die Menü-Führung unterbinden, so daß dann jede Zeile einer Tabelle mit jeder einer anderen kombiniert wird. Dies ist allenfalls in Ausnahmefällen sinnvoll. Andere Join-Bedingungen müssen nach Umwandlung in SQL manuell definiert werden.

Eine weitere gravierende Beschränkung in diesem Dialog ist die Annahme des Query Managers, daß jeweils nur eine Spalte pro Tabelle für die Formulierung der Equi-Join-Bedingung ausreiche. Es ist nicht möglich, weitere Spalten je Tabelle im Dialog oder nachträglich mit der *Edit*-Funktion anzugeben.

Nach der Spaltenauswahl erfragt der Query Manager die neuen Spaltennamen der Sicht. Anschließend können Sie zeilenbezogene Auswahlbedingungen definieren. Diese Schritte entsprechen denen bei der Formulierung von Abfragen. Wir verweisen daher auf den folgenden Abschnitt zur Berichterstellung, wo dies ausführlich erläutert wird.

Analog zur Tabellen-Definition wird die Sicht beim Verlassen der Maske und Sichern der Definition angelegt.

Definitionen anzeigen und ändern

In der Auswahlliste werden alle Tabellen und bestimmte Sichten der Datenbank angezeigt, auf die Sie Zugriff haben. Es ist jedoch vom Query Manager her nicht ersichtlich, ob es sich dabei um eine Tabelle oder um eine Sicht handelt. Sie können sich alle Tabellen der Auswahlliste mit ihren Definitionen anzeigen lassen und verändern.

---

[1] Leider zeigt der Query Manager dabei nicht die Alias-Namen mit an, was bei einem Join einer Tabelle mit sich selbst durchaus von Vorteil wäre.

Nur die Sicht-Definitionen werden in der Auswahlliste angezeigt, die vom Query Manager im geführten Modus angelegt und gesichert (nicht in SQL konvertiert!) wurden. Sicht-Definitionen können Sie nicht ändern.

Sie können Tabellen um neue Spalten ergänzen, Fremd- und Primärschlüssel-Definitionen hinzufügen, ändern oder löschen. Sie werden dabei so geführt wie beim Anlegen der Tabelle.

Primär- und Fremdschlüssel ändern Wollen Sie einen Primärschlüssel ändern, so bedeutet dies, daß der alte Primärschlüssel mit allen zugehörigen Fremdschlüsseln gelöscht und ein neuer eingerichtet wird. Wollen Sie einen Fremdschlüssel ändern, so wird die alte Definition gelöscht und die neue angelegt.

Definitionen löschen

Sie können alle Tabellen und Sichten in der Auswahlliste mit ⇧ +F8 oder *Erase* im Menü *Action* löschen.

Indizes definieren, anzeigen und löschen

Zusätzlich zur Tabellen-Definition können Sie einen Index für Tabellen definieren, sich seine Definition anzeigen lassen oder ihn löschen.

Index definieren Wollen Sie einen Index definieren, wählen Sie *Add index* im Menü *Action*. Der Query Manager erfragt in einem Fenster Spaltennamen (Auswahlliste mit F4) und Sortierfolge (*Ascending* oder *Descending*). Anschließend fragt der Query Manager nach dem Index-namen, ob Duplikate erlaubt sind oder nicht (d.h. ob er nicht eindeutig sein soll oder doch), und richtet den Index ein. Ein eindeutiger Index zu einer bereits geladenen Tabelle kann nur dann erstellt werden, wenn die Daten eindeutig sind.

Es ist übrigens nicht möglich, sich den zugehörigen SQL-Befehl anzusehen.

Index-Definition anzeigen Index-Definitionen werden nicht in der Auswahlliste angezeigt. Sie werden unter dem Namen der zugehörigen Tabelle subsumiert. Mit ⇧ +F7 oder *Show index* können Sie sich die Index-Definition ansehen. Der Query Manager fragt Sie nach dem gewünschten Namen (Auswahlliste mit F4) und zeigt Ihnen dann Namen, Spalten, Sortierfolge und ob Duplikate erlaubt sind oder nicht.

Mit dieser Funktion können Sie auch einfach den Namen des Primärschlüssel-Index ermitteln, den DB2/2 ja bei automatischer Erstellung selbst generiert: Sie finden den Namen mit *Show index* in der Auswahlliste (F4).

Index löschen Mit *Erase index* im Menü *Action* löschen Sie einen Index. Sie können den Namen aus der Auswahlliste auswählen und müssen die Auswahl nochmals bestätigen, bevor der Index mit Definition und Daten gelöscht wird.

Tabelleninhalt ändern

Unter *Tabellen und Sichten* des Hauptmenüs können Sie auch die Tabelleninhalte ändern. Dazu stellt Ihnen der Query Manager eine Standard-Maske zur Verfügung, in der die Spalten der Tabelle oder der Sicht als Felder untereinander angeordnet sind. Die Änderungen erfolgen somit jeweils zeilenweise. Mengenoperationen werden vom Query Manager nicht im geführten Modus unterstützt, sie müssen über SQL-Befehle direkt formuliert werden.

Zeilen einfügen und ändern Zunächst wählen Sie in der Auswahlliste die gewünschte Tabelle oder Sicht aus. Dann entscheiden Sie, ob Sie bereits existierende Daten verändern oder neue einfügen wollen. Eine Kombination von beidem in einem Arbeitsgang ist nicht vorgesehen.

Einfügefunktion Wählen Sie die Einfügefunktion (Strg + F2 oder *Add data rows* im Menü *Action*), so erhalten Sie eine Leermaske, in der Sie Ihre Daten erfassen können. Eine erfaßte Zeile können Sie mit *Add and next* im Menü *Action* oder Strg + F2 speichern, anschließend erhalten Sie eine neue Leerzeile. Mit F7 oder *Add and keep* speichern Sie die Zeile und behalten sie in der Maske als Vorlage für den nächsten Erfassungsschritt.

Der Komfort dieser Einfügefunktion ist gering. Sie können sich zum Beispiel für das Erfassen nicht einmal die Datentyp-Definitionen der Spalten anzeigen lassen (*Show field* dient nur zur Anzeige von Spalten mit einer Länge > 255 Zeichen, nicht aber zur Anzeige der Definitionen). Geben Sie zu viele Nachkommastellen einer Dezimalzahl an, so werden diese kommentarlos beim Speichern gerundet. Eine gerade mit *Add and next* gespeicherte Zeile können Sie sich nicht mehr ansehen und nochmals überprüfen; dazu müssen Sie die Erfassung beenden und in die Änderungsfunktion wechseln.

Aufgrund der Schlichtheit dieser Funktion erscheint uns ihre Benutzung nur dann sinnvoll, wenn Sie einige Testdaten erfassen wollen. Die Erfassung von echten Daten und dazu noch durch einen unbedarften Benutzer ist hiermit nicht zu verantworten.

Änderungs-funktion   Wählen Sie die Änderungsfunktion (Strg+F1 oder _Change data rows_ im Menü _Action_), erhalten Sie eine Leermaske, in die Sie die Auswahlkriterien für die Zeilen eintragen können, die Sie ändern wollen.

Tragen Sie nichts ein, so werden Ihnen bei der obligatorischen Suche alle Zeilen zur Verfügung gestellt. Zur Auswahl der zu bearbeitenden Zeilen können Sie auch eine zuvor formulierte und abgelegte Abfrage aufrufen (Strg+F3 oder _Extended search_).

In den ausgewählten Zeilen blättern Sie mit F8 vorwärts. Doch Vorsicht: ein Rückwärtsblättern ist nicht möglich! Sie können eine Zeile durch Überschreiben oder Löschen der Daten ändern. Diese Änderungen werden sofort durchgeführt, ein späteres Rücksetzen (ROLLBACK) ist nicht mehr möglich. Ändern Sie eine Zeile und geben Sie mit Strg+F1 oder _Change and next_ die Änderung frei, so erscheint nach erfolgreicher Änderung die nächste Zeile. Sie können eine Änderung nur nach erneuter Suche nochmals überprüfen.

Die Änderungsfunktion ist genauso schlicht und wenig komfortabel wie die Einfügefunktion. Daher empfehlen wir, sie auch nur zur Bearbeitung von Testdaten oder ähnlichem zu benutzen.

Die beschränkte Funktionalität ist dann verständlich, wenn man die begrenzten Leistungen von Embedded SQL (ESQL) mit der CUR-SOR-Technik kennt, die hier direkt an den Anwender durchgereicht wird. Doch haben mittlerweile ungezählte Anwendungsprogrammierer Dialoganwendungen erstellt, in denen trotzdem Vorwärts- und Rückwärtsblättern, Ändern, Löschen und Einfügen erlaubt ist. Hätten sie dies nicht geschafft, hätten relationale Datenbanken nie in der kommerziellen Datenverarbeitung oberhalb des PCs Fuß fassen können. Daher darf der Query Manager-Benutzer durchaus fragen, ob es sich die IBM mit diesen Beschränkungen des Query Managers nicht zu leicht gemacht hat.

Administration

Unter dem Menü _Tool_ finden Sie Dienstprogramme (Utilities)
- zur Reorganisation eines Index,
- zur Aktualisierung der Statistiken für den Optimizer,
- zum Auslesen der Daten in eine Datei oder
- zum Laden einer Datei in die Tabelle oder
- um Berechtigungen zu vergeben oder zu entziehen.

Sie bearbeiten jeweils eine Tabelle oder Sicht.

3.3 Berichte erstellen

Zu einem Query Manager-Bericht gehören eine Abfrage (Query), ein Ausgabeformat (Form) und der eigentliche Bericht (Report), der das Ergebnis der Abfrage mit einer bestimmten Formatierung ist.

Für einen Bericht, d.h. eine Auswertung, müssen Sie zunächst festlegen, welche Daten Sie in welcher Zusammenstellung, Reihenfolge und Verdichtung benötigen. Dann entscheiden Sie, wie die Auswertungsergebnisse dargestellt werden sollen. Und genauso ist auch die einfachste Vorgehensweise im Query Manager zur Berichterstellung: Formulieren Sie Ihre Abfrage frei oder im geführten Modus, testen und modifizieren Sie diese solange bis Sie zufrieden sind. Der Query Manager präsentiert Ihnen die Ergebnisse Ihrer Test-Auswertungen in einer Standard-Formatierung. Steht Ihre Abfrageformulierung fest, können Sie das Standard-Format als Ausgangsbasis für Ihre Formatierung nehmen und entsprechend abwandeln. Diese Vorgehensweise wird im folgenden beschrieben.

Selbstverständlich können Sie auch eine Abfrage mit verschiedenen Formaten durchführen oder ein Format für verschiedene Abfragen nutzen.

Abfragen formulieren

Nur einfache Abfragen werden vom Query Manager im geführten Modus unterstützt. Komplizierte Auswertungen müssen in SQL frei formuliert werden.

Im geführten Modus werden die Ergebnisse Ihrer Abfrage in der Maske zeilenweise in textlich aufbereiteter Form angezeigt. Sie können auch in dieser Anzeige gezielt arbeiten, wenn Sie das Menü *Edit* benutzen.

Die angezeigte Abfrage können Sie sich auch als SQL-Befehle ansehen (⇧ + F7 oder *Show SQL* im Menü *Action*), was Ihnen vielleicht beim Erlernen von SQL hilft.

Wenn Sie die Abfrage vom geführten Modus in SQL konvertieren lassen, um Sie dann weiterzubearbeiten, denken Sie daran, daß eine Rücktransformation nicht möglich ist.

Die Verwendung von Variablen, die es zum Beispiel erlauben, erst zur Ausführungszeit die gewünschten Werte für Auswahlkriterien vorzugeben, ist nur in frei formulierten SQL-Befehlen möglich.

Im geführten Modus werden Sie zuerst nach den gewünschten Tabellen oder Sichten gefragt. Geben Sie mehrere Tabellen oder dieselbe Tabelle mehrfach an, erzeugen Sie einen Join. Der Query Manager fragt Sie dann nach den Spalten zur paarweisen Verküpfung der Tabellen[2]. Es wird grundsätzlich ein Equi-Join generiert. Sie können die Definition der Join-Bedingungen unterbinden, so daß dann jede Zeile einer Tabelle mit jeder einer anderen kombiniert wird. Dies ist allenfalls in Ausnahmefällen sinnvoll. Andere Join-Bedingungen müssen nach Umwandlung in SQL manuell definiert werden.

Eine weitere gravierende Beschränkung (wie schon bei der Definition von Sichten) ist die Annahme des Query Managers, daß jeweils nur eine Spalte pro Tabelle für die Formulierung der Equi-Join-Bedingung ausreiche. Es ist nicht möglich, weitere Spalten je Tabelle im Dialog oder nachträglich mit der *Edit*-Funktion anzugeben. Während bei der Definition von Sichten diese Einschränkung vielleicht noch tolerierbar ist, weil Sichten doch meist von einem Datenbank-Administrator mit SQL-Kenntnissen zentral vorgegeben werden, erscheint sie uns in der Abfrage sehr realitätsfern. Hat man denn nicht oft Schlüsselbegriffe, die sich aus mehreren Spalten zusammensetzen? Und gerade diese werden doch in Joins häufig gebraucht.

Nach der Auswahl der Tabellen oder Sichten wird das *Specify*-Fenster angezeigt. Sie können dort auswählen, welche Angaben zur Abfrage Sie noch machen wollen.

Projektion Sinnvollerweise wählen Sie als nächstes die Spalten aus (Projektion). Aus der Auswahlliste, die Ihnen der Query Manager anzeigt, können Sie beliebig viele Spalten gleichzeitig selektieren, allerdings nur in der Reihenfolge, wie sie Ihnen angezeigt werden. Wollen Sie in der Abfrage eine Reihenfolge vorgeben, so müssen Sie die Spalten einzeln durch eine Folge von Auswahlschritten bestimmen.

Sie können natürlich auch Ausdrücke und Spaltenfunktionen angeben, jedoch wiederum nur in Einzelschritten. Mischen Sie Spalten

---

[2] Leider zeigt der Query Manager dabei nicht die Alias-Namen mit an, was bei einem Join einer Tabelle mit sich selbst durchaus von Vorteil wäre.

mit Spaltenfunktionen in der Projektion, so erzeugt der Query Manager automatisch die notwendige GROUP BY-Klausel.

Selektion Anschließend können Sie die zeilenbezogenen Auswahlbedingungen (Selektion) festlegen. Der Query Manager zeigt Ihnen die Liste der Spalten, unter denen Sie wählen können. Außerdem möchten Sie vielleicht einen Ausdruck eingeben. Nach Wahl einer Spalte oder Eingabe eines Ausdrucks zeigt Ihnen der Query Manager die Auswahl der Operatoren an. In der ersten Gruppe (Verb) können Sie sich für die direkte oder verneinte Formulierung entscheiden, in der zweiten (Comparison) können Sie einen Vergleichsoperator oder den Vergleichoperanden NULL wählen. Wählen Sie einen Operator, werden Sie gleich darauf vom Query Manager nach dem oder den Operanden gefragt. Sie können einen Vergleichswert, eine Spalte oder einen Ausdruck eingeben. Je nach Operator sind mehrere Operanden zulässig (gleich/equal to) oder erforderlich (between). Bei Spalten mit Datentyp CHAR ist eine maskierte Suche (LIKE mit %) möglich: Sie können nach einer Zeichenkette suchen, die am Anfang, mitten in oder am Ende der Spalte zu finden sein sollte.

Beachten Sie hierbei bitte, daß diese Art der Suche je nach Tabellen- und Spaltengröße sehr aufwendig werden kann. Denken Sie bitte bei Vergleichen mit Zeichenketten daran, daß Groß- von Kleinschreibung unterschieden wird.

Um mehrere Auswahlbedingungen vorzugeben, rufen Sie die Zeilenauswahl mehrfach über das Menü *Specify* auf. Ab dem zweiten Aufruf fragt der Query Manager Sie als erstes, ob die neue Bedingung durch AND oder OR mit den alten verknüpft werden soll.

Der geführte Modus unterstützt die Formulierung von Auswahlbedingungen mit Mengenangaben nicht, weder durch Aufzählungen noch durch Unterabfragen, unabhängig davon ob die Ergebnismenge ein Element enthält oder mehrere.

Sortierfolge der Nach der Selektion können Sie die Sortierfolge der Zeilen in der
Ergebniszeilen Ausgabe definieren. Der Query Manager zeigt Ihnen die Liste der Spalten Ihrer zuvor erstellten Projektion, unter denen Sie die Sortierkriterien wählen können. Dabei können Sie noch entscheiden, ob nach dem ausgewählten Kriterium aufsteigend (*Ascending*) oder absteigend (*Descending*) sortiert werden soll. Sie können jeweils nur ein Kriterium je Aufruf auswählen. Die Reihenfolge Ihrer Aufrufe gibt die Hierarchie der Sortierkriterien vor. Haben Sie eines mittendrin vergessen, verlassen Sie das *Specify*-Fenster und benut-

zen Sie das *Edit*-Menü, das Ihnen das Einfügen einer Zeile an gewünschter Stelle erlaubt.

Abschließend können Sie dem Query Manager mitteilen, ob Sie Zeilenduplikate zulassen oder unterdrücken wollen.

Mengenoperationen mehrerer Abfragen (SELECTs) durch UNION, EXCEPT oder INTERSECT werden im geführten Modus nicht unterstützt.

Die Ergebnisse Ihrer Angaben können Sie jederzeit durch die Ausführung der Abfrage überprüfen (⇧ + F1 oder *Run* im Menü *Action*). Mit ⇧ + F7 oder *Query* im Menü *Display* kommen Sie problemlos aus der Ergebnisanzeige zur Abfragebearbeitung zurück. Mit ⇧ + F5 oder *Form* im Menü *Display* gelangen Sie zu den Definitionen des Standard-Formulars, das Ihnen als Basis für Ihre Aufbereitung der Ausgabe dienen kann.

Berichte formatieren

Unabhängig von der Art der Abfrageformulierung (frei formuliert oder im geführten Modus erstellt) können Sie den Bericht formatieren.

Wenn Sie eine Abfrage durchführen, erhalten Sie einen Bericht mit einer Standard-Formatierung. Dieses Standard-Formular benutzen wir als Ausgangsbasis für die weitere Aufbereitung.

Von der Ergebnisanzeige (Report) gelangen Sie mit ⇧ + F7 oder *Auswahl Form* im Menü *Display* zur Formular-Definition. Der Query Manager präsentiert Ihnen eine Maske, in der die Projektionsspalten Ihrer Abfrage zusammen mit den Standard-Parametern in Tabellenform aufgelistet werden.

Positions-nummer Die erste Spalte der Auflistung (Num) zeigt die Positionsnummer der Auswertungsspalte in der Projektion an. Diese Nummer ist nicht änderbar, weil sie der einzige Bezug zur Abfrage ist.

Feldüberschrift Die zweite Spalte (Column Heading) enthält die Feldüberschriften des Berichts. Der Query Manager setzt dort zunächst die Spaltennamen ein. Doppelte Namen, wie sie durch Join möglich sind, werden nicht durch Tabellen- oder Alias-Präfix, sondern durch eine angehängte, über alle Duplikate laufende Nummer eindeutig gemacht. Ausdrücke oder Spaltenfunktionen erhalten die Überschrift EXPRESSION n, wobei n die Positionsnummer des Ausdrucks in der Projektion ist. Setzen Sie hier sinnvolle Überschriften ein. Die Überschrift kann einzeilig maximal so lang sein wie die Feld-

Definition des Berichts. Zeilenumbrüche geben Sie durch den Unterstrich (_) vor.

Verwendung Die dritte Spalte (Usage) gibt die besondere Verwendung vor. Kein Eintrag bedeutet die schlichte Anzeige. Weitere Angaben sind:

OMIT	Spalte wird nicht angezeigt.
AVERAGE (AVG)	Durchschnitt über die Werte ungleich NULL wird gebildet.
COUNT	Anzahl der Werte ungleich NULL wird ermittelt.
FIRST	Wert der ersten Zeile wird angezeigt.
LAST	Wert der letzten Zeile wird angezeigt.
MAXIMUM (MAX)	Größte Wert wird ermittelt.
MINIMUM (MIN)	Kleinste Wert wird ermittelt.
SUM	Summe über alle Werte ungleich Null wird errechnet.
BREAKn (n = 1-6)	Spalte dient dem Gruppenwechsel. Die Ziffer gibt die hierarchische Stufe an, 1 für die Hauptstufe, 2 - 6 für die untergeordneten.
BREAKnX (n = 1-6)	Spalte dient dem Gruppenwechsel, wird aber nicht angezeigt. Die Ziffer gibt die hierarchische Stufe an, 1 für die Hauptstufe, 2 - 6 für die untergeordneten.

Die Angaben AVG und SUM sind nur für numerische Spalten erlaubt.

Sie können nur eine Verwendung je Spalte angeben. Werden mehrere gewünscht, muß die Spalte im Bericht und somit in der Projektion der Abfrage mehrfach vorkommen. Die Ergebnisse der Spaltenfunktionen werden am Ende des Berichts und jeweils nach einem Gruppenwechsel angezeigt.

Leerstellen Die vierte Spalte (Ident) gibt die Anzahl Leerstellen zur vorherigen Spalte an. Die Eingaben 0 bis 999 sind möglich.

Feldlänge Die fünfte Spalte (Width) bestimmt die Feldlänge der Anzeige. Setzen Sie diese zu klein an, werden *** für numerische Werte eingesetzt, die zu groß sind. Zeichenketten und Datums-/Zeitangaben werden abgeschnitten.

Wert-
aufbereitung Die sechste Spalte (Edit) bestimmt die Aufbereitung der Werte. Mögliche Angaben sind

für Zeichenketten	
C	linksbündig, abschneiden bei Feldüberlauf
CW	linksbündig, willkürlicher Umbruch bei Feldüberlauf
CT	linksbündig, möglichst sinnvoller Umbruch bei Feldüberlauf
für numerische Spalten	
Dn	Dezimalzahl mit Währungsangabe und Tausenderseparatoren. Die Währungsangabe kann über das der Query Manager-Profil gesteuert werden. Standard ist 'DM', links, gleitend.
E	Exponentialdarstellung
In	Dezimalzahl mit führenden Nullen ohne Tausenderseparatoren
Jn	Dezimalzahl mit führenden Nullen ohne Tausenderseparatoren, ohne Vorzeichen (Absolutwert)
Kn	Dezimalzahl mit Tausenderseparatoren
Ln	Dezimalzahl ohne Tausenderseparatoren
Pn	Prozentangabe: Dezimalzahl mit Tausenderseparatoren und angehängtem Prozentzeichen (%).
	Die Angabe n ist optional und bestimmt die Nachkommastellen. Werte von 0 bis 15 sind erlaubt. 0 generiert ein Komma, zeigt aber keine Nachkommastellen an.

für Datums- und Zeitangaben	
TDM*	amerikanisch: MM*TT*JJJJ
TDY*	nach DIN: JJJJ*MM*TT
TDD*	wie gewohnt: TT*MM*JJJJ
TDMA*	abgekürzt amerikanisch: MM*TT*JJJJ
TDYA*	abgekürzt sortierfähig: JJ*MM*TT
TDDA*	kurz wie gewohnt: TT*MM*JJ
TTS*	24-Stunden-Anzeige: hh*mm*ss
TTC*	12-Stunden-Anzeige: hh*mm*ss
TTA*	24-Stunden-Anzeige: hh*mm
TTAN	24-Stunden-Anzeige ohne Separator: hhmm
TTU*	amerikanisch: hh*mm AM bzw. hh*mm PM
TSI	JJJJ-MM-TT-hh.mm.ss.nnnnnn
'*' steht für Doppelpunkt (:), Punkt (.) oder Komma (,).	

Spaltenfolge Die letzte Spalte (Seq) gibt die Spaltenfolge im Bericht vor. Hier können Sie die Reihenfolge der Berichtsspalten abweichend von der Abfrage organisieren. Die Werte von 1 bis 999 sind erlaubt. Der Query Manager toleriert Lücken und doppelte Angaben. Bei doppelten Angaben ergibt sich die Reihenfolge nach der in der ersten Spalte festgelegten Positionsnummer.

Weitere wichtige Angaben zur Aufbereitung des Berichts werden mit dem *Specify*-Menü gemacht.

Seitenkopf und -fuß Mit Page legen Sie die Texte im Seitenkopf und -fuß fest. In die Texte können Sie QM-System-Variable wie &DATE, &TIME, &TIMESTAMP, &DATABASE, &SQLUSER, &PAGE einsetzen. Sie haben jeweils fünf Zeilen zu 55 Zeichen zur Verfügung.

Abschlußzeilen Mit Final gestalten Sie die Schlußzeilen des Berichts. Ihnen stehen 5 Zeilen Text zur Verfügung. Die System-Variablen &DATE, &TIME und &PAGE sind hier nicht erlaubt, wohl aber &TIMESTAMP. Diese Schlußzeilen sind als Präfix zur Summenzeile gedacht. Daher steht Ihnen nur der Platz zur Verfügung, der links von den entsprechenden Spalten vorhanden ist. Überzähliger Text einer Zeile wird abgeschnitten.

Gruppen- Die Auswahl Breaks legt die Behandlung von Gruppenwechseln
wechsel   fest. Als erstes wählen Sie aus, welche Gruppenstufe Sie bearbeiten
          wollen. Dann können Sie zur gewählten Gruppenstufe angeben, ob
          Sie einen Seitenvorschub, die Wiederholung der Spaltenüberschrif-
          ten oder die Summenzeile auf einer neuen Seite wünschen. Außer-
          dem können Sie drei Zeilen als Gruppenüberschrift und fünf Zeilen
          als erläuternden Text zur Summenzeile eingeben. Die Texte können
          Variablen enthalten, mit &n (n = Zahl aus Spalte Num) können Sie
          Werte einer Spalte der Abfrage in den Text einstreuen. Die System-
          Variablen &DATE, &TIME und &PAGE sind auch hier nicht erlaubt,
          wohl aber &TIMESTAMP. Die Überschrift kann über die gesamte
          Breite des Berichts positioniert werden, der Fußtext nur links von
          der Summenzeile.

sonstige   Mit Options können Sie einige allgemeine Vorgaben zur Berichts-
Angaben zur   aufbereitung treffen:
Aufbereitung

– *Detail line spacing* gibt den Zeilenabstand an. Standard ist 1
  (keine Leerzeile zwischen den Berichtszeilen). Werte von 1 bis 4
  sind erlaubt.

– *Number of fixed columns in report* gibt die Spalten an, die vom
  Seitwärtsblättern ausgeschlossen sind, also stehen bleiben, oder
  im Druck wiederholt werden. Maximal können 999 Spalten
  angegeben werden. Wird die Anzahl der vorhandenen Spalten
  überschritten, gilt Ihre Eingabe für alle. Die Eingabe 0 ist nicht
  erlaubt. Sie müssen stattdessen NONE eintippen.

– *Outlinig for break columns* unterdrückt bei YES die Wiederholung gleicher Werte von Gruppenwechsel-Kontrollfeldern
  (USAGE= BREAK__) in nachfolgenden Zeilen.

– *Default break text* erzeugt bei YES eine Zeile mit einem Stern (*)
  je Gruppenstufe, falls keine Summenzeilen definiert wurden.

– *Column wrapped lines kept on page* verhindert bei YES, daß
  umgebrochene Zeilen (Zeichenketten mit Edit-Code CW oder
  CT) bei einem Seitenwechsel auseinandergerissen werden.

– *Column heading separators* erzeugt bei YES eine Zeile mit Strichen (-) als Unterstreichung der Überschriften.

– *Break summary separators* erzeugt eine Zeile mit Strichen (-)
  zwischen der letzten Einzelzeile einer Gruppe und der nachfolgenden Summenzeile der Gruppe.

– *Final summary separators* erzeugt eine Zeile mit Doppelstrichen (=) zwischen der letzten Zeile des Berichts Gruppe und der abschließenden Summenzeile.

Wollen Sie ein bestehendes Formular an eine veränderte Abfrage anpassen, können Sie mit den bereits bekannten *Edit*-Funktion Zeilen in der Formularmaske einfügen (Insert [Strg]+[F2]) oder löschen (Delete [Strg]+[F9]).

Die Ergebnisse Ihrer Angaben können Sie jederzeit durch Verzweigen in die Ergebnis-Anzeige überprüfen ([⇧]+[F6] oder *Report* im Menü *Display*). Lästig ist jedoch, daß die Anzeige jedesmal nach einer Formuläränderung auf den Anfang der Liste positioniert wird, Sie also nach einer Formularkorrektur nicht direkt an die Stelle im Bericht zurückkehren können, an der Sie den Fehler entdeckten.

Sind Sie mit Ihrer Berichtsformatierung, wie Sie sie auf dem Bildschirm sehen, zufrieden, können Sie den Bericht drucken. Springen Sie dazu in die Ergebnisanzeige (Report) und wählen Sie dort [F9] oder *Print* im Menü *Action*[3]. Sie haben die Wahl, den Bericht auf einen Drucker oder in eine Datei auszugeben. Danach können Sie die Zeilenlänge in Anzahl Zeichen und die Seitenlänge in Anzahl Zeilen vorgeben. Die Angaben einer Seitennumerierung und von Datum und Zeit sind redundant zur Formular-Definition. Haben Sie diese dort bereits vorgegeben, können Sie hier darauf verzichten. Bei der Ausgabe auf den Drucker können Sie noch eine Drucker-Definition über den Nickname anwählen und angeben, ob Sie eine komprimierte Ausgabe wünschen.

Die Überstellung des Drucks in die Datei oder den Spooler erfolgt online und nicht im Hintergrund. Sie blockieren sich damit bei größeren Berichten Ihre Query Manager-Sitzung für eine Weile.

Profile benutzen

An dieser Stelle wollen wir kurz auf die Benutzung von Profilen eingehen, weil diese bei der Formatierung von Berichten hilfreich sein können.

Im Profil sind neben einigen anderen Definitionen der Drucker mit einigen Ausgabeoptionen und die Datenaufbereitung in der Aus-

---

[3] Mit *Print* in der Formular-Definition erhalten Sie einen Ausdruck Ihrer Berichts-Definition.

gabe festgelegt. Die Angaben sind über vier Masken verteilt. Allerdings können Sie nicht über die üblichen Schiebeleisten darin blättern, sondern müssen [Bild ↑] oder [Bild ↓] benutzen. Für die Berichtsaufbereitung sind die Masken 1 bis 3 interessant.

Bild 3.2:
Drucker-
angaben
festlegen

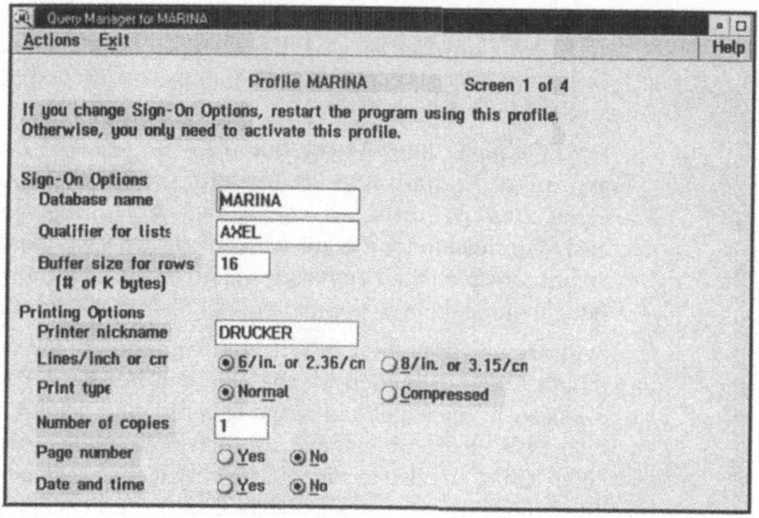

```
Query Manager for MARINA                                    ▫ □
 Actions  Exit                                             Help

                  Profile MARINA              Screen 1 of 4
 If you change Sign-On Options, restart the program using this profile.
 Otherwise, you only need to activate this profile.


 Sign-On Options
    Database name       MARINA

    Qualifier for lists AXEL

    Buffer size for rows  16
    (# of K bytes)
 Printing Options
    Printer nickname    DRUCKER

    Lines/inch or cm   ⦿ 6/in. or 2.36/cm   ○ 8/in. or 3.15/cm

    Print type         ⦿ Normal            ○ Compressed

    Number of copies    1

    Page number        ○ Yes   ⦿ No

    Date and time      ○ Yes   ⦿ No
```

In Maske 1 bestimmen Sie den Drucker, seine Schreibdichte, die Anzahl der Kopien, ob Sie eine Seitennumerierung und Datum mit Uhrzeit wünschen. Den Drucker wählen Sie über einen symbolischen Namen aus (Nickname), unter dem Sie zuvor Druckertyp, Anschluß und Seitenformat im der Query Manager definiert und abgelegt haben.

Bild 3.3:
Druck-
aufbereitung für
numerische
Werte festlegen

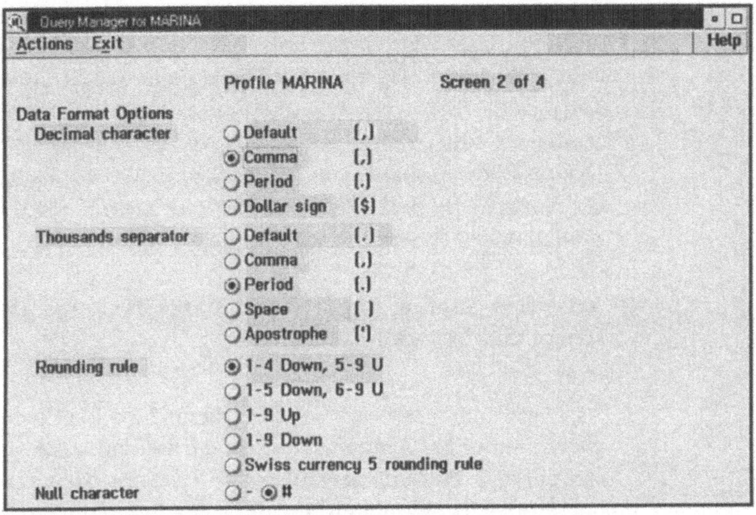

Query Manager for MARINA

Actions   Exit   Help

                    Profile MARINA   Screen 2 of 4
Data Format Options
  Decimal character   ◯ Default   (,)
                         ◉ Comma   (,)
                         ◯ Period   (.)
                         ◯ Dollar sign   ($)

  Thousands separator   ◯ Default   (.)
                         ◯ Comma   (,)
                         ◉ Period   (.)
                         ◯ Space   ( )
                         ◯ Apostrophe   (')

  Rounding rule   ◉ 1-4 Down, 5-9 U
                         ◯ 1-5 Down, 6-9 U
                         ◯ 1-9 Up
                         ◯ 1-9 Down
                         ◯ Swiss currency 5 rounding rule

  Null character   ◯ - ◉ #

In Maske 2 legen Sie das Dezimalzeichen, den Tausenderseparator,
die Rundungsregeln und das Symbol für den NULL-Wert fest.

Bild 3.4:
Druck-
aufbereitung für
Vorzeichen und
Datum/Uhrzeit
festlegen

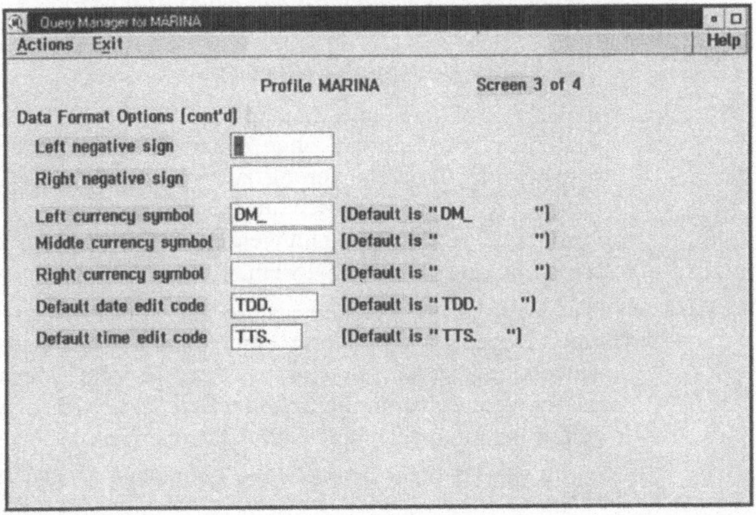

Query Manager for MARINA

Actions   Exit   Help

                    Profile MARINA   Screen 3 of 4
Data Format Options [cont'd]
  Left negative sign   [ ]

  Right negative sign   [ ]

  Left currency symbol   [DM_]   [Default is "DM_   "]
  Middle currency symbol [ ]   [Default is "   "]
  Right currency symbol [ ]   [Default is "   "]
  Default date edit code [TDD.]   [Default is "TDD.   "]
  Default time edit code [TTS.]   [Default is "TTS.   "]

In Maske 3 wählen Sie Position und Symbol für das negative Vorzeichen und das Währungssymbol. Wollen Sie rechts vom Symbol
ein Leerzeichen, so geben Sie einen Unterstrich (_) an. Wählen Sie
Vorzeichen und Währungssymbol rechts von der Zahl, so erscheint

das Vorzeichen rechts von der Währung; wählen Sie beide links, so erscheint das Vorzeichen links von der Währung. Die Positionen sind nicht alternativ, Sie können also alle Möglichkeiten zusammen ausnutzen: Eine Vorzeichenkennung voran- und nachstellen und zusätzlich eine Währungskennung voran- und nachstellen und das Dezimalzeichen durch eine Währungsangabe ersetzen. Die Angaben für Vorzeichen und Währung können jeweils sechs Zeichen lang sein, d.h. Sie können durchaus Texte wie „Minus_", „Dollar" oder „D_Mark" verwenden.

Außerdem können Sie in dieser Maske noch die Darstellung von Datum und Uhrzeit bestimmen.

Das Profil muß aktiviert werden, damit Ihre Berichte auch entsprechend seiner Definitionen aufbereitet werden. Dazu müssen Sie im Hauptmenü *Profiles* auswählen. Sie erhalten dann die Auswahlliste der Profile, positionieren auf dem gewünschten Profil und aktivieren es mit ⇧+F1 oder *Activate* im Menü *Action*. Führen Sie Ihre Auswertungen gleich durch QM-Kommandos aus, so können Sie das Profil dort als Parameter einsetzen (siehe auch Kapitel 4, *Die wichtigsten Kommandos für den Query Manager*).

3.4 Eine kleine Anwendung entwickeln

Berichte, Abfragen und Datenpflege per Maske sollen Anwender auch ausführen können, ohne etwas von SQL, relationalen Datenbanken oder Programmierung zu verstehen. Mit Hilfe von Menüs, Masken (Panels), Berichten und Prozeduren können Sie als DV-Profi ohne großen Programmieraufwand kleine Anwendungen für diesen Benutzerkreis entwickeln.

Yachthafen-Beispiel Wir erläutern die Vorgehensweise am einfachsten an dem Beispiel einer Liegeplatz-Verwaltung einer Marina (Yachthafen). Kern der Anwendung ist ein Buchungssystem, in dem Yachten für einen bestimmten Zeitraum freie Liegeplätze zugewiesen werden. Dazu gehört natürlich auch eine Stammdatenverwaltung

– für die Yachten, deren Größe Grundlage für die Liegegebühren ist,

– für die Eigner, die die Liegegebühren bezahlen müssen, und

– von den Liegeplätzen mit ihren Platzverhältnissen.

Von dem Eigner speichern wir auch seine Adressen, wobei wir bei Dauerliegern davon ausgehen, daß diese eine Heimatanschrift und eine ständige Adresse am Ort haben können. Die SQL-Befehle zur Einrichtung der Tabellen finden Sie im Anhang.

Was soll der Hafenmeister mit der Anwendung erledigen können? Zuerst einmal freie Liegeplätze für bestimmte Zeit vergeben. Dann natürlich Daten von Yachten und ihren Eignern erfassen und pflegen. Außerdem muß er die Liegeplatzdaten erfassen und pflegen können.

Aus diesen Anforderungen ergibt sich zunächst ein Menü mit den Menü-Punkten

- Neubelegung   (Belegungsübersicht und Buchung)
- Eigner   (Stammdatenpflege Yachteigner)
- Yacht   (Stammdatenpflege Yacht-Daten)
- Belegung   (Auskunft und Pflege Liegeplatz-Belegung)
- Liegeplätze   (Stammdatenpflege Liegeplätze).

Aus dem Menü werden die folgenden Masken angesprungen:

- Adreßpflege
- Liegeplatz-Stammdaten
- Liegeplatz-Belegung
- Neubelegung
- Eigner-Stammdaten
- Yacht-Stammdaten.

Vorgehens- Die Masken sind Ihnen prinzipiell aus den Standard-Funktionen zur
weise Änderung bzw. zum Einfügen von Tabellenzeilen bekannt.

Menüs und Masken können direkt oder durch Prozeduren miteinander verknüpft werden. Die Prozeduren können zu einem Menü-Punkt Abläufe behandeln, die über den einfachen Aufruf einer Maske hinausgehen.

Die Gestaltung des Menüs kennen Sie bereits: Das QM-Hauptmenü ist so ein Menü, wie wir es auch erstellen können. Es bleibt dann allein Ihrer Kreativität überlassen, wo Sie die Tasten und wo den erläuternden Text anordnen.

Wir erstellen zunächst die Masken (siehe Abschnitt *Masken erstellen*), dann die Prozeduren (Abschnitt *Prozeduren erstellen*), bauen das Menü auf (Abschnitt *Menü erstellen*), und zeigen Ihnen dann, wie Sie die Anwendung aufrufen können (Abschnitt *Aufruf der Anwendung*).

Masken erstellen

Wir beginnen mit dem Erstellen der Masken. Als erstes entwerfen wir die Maske zur Erfassung und Pflege der Yacht-Stammdaten.

Maske Yacht-Stammdaten Über das QM-Hauptmenü gelangen Sie zur Auflistung der Masken (Panels). Wählen Sie dort die erste Zeile mit dem Eintrag

```
---NEW--
```

und eröffnen Sie diese (Doppelklick mit der Maus, F6) oder *Open* im Menü *Action*). Vor Ihnen erscheint dann eine leere Maske. Über das *Specify*-Menü wählen wir *Default definition* aus. Der Query Manager fragt nach dem Tabellennamen (YACHT) und erzeugt aus den Tabellen-Definitionen eine Standard-Maske, in der die Spalten untereinander aufgelistet sind. Links vor den Spalten steht jeweils der Spaltenname.

Nun können Sie schon die erste Überarbeitung des Layout vornehmen: Durch Anklicken der Felder (Spalten und Texte) können Sie eines aktivieren, auf dem Bildschirm verschieben (Festhalten der linken Maus-Taste) oder in der Größe verändern (den Cursor so auf dem Rand positionieren, daß der Doppelpfeil erscheint, und mit gedrückter linker Maus-Taste die Maus wie gewünscht bewegen).

Wenn Sie die Maskenfelder verschieben oder in der Größe verändern, bemerken Sie ein nicht sichtbares Justierungsgitter zur Ausrichtung der Felder oder Texte. Dieses ist für das grobe Layout der Maske eine willkommene Hilfe. Für die Feinarbeit können Sie das Raster mit *adjust marks* im *Layout*-Menü ausschalten.

Den Instruktionsbereich im oberen Teil der Maske können Sie ebenfalls im *Layout*-Menü unterdrücken.

Ein Doppelklick auf einem Text läßt ein Fenster mit Definitionen zur Darstellung und zur Änderung des Textes erscheinen. Ersetzen Sie die Spaltennamen durch verständliche Bezeichnungen.

Maske testen Den ersten Test können Sie auch sogleich mit ⇧ +F1 oder *Run* im Menü *Action* durchführen. Der Query Manager fragt dann als erstes nach dem Ausführungsmodus. Anzeige mit Änderungsmöglichkeit ist vom Einfügen neuer Zeilen streng getrennt. Diese Trennung wird uns für den Einsatz unserer Masken nochmals beschäftigen. Für den Test ist es egal, welchen Modus Sie wählen: Sie sehen die ausführbare Maske, in der die bearbeitbaren Felder weiß hinterlegt und mit dem NULL-Symbol initialisiert sind. Mit F3 (Exit) gelangen Sie zurück in die Entwicklungsmaske.

Lookup-Tabellen benutzen
Für Anzeige und Pflegedienst ist es sicher hilfreich, wenn neben den Yacht-Daten auch Angaben zum Eigner erscheinen. Der Query Manager erlaubt uns, für Informationen aus anderen Tabellen bis zu neun Lookup-Tabellen zu definieren. Wählen Sie *Table selections* im Menü *Specify* und tragen Sie im Fenster in der Zeile *Lookup1* den Tabellennamen PERSON ein. Anschließend wählen Sie im selben Menü in der folgenden Zeile *Table fields*. Sie erhalten dann eine Tabelle, in der die Maskenfelder mit ihrem Bezug zu den Tabellenspalten und ihrer Aufbereitung dargestellt sind. Es fehlen hier noch die Felder, die wir aus der Lookup-Tabelle PERSON ableiten wollen. Tragen Sie daher in der ersten freien Zeile in der Spalte *Table Type* Lookup1 ein, springen Sie mit 🖘 in das nächste Feld (Column Name) und wählen Sie *List* (F4). Der Query Manager zeigt Ihnen dann die Auswahlliste aller Spalten von PERSON. Sie können eine oder auch alle auswählen. Im letzten Fall füllt Ihnen der Query Manager die Table Fields-Tabelle für alle Spalten aus. Wir übernehmen PNR, NAME, VORNAME und PASS_NR. PNR wird für die Verbindung zur Root-Tabelle YACHT benötigt, die anderen Spalten werden angezeigt. Füllen Sie für die Lookup-Spalten noch *Field Name* und, falls Sie vom Standard abweichen möchten, noch *Width* und *Edit Code* aus.

Die Codes zur Aufbereitung entsprechen fast denen bei der Bericht-Definition:

für Zeichenketten	
C	linksbündig, abschneiden bei Feldüberlauf
CW	linksbündig, willkürlicher Umbruch bei Feldüberlauf
CT	linksbündig, möglichst sinnvoller Umbruch bei Feldüberlauf
für numerische Spalten	
E	Exponentialdarstellung
Ln	Dezimalzahl ohne Tausenderseparatoren
	Die Angabe n ist optional und bestimmt die Nachkommastellen. Werte von 0 bis 15 sind erlaubt. 0 generiert ein Komma, zeigt aber keine Nachkommastellen an. Die Angaben D, I, J, K und P sind nicht erlaubt.

für Datums- und Zeitangaben	
TDM*	amerikanisch: MM*TT*JJJJ
TDY*	nach DIN: JJJJ*MM*TT
TDD*	wie gewohnt: TT*MM*JJJJ
TDMA*	abgekürzt amerikanisch: MM*TT*JJJJ
TDYA*	abgekürzt sortierfähig: JJ*MM*TT
TDDA*	kurz wie gewohnt: TT*MM*JJ
TTS*	24-Stunden-Anzeige: hh*mm*ss
TTC*	12-Stunden-Anzeige: hh*mm*ss
TTA*	24-Stunden-Anzeige: hh*mm
TTAN	24-Stunden-Anzeige ohne Separator: hhmm
TTU*	amerikanisch: hh*mm AM bzw. hh*mm PM
TSI	JJJJ-MM-TT-hh.mm.ss.nnnnnn
'*' steht für Doppelpunkt (:), Punkt (.) oder Komma (,).	

Für Lookup-Felder ist eine Usage-Angabe nicht erlaubt. Die Root-Felder besitzen standardmäßig schon die Angabe SAC mit

S   als Suchkriterium erlaubt

A   bei Neuzugang ausfüllbar

C   im Änderungs-Modus bearbeitbar

Wollen Sie Felder als Suchkriterium unterdrücken oder von Änderungen ausnehmen, entfernen Sie S bzw. C. Wollen Sie der Maske keine Neuzugänge erlauben, entfernen Sie alle A.

Wir definieren für YACHT:

```
Field      Table                                              Edit
Name       Type         Column Name         Usage   Width     Code
-----      -----        -----------         -----   -----     ----
FIELD1     Root         YNR                 SA      6         L
FIELD2     Root         NAME                SAC     24        C
FIELD3     Root         REG_ORT             SAC     24        C
FIELD4     Root         BAUART              SAC     8         C
FIELD5     Root         LAENGE              SAC     8         L2
FIELD6     Root         BREITE              SAC     8         L2
FIELD7     Root         TIEFGANG            SAC     8         L2
FIELD8     Root         VERDRAENGUNG        SAC     8         L1
FIELD9     Root         PNR                 SAC     6         L
P          Lookup1      PNR                         6         L
N          Lookup1      NAME                        24        C
V          Lookup1      VORNAME                     24        C
PS         Lookup1      PASS_NR                     15        C
```

Die Verbindung zwischen der Root- und der Lookup-Tabelle ist bisher noch nicht definiert. Dazu wählen wir *Connecting columns* im Menü *Specify* und tragen in die angezeigte Tabelle ein:

```
From Table Type: Root
Column Name: PNR
To Table Type:   Lookup1
Column Name: PNR
```

Unter *Connection Type* ist bei Lookup-Verbindungen kein Eintrag erlaubt.

Im nächsten Schritt bauen wir die Lookup-Felder auch in das Maskenlayout ein: wir wählen *Mark field* im Menü *Layout* und erhalten die Auswahlliste der zuvor definierten Felder. Wir wählen eines aus und können es nun im Maskenlayout mit der Maus positionieren. Mit *Mark text* im Menü *Layout* können wir die Feldüberschrift dazu definieren. Haben wir alle Felder in der Maske untergebracht (PNR sollte aber nicht doppelt erscheinen!), können wir wieder einen Test mit ⇧+F1 (*Run*) durchführen. Die Lookup-Felder sind nicht weiß hinterlegt, da keine Eingaben erlaubt sind. Sie werden leider auch nur automatisch beim Lesen einer Tabellenzeile beschickt, nicht bei Änderungen im Bezugsfeld, nicht bei Neuzugängen. Dann muß der Hafenmeister die *Compute*-Funktion aufrufen, die nicht nur errechnete Feldinhalte bestimmt, sondern auch die Lookup-Felder neu füllt.

Funktionen und Aktionen festlegen

Mit *Panel actions* im Menü *Specify* erhalten Sie eine Tabelle, in der die Aktionen oder Funktionen beschrieben sind, die der Anwender über das Menü *Action* später ausführen kann. Der Query Manager unterbreitet Ihnen in dieser Tabelle einen nicht vollständigen Vorschlag seiner Funktionen[4]. Um eine Funktion zu entfernen, die dem Anwender nicht mehr zur Verfügung stehen soll, müssen Sie in der Tabelle die gesamte Zeile mit all ihren Spalten löschen. Sie können hier unter *Action Text* neue Kommando-Namen (bis zu 21 Zeichen lang) definieren, neue Kürzel (ein Zeichen) unter *Mnemonic* vorgeben oder freie Funktionstasten belegen. Unter Panel *Operation/Command* können Sie auch Prozeduren, Abfragen oder andere Masken aufrufen (maximal 50 Zeichen). Je Verarbeitungsmodus (add/change) sind bis zu 19 Aktionen erlaubt.

Wir wählen für den Anwender neue deutsche Kommandos und bieten ihm mit F12 oder *Prüfen* die *Compute*-Funktion zur Aktualisierung der Lookup-Felder an. Mit ⇧+F12 oder *Neue Yachtnummer* zeigen wir ihm die nächste freie Yachtnummer zur Neuvergabe (Achtung: diese einfache Lösung hier ist nicht sicher im Mehrbenutzer-Umfeld!). Hat er vergessen, zuvor den Eigner zu erfassen, kann er mit F11 oder *Neuer Eigner* in die Eigner-Maske springen und dies nachholen.

---

[4] Es fehlen *Compute* und *Refresh*.

Action Text	Mnemonic	Action Key	Panel Operation/Command	Mode
Einfügen + Weiter	E	Ctrl+F2	Add and next	A
Einfügen	N	F7	Add and keep	A
Ändern + Weiter	Ä	Ctrl+F1	Change and next	C
Löschen + Weiter	L	Ctrl+F9	Delete and next	C
Weiter	W	F8	Next	C
Suche	S	Ctrl+F6	Search	C
Leermaske	M	Shift+F10	Blank panel	A
Drucken	D	F9	Print	
Prüfen	P	F12	Compute	
Neuer Eigner	U	F11	run panel eigner (mode=add)	
Neue Yachtnummer	Y	Shift+F12	run query maxyacht (form=maxyacht)	A

Sie können auch Aktionen in Prozeduren legen, um vor ihrem Aufruf Plausibilitäts- oder Sicherheitsprüfungen vorzunehmen. In der *Action* Maske rufen Sie dann diese Prozeduren auf.

Verhalten festlegen Unter *Rules for panel* im Menü *Specify* können Sie das Verhalten der Maske in einigen Standard-Situationen vorgeben: Sie können eine Abfrage angeben, die beim Aufruf der Maske im Änderungs-Modus sofort ausgeführt wird, und Sie können als *End Rule* angeben, was der Query Manager machen soll, wenn der Anwender den letzten Satz im Änderungs-Modus bearbeitet hat. Als *Instance Rules* für Änderungs- und Einfüge-Modus können Sie Prozeduren angeben, die vor Ausgabe des nächsten Bildschirminhalts ausgeführt werden. Hiermit können Sie vor allem Feld-Voreinstellungen definieren. Im Änderungs-Modus wird eine solche Prozedur nach dem Lesen des nächsten Bildschirminhalts, einer oder mehrere zusammengehöriger Tabellenzeilen, und vor der Anzeige ausgeführt. Sie können also auf die gelesenen Daten zugreifen und diese für die Ausgabe manipulieren.

Wir definieren für YACHT:

```
Begin Rule
   Panel search query . . . . . . . .     AXEL.YACHT


Instance Rules
   Procedure (Add). . . . . . . . . .
   Procedure (Change) . . . . . . . .


End Rule . . . . . . . .                   Exit the panel
```

Wir geben in der Auswahlbedingung der Abfrage Variablen an, die der Query Manager bei Aufruf erfragt. Eine solche Abfrage kann nicht im geführten Modus erstellt werden, da hier der Query Manager keine Variablen erlaubt.

Die Abfrage lautet:

```
SELECT *
FROM AXEL.YACHT
WHERE ( YNR BETWEEN &Y1 AND &Y99 )
```

Wir erlauben dem Anwender, einen Bereich von Yachten über ihre Nummern vorzugeben, weil wir einfach unterstellen, daß er bei einer Pflegeaktion gleich mehrere Yachten bearbeiten wird. Sucht er eine einzelne Yacht, muß er die gewünschte Nummer allerdings zweimal eingeben.

Leider sind nicht alle Parameter des SELECT-Befehls an dieser Stelle erlaubt. UNION, DISTINCT oder ORDER BY zum Beispiel vertragen sich nicht mit unserer Änderungsabsicht (siehe Abschnitt 6.3, ESQL-Befehle, *DECLARE CURSOR*). Bei der Sortierung ist dies besonders unangenehm, da der Hafenmeister sicher zurecht erwartet, daß seine Yachten oder seine Liegeplatz-Belegung (eine andere Maske, siehe Anhang) in geordneter Reihenfolge angezeigt werden. Hier hilft dann nur die häufige Reorganisation der Tabellen, bei der die Daten dann sortiert wieder geladen werden müssen.

Mit *Title lines* im Menü *Specify* geben wir die drei Maskenüberschriften für Anzeige, Änderung, Einfügen an.

Nach den Feinarbeiten im Layout können Sie die Maske verlassen, dabei sichern sowie Name und erläuternden Kommentar angeben. Setzen Sie die Nutzungsberechtigung *Share=Yes*, damit die Maske von anderen benutzt werden kann.

Nun haben wir die erste Maske erstellt und schon sehr gut den Leistungsumfang dieser QM-Funktion kennengelernt. Mit den Aktionen, in denen Sie auch Prozeduren aufrufen können, ist die Gestaltung komfortabler und durchaus komplexer Anwendungen möglich. Obwohl die Oberfläche dem Presentation Manager angeglichen wurde, ist die Verarbeitungsphilosophie doch an dem Block-Modus von Mainframe-Terminals orientiert. Diese Terminals übertragen nur in sich abgeschlossene Eingaben en bloc zum Großrechner, nicht wie bei PCs sofort zeichenweise. Daher arbeitet es sich mit dem Großrechner meist schwerfälliger als mit dem PC. Ist in einer PC-Maske ein Feld ausgefüllt und soll der Cursor auf das nächste

springen, kann der PC Plausibilitäten prüfen und den Sprung auf
das nächste Feld bei Fehlern gleich unterbinden. Und genau solch
eine feldorientierte Funktionalität fehlt in den Masken des Query
Manager völlig.

Maske Eigner-Stammdaten erstellen
Mit der nächsten Maske soll der Pflegedienst der Eigner-Stammdaten
behandelt werden. Es ist sicher sinnvoll, wenn der Anwender nicht
nur die Personendaten im engeren Sinne, sondern auch die zugehörigen Anschriften sieht und pflegen kann. Daher wollen wir zwei
Tabellen zusammen in einer Maske bearbeiten (eine Sicht mit Join
ist nicht änderbar und kommt daher nicht in Frage). Die eine ist die
Root-Tabelle, die andere die Sub-Tabelle.

Bild 3.5: Eigner-Stammdaten

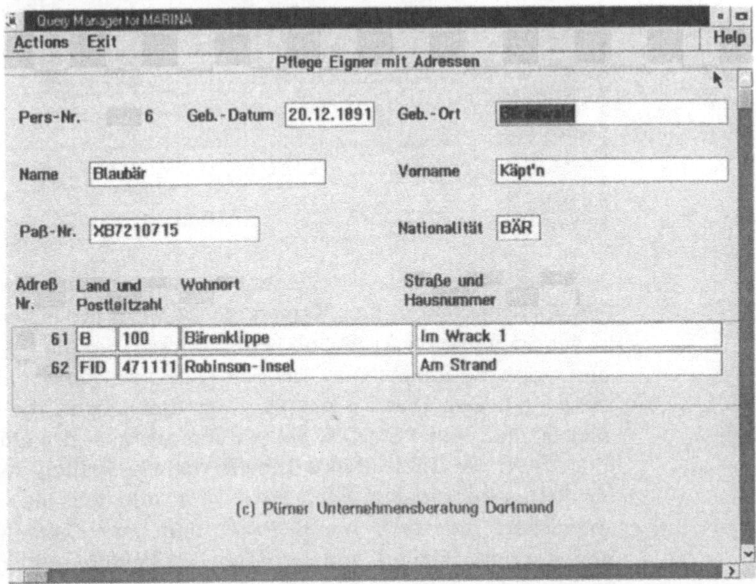

Wie schon beim Erstellen der Maske Yacht-Stammdaten beginnen
Sie die Definition einer neuen Maske mit *Default definition* im
Menü *Specify*. Der Query Manager fragt nach dem Tabellennamen
(PERSON) und erzeugt aus den Tabellen-Definitionen eine Stan-
dard-Maske, in der die Spalten untereinander aufgelistet sind. Links
vor den Spalten steht jeweils der Spaltenname.

Nach der ersten Überarbeitung des Layouts wählen Sie *Table selections* im Menü *Specify* und tragen im Fenster, das der Query Manager darauf anzeigt, in der Zeile *Sub* "ADRESSE" ein. Anschließend
wählen Sie im selben Menü in der folgenden Zeile *Table fields*. Sie

erhalten dann eine Tabelle, in der die Maskenfelder mit ihrem Bezug zu den Tabellenspalten und ihrer Aufbereitung dargestellt sind.

Bild 3.6:
Maskenfelder-
Tabelle

Field Name	Table Type	Column Name	Usage	Width	Edit Code
FIELD1	Root	PNR	SA	6	L
FIELD2	Root	NAME	SAC	24	C
FIELD3	Root	VORNAME	SAC	24	C
FIELD4	Root	GEB_DAT	SAC	10	TDD.
FIELD5	Root	GEB_ORT	SAC	24	C
FIELD6	Root	PASS_NR	SAC	15	C
FIELD7	Root	NATIONALITAET	SAC	3	C
A	Sub	ADR_NR	KA	6	L
L	Sub	NKZ	AC	3	C
O	Sub	ORT	AC	24	C
PLZ	Sub	POSTLZ	AC	6	C

| Enter | Cancel | Help | List |

Es fehlen hier noch die Felder, die wir aus der Lookup-Tabelle PERSON ableiten wollen. Tragen Sie daher in der ersten freien Zeile in der Spalte *Table Type* „Sub" ein, springen Sie mit ⬚ (nur Tabulator vorwärts möglich) in das Feld *Column Name* und wählen Sie *List* (F4). Der Query Manager zeigt Ihnen dann die Auswahlliste aller Spalten von PERSON. Sie wählen alle aus, der Query Manager füllt Ihnen die Table Fields-Tabelle für alle Spalten aus. Füllen Sie für die Lookup-Spalten noch *Field Name* und, falls Sie vom Standard abweichen möchten, noch *Width* und *Edit Code* aus. Für die Verwendung (Usage) von Sub-Tabellen-Feldern gilt, daß sie kein Suchkriterium sein dürfen (Angabe S nicht erlaubt) und daß mindestens ein Feld als Schlüssel (Angabe K - C verboten) definiert sein muß. Unser Schlüssel ist die Adreßnummer ADR_NR.

```
Field      Table                                              Edit
Name       Type        Column Name          Usage   Width     Code
FIELD1     Root        PNR                  SA      6         L
FIELD2     Root        NAME                 SAC     24        C
FIELD3     Root        VORNAME              SAC     24        C
FIELD4     Root        GEB_DAT              SAC     10        TDD.
FIELD5     Root        GEB_ORT              SAC     24        C
FIELD6     Root        PASS_NR              SAC     15        C
FIELD7     Root        NATIONALITAET        SAC     3         C
A          Sub         ADR_NR               KA      6         L
L          Sub         NKZ                  AC      3         C
O          Sub         ORT                  AC      24        C
PLZ        Sub         POSTLZ               AC      6         C
P          Sub         PNR                  A       6         L
ST         Sub         STRASSE              AC      32        C
```

Die Verbindung zwischen der Root- und der Sub-Tabelle ist bisher noch nicht definiert. Dazu wählen wir *Connecting columns* im Menü *Specify* und tragen in die angezeigte Tabelle ein:

```
From Table Type:  Root
Column Name: PNR
To Table Type:    Sub
Column Name: PNR
```

Unter *Connection Type* ist hier ein Eintrag notwendig. Der Query Manager unterstützt die Beziehungstypen 1:1, 1:n, n:1 und n:m. Wir unterstellen, daß unser Hafenkapitän für jeden Yachteigner eigene Adressen führt, auch wenn etliche davon „Marina-Appartments, Am Yachthafen 1-7" lauten. (Da der Query Manager auch n:m-Beziehungen unterstützt, können Sie natürlich auch einen sauberen Adreßbestand aufbauen.) Wir wählen also 1:n und tragen OM (One to Many) ein.

Im nächste Schritt bauen wir die Sub-Felder auch in das Maskenlayout ein. Wir wählen *Mark field* im Menü *Layout* und erhalten die Auswahlliste der zuvor definierten Felder.

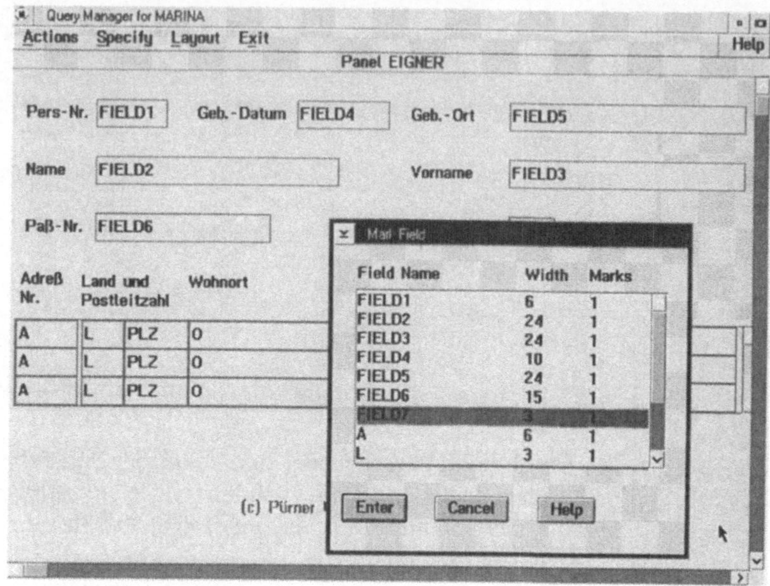

Wir wählen eines aus und positionieren es nun mit der Maus im
Maskenlayout. Mit dem ersten Feld einer :m-Sub-Tabelle
positionieren wir zunächst auch den Bereich für „wiederholte"
(repeated) Felder, in dem diese spaltenweise mit Verschiebebalken
dargestellt werden. Vergrößern Sie den Bereich gleich so, daß die
Adreßfelder nebeneinander hinein passen und daß Sie mehrere
Zeilen auf einen Blick sehen können.

Alle Spalten der Untertabelle können Sie nur in diesem Bereich
positionieren.

Mit *Mark text* im Menü *Layout* können wir die Feldüberschrift dazu
oberhalb des Wiederholungsbereichs definieren. Haben Sie alle
Felder in der Maske untergebracht (PNR sollte aber nicht doppelt
erscheinen!), können Sie die Maske mit ⇧+F1 (Run) testen.

Die weiteren Definitionen erstellen wir analog zur ersten Maske. Als *Panel actions* wählten wir:

```
Action Text            Mnemonic  Action Key  Panel Operation/Command Mode
Einfügen + Weiter      E         Ctrl+F2     Add and next              A
Einfügen               N         F7          Add and keep              A
Ändern + Weiter        Ä         Ctrl+F1     Change and next           C
Löschen + Weiter       L         Ctrl+F9     Delete and next           C
Weiter                 W         F8          Next                      C
Suche                  S         Ctrl+F6     Search                    C
Leermaske              M         Shift+F10   Blank panel               A
Druck                  D         F9          Print
Neue Anschrift         U         F11         run panel adresse(mode=
                                                 add                   C
Neue Yachtnummer       Y         Shift+F12   run query maxeigner(
                                                 form=maxeigner        A
Maske ohne Änderung    O         F6          Refresh                   C
```

Für die Aktion *Delete and Next* gilt übrigens, daß die Daten des Eigners mit allen seinen Anschriften gelöscht werden, wenn der Bildschirm-Cursor beim Aufruf (S) auf einem Eigner-Feld steht. Steht er auf einer Adreßzeile, wird nur diese gelöscht.

Unter *Rules for panel* machten wir folgende Angaben:

```
Begin Rule
  Panel search query . . . . . . . . .     AXEL.EIGNER


Instance Rules
  Procedure (Add). . . . . . . . . . . .
  Procedure (Change) . . . . . . . .


End Rule . . . . . . . . .            Exit the panel
```

Die Abfrage ist analog zur YACHT-Abfrage formuliert und lautet:

```
SELECT *
FROM AXEL.PERSON
WHERE ( PNR BETWEEN &p1 AND &p2 )
```

Diese Maske nimmt neue Eigner mit ihren Adressen auf und erlaubt es, an Personen- oder Adreßdaten Änderungen vorzunehmen.

Wird ein Eigner über diese Maske im Datenbestand gelöscht, werden seine Anschriften aufgrund der Verküpfung mitgelöscht, unabhängig davon, ob eine Fremdschlüssel-Beziehung mit DELETE CASCADE besteht oder nicht.

Was ist aber, wenn ein Eigner eine zusätzlich Anschrift meldet, zum Beispiel in die Marina-Appartments am Yachthafen gezogen ist? Unser Hafenkapitän muß dann zu einem bereits geführten Eigner eine neue Anschrift hinzufügen. Dies unterstützt die Maske gerade nicht wegen der starren Trennung von Änderungs- und Einfüge-Modus.

Maske Adresse Wir müssen also noch eine Maske definieren, in der diese Neuzugänge erfaßt werden können: die Maske Adresse. Mit [F11] kann der Anwender dann aus der Anzeige von EIGNER (im Änderungs-Modus) in diese Erfassungsmaske springen. Beim Aufruf aus dem Menü heraus soll der Anwender gleich angeben, ob

– er neue Eigner mit Anschriften erfassen,

– alte Daten pflegen oder

– zu erfaßten Yachtbesitzern neue Anschriften erfassen will.

Das Menü startet dann eine Prozedur, in der die entsprechenden Maske gleich im richtigen Modus aufgerufen werden. Mit der Erstellung solcher Prozeduren beschäftigen wir uns im nächsten Abschnitt.

Die weiteren Masken unserer Anwendung sind im Anhang beschrieben. Sie enthalten keine wesentlichen Erweiterungen gegenüber den zuvor beschriebenen.

Prozeduren erstellen

Prozeduren sind eine Folge von QM-Kommandos, die um Befehle zur Ablaufkontrolle ergänzt werden können. Eine Übersicht über die wichtigsten Kommandos und ihre Syntax finden Sie im nächsten Kapitel. Viele kennen Sie schon aus den Menü *Actions* oder als Masken-Aktionen.

Die Befehle zur Ablaufkontrolle lauten:

    DO WHILE

    DO UNTIL

    IF THEN ELSE

Prozeduren können eigene Variable (Prozedur-Variable) haben oder auf Query Manager-Variable (QM-Variable) zugreifen.

Jede Prozedur muß mit einem Kommentar beginnen. Kommentare werden von /* und */ eingeschlossen. QM-Kommandos sollen von ' oder " eingeschlossen werden.

In unserem Beispiel erstellen wir die Prozeduren

– Adreßpflege

– Liegeplatz   (Buchung des Liegeplatzes)

– Neubelegung   (Initialisierungsprozedur für Maske
                  NEUBELEGUNG)

– Eigner

– Yacht

– Belegung

Adreßpflege Beginnen wir mit der Prozedur, die die Funktionen zur Adreßpflege aufrufen soll. Wir definieren eine Menü-Variable für die vom Anwender gewünschte Verarbeitungsart. In der Prozedur greifen wir auf diese QM-Variable zu und rufen jeweils die erforderlichen Masken mit dem richtigen Verarbeitungsmodus auf.

```
/* Eigner-Daten: Erfassung oder Pflege? */
'get current (name=me'
if name = 'N' | name = 'n'
  then
      'run panel eigner (mode = add)'
  else
      if name = 'Ä' | name = 'ä'
        then
            'run panel eigner (mode=change)'
        else
            if name = 'A' | name = 'a'
              then
                  'run panel adresse(mode=add)'
```

Der Name der Menü-Variablen lautet me. Da die Eingabe von Groß- sowie Kleinbuchstaben erlaubt ist (keine Einschränkung durch Feld-Parameter möglich), müssen wir beide Möglichkeiten prüfen. Das Symbol | steht für das logische „oder".

Die Verschachtelung der IF-Befehle ist leider notwendig, da die Query Manager-Prozedursprache über kein Konstrukt wie CASE oder EVALUATE verfügt. Eine echte Alternative wäre es, statt der Prozedur ein Menü zu benutzen, in dem der Benutzer die Feinauswahl trifft.

Buchung des Eine weitere Prozedur brauchen wir für die Buchung eines Liege-
Liegeplatzes platzes. Dabei werden zunächst die Liegeplätze aufgelistet werden, die zur gefragten Zeit noch frei sind. Dann erfaßt der Hafenmeister

eine Belegung für einen Liegeplatz, den er sich aus der Liste ausgesucht hat.

```
/* Anzeige freier Liegeplätze und Buchung */
/* Aufbereitung Datumsvorgaben aus Menü
    für BETWEEN-Parameter in Query */
'get current(v1 = vdat'
'get current(v2 = bdat'
v3 = "'"
v4 = v3||v1||v3
v5 = v3||v2||v3
'set current (vondat = v4'
'set current (bisdat = v5'
/* Aufruf Query */
'run query freiplatz (form=freiplatz)'
if rc <> 0
 then
      say "Fehler in der Freiplatzsuche"
 else
/* Aufruf Buchungsmaske, wenn kein Fehler zuvor */
      'run panel neubelegung (mode=add)'
```

Bei der Menü-Auswahl gibt der Hafenmeister den gewünschten Belegungszeitraum vor. Die entsprechenden Variablen sind im Menü und in der Abfrage definiert.

Ist die Abfrage erfolgreich, werden ihre Ergebnisse in einer Liste angezeigt. Der Hafenmeister wählt einen der freien Liegeplätze aus und gelangt dann durch [F3] (Exit) in die Erfassungsmaske. Gelingt die Abfrage nicht, erhält er eine Fehlermeldung. Die Erfassungsmaske wird dann nicht aufgerufen.

Datums-Variable Die Bearbeitung von Datumsangaben mit Query Manager- und Prozedur-Variablen ist nicht befriedigend. Das Tagesdatum zur Vorbelegung zu nutzen (über die System-Variable DATE), ist nur möglich im Format TDY-, z.B. 1993-12-31. Nur in dieser Form wird es bei Zuweisungen als Datumstyp erkannt. Wer sich in seiner Anwendung nicht dazu durchringen kann, ein Datum stets im Format TDY-darzustellen, muß sich mit zwei verschiedenen Datumsformaten herumschlagen. Eine Darstellungsaufbereitung und -umwandlung für Variablen ist nicht vorgesehen.

Die Variablen VONDAT und BISDAT, die wir zur flexiblen Angabe des Belegungszeitraums in der Abfrage FREIPLATZ (siehe unten) benötigen, enthalten das Datum in Hochkommata eingeschlossen. Die Formate TDD., TDY- oder andere sind grundsätzlich erlaubt.

Die Datumsfelder in der Maske akzeptieren trotz Edit-Code TDD.-Zuweisungen in der Initialisierungsprozedur im Format TDY- und ohne Hochkommata.

Damit aber unser Anwender dieselben Datumsangaben nicht zweimal eingeben muß, einmal für die Abfrage mit Hochkommata und einmal in der Buchungsmaske, wollten wir diese Eingaben durch Menü-Variable mit Vorbelegung ersetzen. Die Hochkommata fügen wir in der Prozedur durch Verketten hinzu. Wegen der Zuweisung in der Initialisierungsprozedur und der Vorbelegung mit DATE muß das Datumsformat nun TDY- sein.

Variable vorbelegen Die Initialisierungsprozedur, als Instance Rule für den Einfüge-Modus (Add) deklariert, lautet:

```
/* Initialisierung der Maske Neubelegung */
/* Übernahme der zuvor erfaßten Datumsangaben in Maske */
'get current (v1 = vdat'
'get current (v2 = bdat'
'set current (field3 = v1'
'set current (field4 = v2'
```

freie Liegeplätze ermitteln Die Abfrage FREIPLATZ gehört übrigens nicht zu den einfachsten ihrer Art. Daher hier eine kurze Erläuterung:

Wir suchen Liegeplätze, zu denen keine Belegungen existieren, die sich mit der gewünschten überschneiden. Überschneidungen liegen vor, wenn

- entweder ein bestehender Belegungsbeginn oder sein Ende in den gewünschten Zeitraum fallen, oder aber

    o entweder der gewünschte Belegungsbeginn oder

    o das gewünschte Ende in eine bestehende Belegung fallen.

```
SELECT LPNR, LAENGE, BREITE, WASSERTIEFE, STROM, WASSERANSCHLUSS
FROM AXEL.LIEGEPLATZ
where not exists (
   select * from belegung where lpnr = liegeplatz.lpnr and
      ( von       between &vondat and &bisdat        or
        bis       between &vondat and &bisdat        or
        &vondat   between von     and bis            or
        &bisdat   between von     and bis            )
   )
```

Die weiteren Prozeduren der Anwendung finden Sie im Anhang.

Menü erstellen

Nachdem wir die Masken und die Prozeduren für die zugehörigen Aufrufe erstellt haben, fehlt uns nur noch das Menü.

Wir springen über das Query Manager-Hauptmenü in die Liste bereits erstellter Menüs und eröffnen dort in bekannter Technik ein neues. Wir wählen *Menu actions* im Menü *Specify*, eine leere Tabelle wird angezeigt.

In Spalte *Action Text* tragen wir die Bezeichnungen ein, die auf den Menü-Tasten stehen sollen. Sie können bis zu 70 Zeichen dazu eingeben.

In Spalte *Mnemonic* müssen Sie das Kürzel (1 Zeichen) dazu angeben. Es muß im Aktionstext enthalten sein.

Unter *Command* muß das ausführbare QM-Kommando mit seinen Parametern stehen, z.B. RUN ... für den Aufruf von Prozeduren, Masken, Menüs, Abfragen etc. Sie können bis zu 50 Zeichen eingeben.

Unser Beispiel-Menü enthält folgende Aktionen:

```
Action Text                        Mnemonic   Command
-----------                        --------    -------

Eigner                                E        run proc eigner
Yacht                                 Y        run proc yacht
Liegeplätze                           L        run proc liegeplatz
Neubelegung                           N        run proc neubelegung
Belegung                              B        run panel belegung
                                               (mode=change)
```

Als nächstes gestalten wir nun das Menü-Layout. Wir wählen *Mark menu action* im Menü *Layout* und erhalten die Auswahlliste unserer gerade definierten Aktionen. Wie schon im Maskenlayout können Sie die Aktionstasten mit der Maus positionieren und in Länge und Breite variieren.

Mit *Mark text* im Menü *Layout* können Sie erläuternden Text positionieren und definieren.

Wer einen ausführlichen Aktionstext wählt, braucht große Tasten, aber wohl kaum zusätzlichen Text. Wir haben uns für nicht so große Tasten entschieden:

Bild 3.8:
Menü
Yachthafen-
Verwaltung

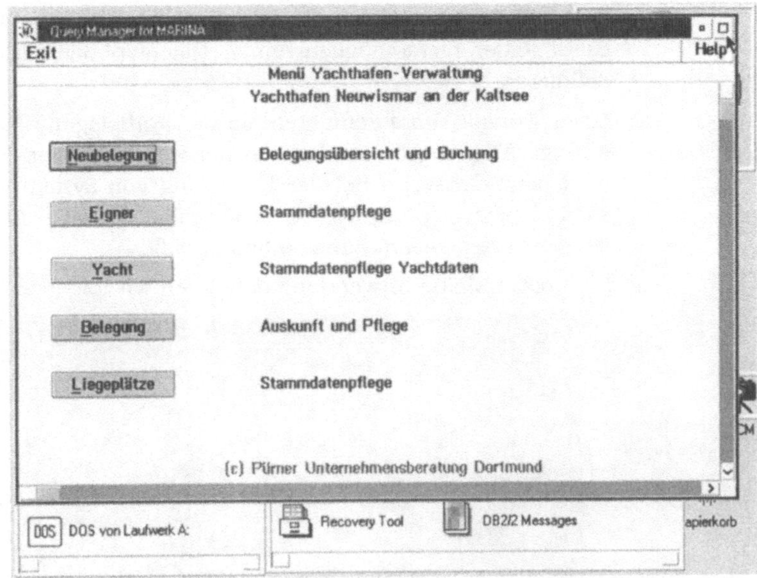

Nicht vergessen dürfen wir die Definition der Variablen, auf die wir
ja schon in unseren Prozeduren und Abfragen bezug genommen
haben. Werden die Variablen nicht im Menü definiert, fragt der
Query Manager zur Ausführungszeit nach ihnen. Nur hier im Menü
haben Sie die Möglichkeit, den Text der Frage selbst festzulegen.

Wir wählen also *Variables* im Menü *Specify*, eine leere Tabelle wird
angezeigt. In der ersten Spalte setzen wir die Variablennamen ein,
die wir bereits in Prozeduren und Abfragen verwenden, damit der
Bezug auch für der Query Manager möglich ist.

In der zweiten Spalte *Mnemonic* wird das Kürzel der zuvor festgelegten Aktionen angegeben, bei deren Aufruf nach der Variable
gefragt werden soll. Die Reihenfolge, in der Sie die Variablen einer
Aktion in die Tabelle eintragen, ist auch die Reihenfolge, in der
Query Manager beim Aufruf der Aktion in einem Fenster nach
ihnen fragt. Tragen Sie daher optional auszufüllende Variablen hinter den Pflicht-Variablen ein.

In der Spalte *Prompt Text* geben Sie die Fragetext vor. Sie können
nur 20 Zeichen dafür verwenden. Die Eingabe ist Pflicht, nur Leerzeichen sind nicht erlaubt.

Unter *Width* können Sie die Stellenanzahl der Variable vorgeben. Es ist leider nicht möglich, einen Datentyp oder Editier-Code zu definieren.

Unter *Prompt Value* definieren Sie die Vorbelegung für die spätere Abfrage. Die Angabe wird gegen die Stellenzahl geprüft. Allerdings wird peinlicherweise bei der Benutzung von System-Variablen wie &DATE nicht geprüft, ob das zehnstellige Datum paßt, sondern ob der Name der System-Variable hinein paßt.

Für unsere kleine Anwendung definieren wir folgende Variablen:

```
Variable Name   Mnemonic   Prompt Text            Width   Prompt Value
vdat            N          Belegung ab:            10      &date
bdat            N          Belegung bis:           10      1999-12-31
m1              L          Änderung oder Neuz.?    1       Ä
L1              L          von Liegeplatz:         4       0
L99             L          bis Liegeplatz:         4       999
my              Y          Neu oder Änderung?      1       N
Y1              Y          von Yacht Nummer:       6       0
Y99             Y          bis Yacht Nummer        6       999999
me              E          Neu, Ändern, Adresse    1       Ä
p1              E          von Pers.-Nr.:          6       0
p2              E          bis Pers.-Nr            6       99999
```

Mit *Title line* im Menü *Specify* geben wir noch die Menü-Überschrift an. Dann sind wir fertig. Beim Verlassen und Sichern der Menü-Definition geben wir den Namen und einen erläuternden Kommentar an.

Aufruf der Anwendung

Wir können unsere kleine Anwendung über ein anderes, übergeordnetes Menü aufrufen oder direkt aus dem OS/2 heraus. Für den zweiten Fall benötigen wir noch eine kleine Prozedur zum Aufruf des Menüs. Wir können zwar bei dem Aufruf des Query Managers eine Prozedur, die Datenbank oder ein Profil als Parameter mitgeben, aber kein Menü.

Die Prozedur MARINA lautet:

```
/* Start-Prozedur für MARINA */
run menu marina
```

Der Aufruf des Query Managers für unsere Anwendung aus OS/2 heraus heißt:

```
QUERYMGR /RUNPROC:MARINA /DAT:MARINA
```

Für den direkten Aufruf ohne Umweg über ein OS/2-Fenster können Sie ein eigenes Symbol für die Anwendung einrichten. Öffnen Sie den Ordner *Schablonen* auf der Arbeitsoberfläche und ziehen Sie das Icon für *Programm* durch Festhalten der rechten Maustaste auf die Arbeitsoberfläche. Sofort werden Sie nach den Einstellungen gefragt. Tragen Sie unter Pfad und Dateiname

```
"x:\SQLLIB\QUERYMGR.EXE"
```

ein (x = Ihr Laufwerk, auf dem SQLLIB zu finden ist) und unter Parameter

```
"/RUNPROC:MARINA /DAT:MARINA"
```

Unter der Rubrik *Allgemein* müssen Sie dem Symbol noch einen sprechenden Name geben.

Mit der Benennung des Query Managers erhalten Sie vom OS/2 auch gleich sein Lupen-Icon zugewiesen. Sie können sich unter *Allgemein* gern ein neues erstellen.

Schließen Sie die Einstellungen und rufen Sie gleich unsere Anwendung durch doppeltes Anklicken des neuen Icons auf. Wenn Ihnen kein Fehler unterlaufen ist, meldet sich der Query Manager und präsentiert Ihnen unser Menü.

Im diesem Kapitel haben wir die Masken-Aktionen und Query Manager-Befehle zusammengestellt, die Sie in Masken und Prozeduren benutzen können. Wir gehen hier nicht darauf ein, daß Sie die Query Manager-Funktionen auch über eine CALL-Schnittstelle aus Programmen aufrufen können (siehe auch Kapitel 6, *Anwendungsprogrammierung*).

4.1   Query Manager Prozedursprache

Vorweg die Definition der Parameter, die in den Befehlen der Prozedursprache erlaubt sind:

Variable Ein Variablenname kann bis zu 18 Zeichen lang sein. Er muß beginnen mit einem Buchstaben, einem Dollarzeichen ($), einem Lattenzaun (#) oder einem Masterspace (@). Der Rest des Namens kann ein Buchstabe, eine Ziffer oder ein Sonderzeichen wie $, #, @, oder _ sein.

Der Variablen können Zahlen oder Zeichenketten als Werte zugewiesen werden.

Prozedur- und Query Manager-Variablen werden unterschieden.

Prozedur- Diese Variablen dienen der Ablaufsteuerung in Prozeduren oder der
Variable Einsetzung wechselnder Werte in Befehlen. Sie werden automatisch angelegt und existieren bis zum Ende der Prozedur. Sie können nicht vereinbart werden.

QM-Variable Die Query Manager-Variablen existieren außerhalb einer Prozedur. Sie müssen in Prozeduren mit GET und SET gelesen oder verändert werden.

Ausdruck Ein Ausdruck kann eine einzelne Variable oder Konstante sein oder eine Kombination von Variablen oder Konstanten durch Operatoren. Diese Operatoren können arithmetische, logische oder vergleichende sein. Arithmetische Operatoren sind

    + - * und /

Logische Operatoren sind

- Und (&),

- Oder (|),

- exklusives Oder (&&) und

- Nicht (\)

Vergleichsoperatoren sind

= < > <= >= und
<> oder >< (ungleich).

Zeichenketten können aneinander gekettet (konkatteniert) werden durch | |.

Prädikate Ein Prädikat ist ein Test, der zwei Ausdrücke vergleicht, um eine Bedingung als richtig (true=wahr) oder falsch (false) zu ermitteln.

Konstante Unveränderliche Zahl oder Zeichenkette.

Zeichenkette Eine Zeichenkette kann bis zu 64 Zeichen lang sein. Sie müssen von Hochkommata (') oder Anführungszeichen (") eingeschlossen werden.

Zahlen Zusätzlich zu Ziffern sind in der Angabe erlaubt:

- der Dezimalseparator (.),

- die Vorzeichen (+ oder -) führend und

- e bzw. E in der Exponentialdarstellung.

eol *eol* steht für Zeilenende (end of line) oder ein Semikolon (;)

Kommentare Kommentare können zu jeder Zeile hinzugefügt werden. Sie beginnen mit /* und enden mit */. Alle Zeichen dazwischen werden als Kommentar angesehen. Sie können sich über mehrere Zeilen erstrecken.

Jede Prozedur muß mit einem Kommentar beginnen.

QM-Kommando In einer Prozedur wird jede Zeichenkette, die nicht als Teil der Prozedursprache erkannt wird, als QM-Kommando angesehen.

Es wird empfohlen, in Prozeduren QM-Kommandos und -Aktionen in Hochkommata oder Anführungszeichen einzuschließen.

Zuweisung

```
—— Variable = Ausdruck                              |
```

DO END

```
—— DO —— eol —— Befehlsfolge —— END ————|
```

Der Block-Begrenzer für Befehlsfolgen ist dann notwendig, wenn die Folge wie ein Befehl behandelt werden muß.

Beispiel
```
if druck = 'yes'
   then
      do
         'run query freiplatz'; 'print report (form=freiplatz)'
      end
```

DO TO BY

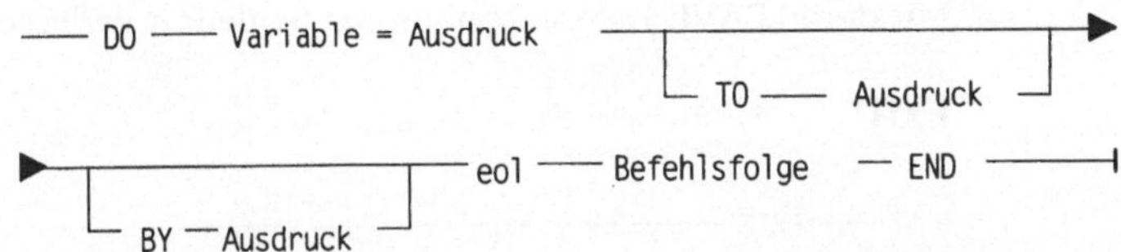

Wiederholen einer Befehlsfolge mit Inkrementieren einer Variablen (BY) bis zur Ende-Angabe (TO). Wird die TO-Angabe weggelassen, ist die Wiederholungsschleife unbegrenzt. Wird die BY-Klausel weggelassen, so wird 1 unterstellt.

Die Schleife wird mindestens einmal durchlaufen, weil der Ende-Test am Schluß der Schleife vorgenommen wird.

Mit dem LEAVE Befehl können Sie Schleifen verlassen.

DO UNTIL

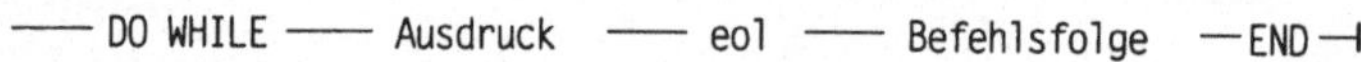

Wiederholung einer Befehlsfolge bis eine logische Bedingung (UNTIL) erfüllt (true) ist.

Die Schleife wird mindestens einmal durchlaufen, weil der Ende-Test am Schluß der Schleife vorgenommen wird.

Mit dem LEAVE Befehl können Sie Schleifen verlassen.

DO WHILE

Wiederholung einer Befehlsfolge solange eine logische Bedingung (WHILE) erfüllt ist. Der Test der Bedingung wird vor Ausführung der Schleife durchgeführt. Daher kann die Schleife auch kein einziges Mal durchlaufen werden.

Mit dem LEAVE Befehl können Sie Schleifen verlassen.

EXIT

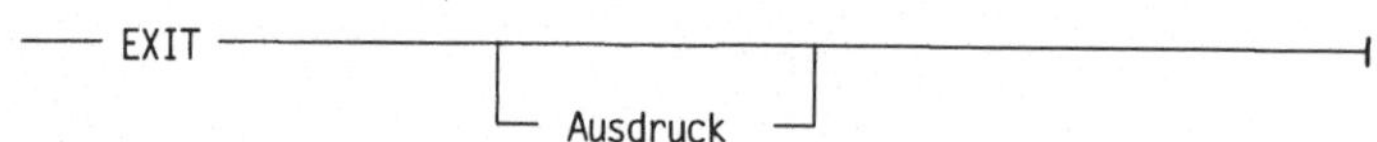

Die Prozedur wird an dieser Stelle beendet. *Ausdruck* gibt einen Return-Code wieder, der in der aufrufenden Funktion als Variable *RC* abgefragt werden kann.

IF THEN ELSE

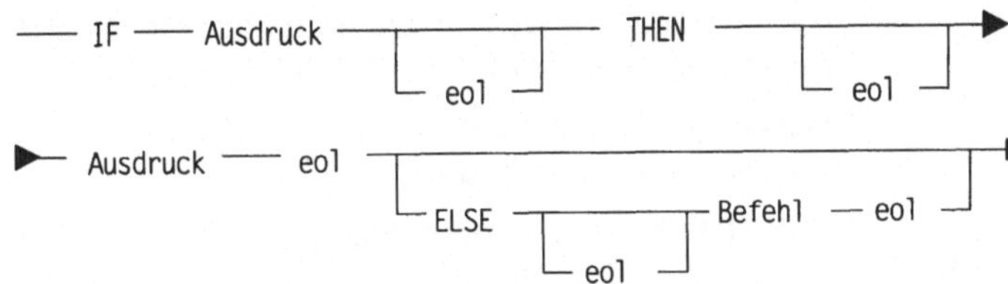

Test eines logischen Ausdrucks auf wahr oder falsch. Ist der Ausdruck wahr, wird der Befehl oder Befehlsblock im THEN-Zweig ausgeführt, ist er falsch, wird der ELSE-Zweig ausgeführt.

LEAVE

Der Befehl verläßt DO-Schleifen. Er springt aber nicht aus DO END-Blöcken heraus.

SAY

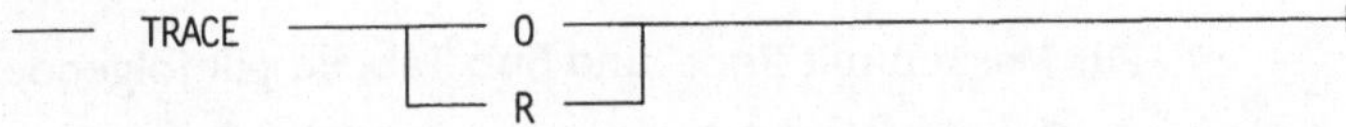

Der Befehl schreibt eine Zeichenkette auf den Bildschirm. Die Ausgabe erfolgt in einem Fenster.

TRACE

TRACE dient zur Fehlersuche in Prozeduren. TRACE R schaltet den Trace ein, TRACE O aus. Die Ausgabe erfolgt in die Datei QRWPROC.TRC in das aktuelle OS/2-Verzeichnis (SQLLIB – wenn nicht geändert). Der Trace enthält alle durchlaufenen Prozedurzeilen und die Ergebnisse der Ausdrücke.

Existiert QRWPROC.TRC nicht, wird die Datei im aktuellen OS/2-Verzeichnis angelegt. Existiert sie beim Start eines Trace bereits, so werden die neuen Informationen an die alten angehängt. Die Datei wird also nicht überschrieben. Kann die Datei nicht geöffnet werden, weil sie von einem anderen Prozeß benutzt wird, endet die Prozedur mit einer Fehlermeldung.

Existiert QRWPROC.TRC bereits beim Start des Query Manager, wird sie ohne Meldung gelöscht.

Wird TRACE in mehreren Sitzungen des Query Manager benutzt, kommt es zu Konflikten. Daher sollte nur jeweils eine Sitzung mit TRACE arbeiten.

Ein Bildschirm-Trace ist nicht möglich.

4.2 Masken-Aktionen

ADD and Next

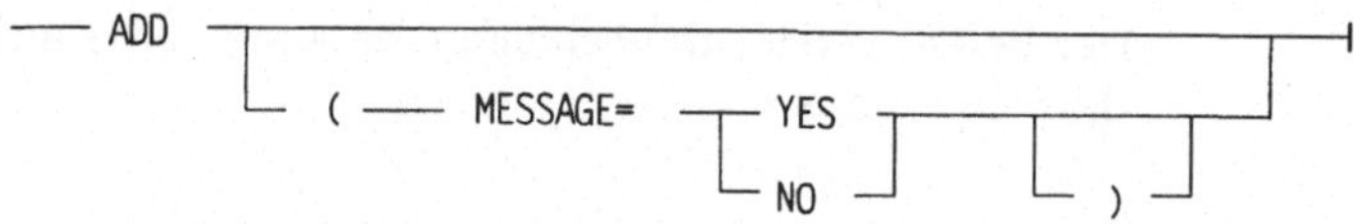

Diese Aktion fügt eine Zeile aus einer Maske in die Datenbank-Tabelle ein. Wird sie aus der Maske direkt aufgerufen, wird sofort anschließend die Leermaske für die weitere Eingabe angezeigt. Erfolgt der Aufruf aus einer Prozedur, wird die Leermaske erst nach Beendigung der Prozedur angezeigt. Die Aktion ist nur im Einfüge-Modus der Maske erlaubt.

Der Parameter MESSAGE=NO unterdrückt die Erfolgsmeldung, =YES ist Standard.

Für Masken mit Root- und Sub-Tabelle gilt folgendes:

- Besteht eine 1:1, 1:n oder n:1-Beziehung zwischen Root- und Sub-Tabelle, werden die Zeilen nur eingefügt, wenn die Werte der verknüpfenden Spalten eindeutig sind.

- Nicht ausgefüllte Felder bleiben NULL. Dies führt bei Pflichtfeldern zu Fehlern und zu Rückweisungen der Zeilen.

- Ist das verknüpfende Feld der Sub-Tabelle nicht auf der Maske, wird automatisch der Wert aus dem Verküpfungsfeld der Root-Tabelle eingesetzt. Damit werden auch Werte überschrieben, die zuvor eine Prozedur eingesetzt hat.

- Ist das verknüpfende Feld der Sub-Tabelle auf der Maske, ist es nur ein Anzeigefeld.

Der *Next*-Teil der Aktion löscht die Variablen und gibt die Leermaske aus.

ADD and Keep

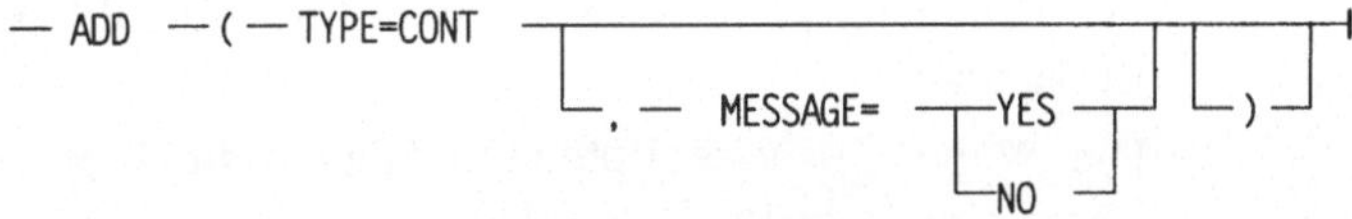

Diese Aktion fügt eine Zeile aus einer Maske in die Datenbank-Tabelle ein. Wird sie aus der Maske direkt aufgerufen, wird sofort anschließend die Maske mit den eingefügten Daten angezeigt. Erfolgt der Aufruf aus einer Prozedur, wird die Maske erst nach Beendigung der Prozedur angezeigt. Die angezeigten Daten können als Vorlage für die nächste Eingabe dienen. Die Aktion ist nur im Einfüge-Modus der Maske erlaubt.

Für Masken mit Root- und Sub-Tabelle gilt folgendes:

- Besteht eine 1:1, 1:n oder n:1-Beziehung zwischen Root- und Sub-Tabelle, werden die Zeilen nur eingefügt, wenn die Werte der verknüpfenden Spalten eindeutig sind.

- Nicht ausgefüllte Felder bleiben NULL. Dies führt bei Pflichtfeldern zu Fehlern und zu Rückweisungen der Zeilen.

- Ist das verknüpfende Feld der Sub-Tabelle nicht auf der Maske, wird automatisch der Wert aus dem Verküpfungsfeld der Root-Tabelle eingesetzt. Damit werden auch Werte überschrieben, die zuvor eine Prozedur eingesetzt hat.

- Ist das verknüpfende Feld der Sub-Tabelle auf der Maske, ist es nur ein Anzeigefeld.

CHANGE and Next

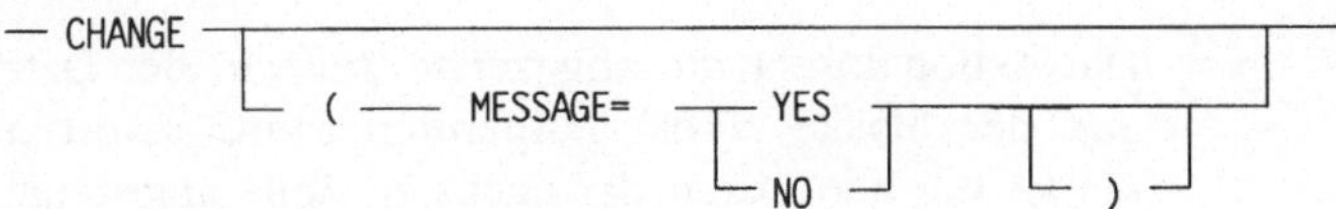

Die Aktion ändert die Datenwerte einer Tabellenzeile, die in der Maske angezeigt wird. Wird sie aus der Maske direkt aufgerufen, wird sofort anschließend die Maske mit den Daten der nächsten Zeile angezeigt. Erfolgt der Aufruf aus einer Prozedur, wird Änderung sofort durchgeführt, die Maske erst nach Beendigung der Prozedur angezeigt. Die Aktion ist nur im Änderungs-Modus der Maske erlaubt.

Der Parameter MESSAGE=NO unterdrückt die Erfolgsmeldung, =YES ist Standard.

Die Werte der verknüpfenden Spalten in Root- und Sub-Tabelle können nicht geändert werden.

Der *Next*-Teil der Aktion löscht die Variablen und gibt die Maske mit den nächsten Daten aus. Erreicht er das Ende der anzuzeigenden Daten, gilt für die Ende-Regel:

– Die Ende-Regel wird nicht durchgeführt, wenn die *Change and Next* Aktion in einer Prozedur mit einer nachfolgenden Aktion *Search*, *Extended Search* oder *Quit Panel* steht.

– Die Ende-Regel wird in allen anderen Fällen durchgeführt.

COMPUTE

Die Aktion aktualisiert in der aktuellen Anzeige Rechenfelder und Felder von Lookup-Tabellen. Sie nimmt keine Änderungen in der Datenbank vor. Die Aktion ist im Änderungs- und Einfüge-Modus gültig.

DELETE and Next

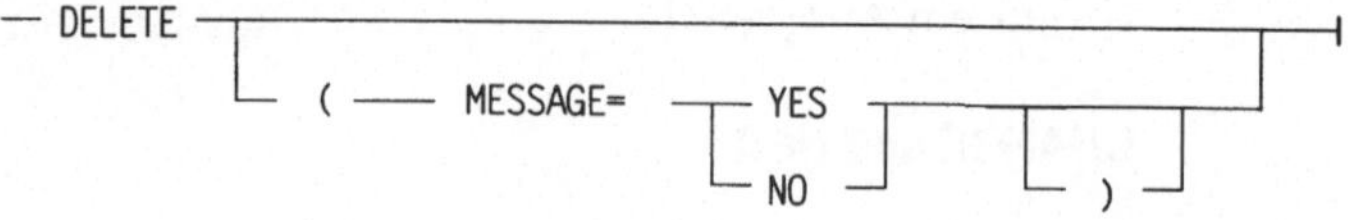

Die Aktion löscht die angezeigte Zeile in der Datenbank. Wird sie aus der Maske direkt aufgerufen, wird sofort anschließend die Maske mit den Daten der nächsten Zeile angezeigt. Erfolgt der Aufruf aus einer Prozedur, wird die Löschung sofort durchgeführt und die Maske erst nach Beendigung der Prozedur angezeigt. Die Aktion ist nur im Änderungs-Modus der Maske erlaubt.

Der Parameter MESSAGE=NO unterdrückt die Erfolgsmeldung, =YES ist Standard.

Für Masken mit Root- und Sub-Tabelle gilt folgendes, wenn die Aktion in Prozeduren enthalten ist oder bei direktem Aufruf der Bildschirm-Cursor auf der Root-Tabelle steht:

- Besteht eine 1:1-Beziehung zwischen Root- und Sub-Tabelle, werden beide Zeilen gelöscht.

- Besteht eine 1:n-Beziehung zwischen Root- und Sub-Tabelle, werden die Zeile der Root-Tabelle und alle zugehörigen in der Sub-Tabelle gelöscht.

- Besteht eine n:1- oder n:m-Beziehung zwischen Root- und Sub-Tabelle, wird nur die Zeile der Root-Tabelle gelöscht.

Der *Next*-Teil der Aktion löscht die Variablen und gibt die Maske mit den nächsten Daten aus. Wird das Ende der anzuzeigenden Daten erreicht, gilt für die Ende-Regel:

- Die Ende-Regel wird nicht angezogen, wenn die *Delete and Next* Aktion in einer Prozedur mit einer nachfolgenden Aktion *Search*, *Extended Search* oder *Quit Panel* steht.

- Die Ende-Regel wird in allen anderen Fällen durchgeführt.

Wurde vor Aufruf der Aktion ein Feld der zu löschenden Zeile geändert, erfolgt in einem Fenster die Abfrage, ob die Löschung durchgeführt oder die Aktion abgebrochen werden soll. In einer Prozedur gibt dann die Aktion bei einem Abbruch einen Fehlercode ungleich null zurück.

EXTENDED SEARCH

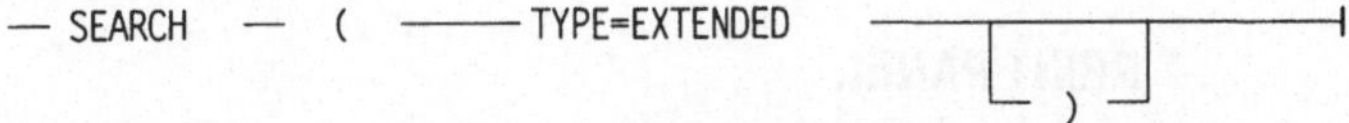

Die Aktion zeigt ein Fenster zur Eingabe einer bereits existierenden Abfrage an. Wird sie aus der Maske direkt aufgerufen, wird sofort auf den Such-Modus umgeschaltet. Erfolgt der Aufruf aus einer Prozedur, wird der Such-Modus erst nach Beendigung der Prozedur gesetzt. Die Aktion ist nur im Änderungs-Modus der Maske erlaubt.

Andere Aktionen können in einer Prozedur nach Extended Search nicht erfolgreich laufen.

Wurde vor Aufruf der Aktion ein Feld geändert, erfolgt in einem Fenster die Abfrage, ob die Suche durchgeführt oder die Aktion abgebrochen werden soll. In einer Prozedur gibt dann die Aktion bei einem Abbruch einen Fehlercode ungleich null zurück.

NEXT

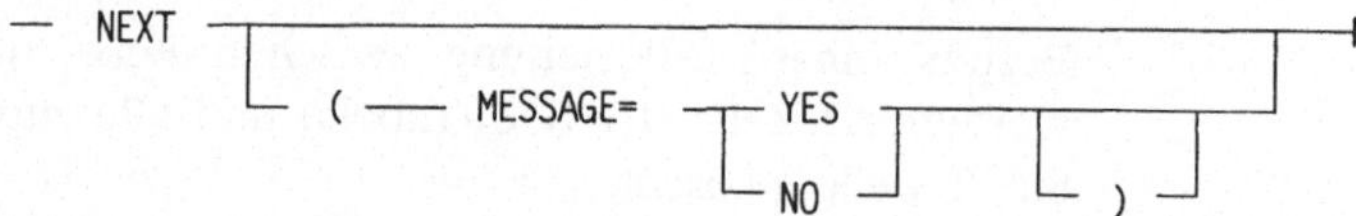

Die Aktion springt zur Anzeige der nächsten Daten in der Maske. Wird sie aus der Maske direkt aufgerufen, erfolgt die Anzeige sofort. Erfolgt der Aufruf aus einer Prozedur, erfolgt die Anzeige erst nach Beendigung der Prozedur. Die Aktion ist nur im Änderungs-Modus der Maske erlaubt.

Die Aktion löscht die Variablen und gibt die Maske mit den nächsten Daten aus. Wird das Ende der anzuzeigenden Daten erreicht, gilt für die Ende-Regel:

- Die Ende-Regel wird nicht angezogen, wenn die *Next* Aktion in einer Prozedur mit einer nachfolgenden Aktion *Search*, *Extended Search* oder *Quit Panel* steht.

- Die Ende-Regel wird in allen anderen Fällen durchgeführt.

Wurde vor Aufruf der Aktion ein Feld geändert, erfolgt in einem Fenster die Abfrage, ob die Aktion durchgeführt oder abgebrochen werden soll. In einer Prozedur gibt dann die Aktion bei einem Abbruch einen Fehlercode ungleich null zurück.

PRINT PANEL

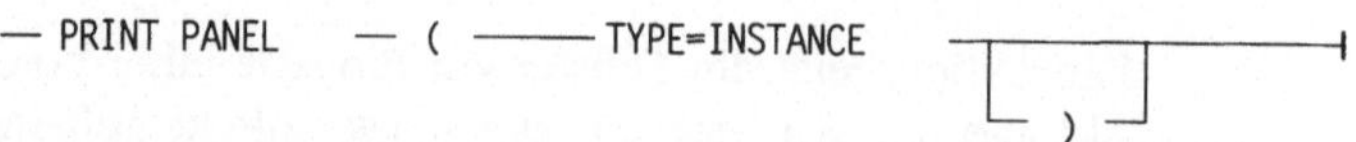

Die Aktion druckt die Maske mit ihren aktuellen Daten. Sie wird immer sofort ausgeführt. Die Aktion ist im Änderungs- und Einfüge-Modus gültig.

In der Maske lautet der Aufruf PRINT, in einer Prozedur PRINT PANEL INSTANCE.

QUIT PANEL

Die Aktion verläßt die Maske, sobald die aufrufende Prozedur beendet ist. Sie ist nur in Prozeduren erlaubt. Die Aktion ist im Änderungs- und Einfüge-Modus gültig.

In der Maske ist EXIT zu benutzen.

Masken-Aktionen können nach *Quit Panel* nicht mehr durchgeführt werden.

Wurde vor Aufruf der Aktion ein Feld der Tabellenzeile geändert, erfolgt in einem Fenster die Abfrage, ob die Aktion durchgeführt oder abgebrochen werden soll. In einer Prozedur gibt dann die Aktion bei einem Abbruch einen Fehlercode ungleich null zurück.

SEARCH

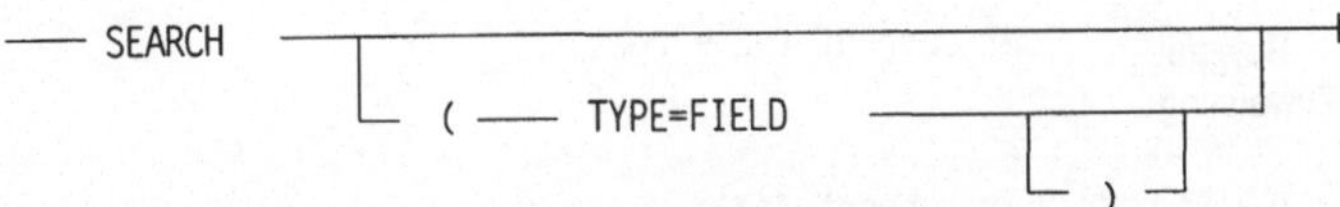

Die Aktion schaltet in den Such-Modus um. Wird sie aus der Maske direkt aufgerufen, wird sofort auf den Such-Modus umgeschaltet. Erfolgt der Aufruf aus einer Prozedur, wird der Such-Modus erst nach Beendigung der Prozedur gesetzt. Die Aktion ist nur im Änderungs-Modus der Maske erlaubt.

Andere Aktionen können in einer Prozedur nach *Search* nicht erfolgreich laufen.

Wurde vor Aufruf der Aktion ein Feld geändert, erfolgt in einem Fenster die Abfrage, ob die Suche durchgeführt oder die Aktion abgebrochen werden soll. In einer Prozedur gibt dann die Aktion bei einem Abbruch einen Fehlercode ungleich null zurück.

4.3   Variablenbehandlung

GET

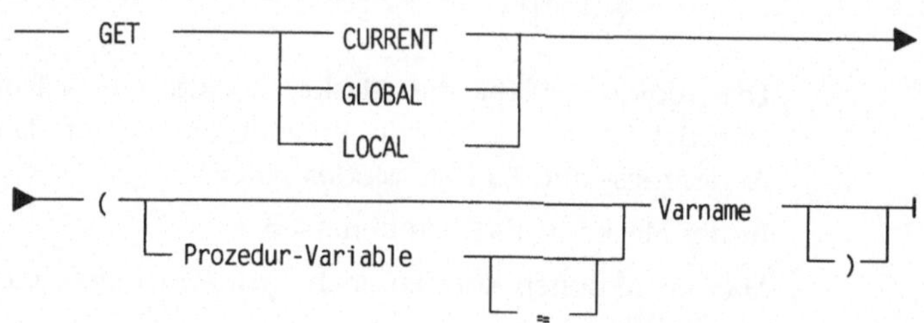

Eine QM-Variable wird einer Prozedur-Variablen zugewiesen oder auf dem Bildschirm ausgegeben. Die Ausgabe erfolgt dann, wenn keine Zuweisung zu einer Prozedur-Variablen im Befehl angegeben wurde. Prozedur-Variablen können nur in Prozeduren mit GET versorgt werden (Prozedur-Variable müssen mit SAY ausgegeben werden).

Beispiel Zuweisung

```
'get current (v2 = bdat)'
```

Beispiel Ausgabe

```
'get current (j)'
```

GET kann zu jeder Zeit über die QM-Kommandozeile, innerhalb von Masken, Menüs oder Prozeduren benutzt werden.

SET

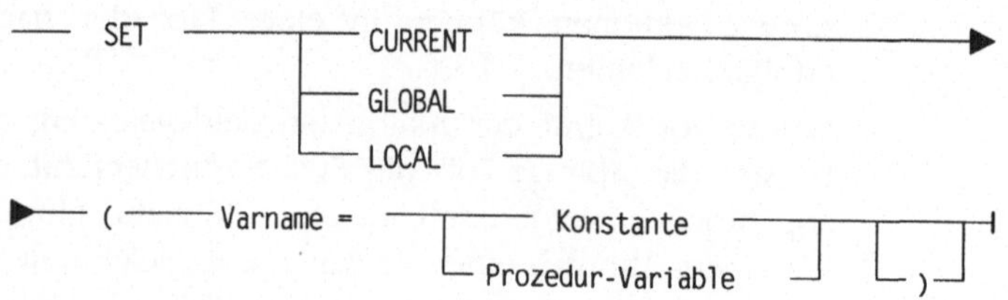

Einer QM-Variablen wird ein Wert zugewiesen.

SET kann zu jeder Zeit über die QM-Kommandozeile, innerhalb von Masken, Menüs oder Prozeduren benutzt werden.

4.4 Transaktionssteuerung

BEGIN WORK

```
───  BEGIN WORK  ──────────────────────────────────────────────┤
```

BEGIN WORK eröffnet eine Datenbank-Transaktion: Alle folgenden Kommandos bis zu einem END WORK werden als eine Arbeits- und Recovery-Einheit angesehen. Ohne BEGIN WORK wird jedes Kommando und jede DB-Änderung als eigenständige Einheit vom Query Manager angesehen.

BEGIN WORK kann zu jeder Zeit über die QM-Kommandozeile, innerhalb von Masken, Menüs oder Prozeduren eingegeben werden.

Die Kommandos IMPORT und EXPORT sind zwischen BEGIN WORK und END WORK nicht erlaubt.

Abfragen mit den SQL-Befehlen COMMIT und ROLLBACK führen zu unvorhersehbaren Ergebnissen, wenn sie zwischen BEGIN WORK und END WORK benutzt werden, weil sie mit den QM-Kommandos in der Steuerung der Arbeits-Einheiten konkurrieren.

Fehlt zu einem BEGIN WORK das zugehörige END WORK, wird ein END WORK bei folgenden Sachverhalten unterstellt:

- Sie beenden Ihre Query Manager Kommandozeilen-Sitzung.

- Sie springen zurück in das vorherige Menü des Objekts, in dem Sie BEGIN WORK aufriefen, oder in die Definitionsmaske des Objekts.

- Sie benutzen eines der folgenden Kommandos: DISPLAY, RESET, LIST or DEFINE TABLE.

Wird ein BEGIN WORK ohne explizites END WORK in einer Hierarchie von Menüs, Masken oder Prozeduren aufgerufen, wird ein END WORK unterstellt bei folgenden Sachverhalten:

- Die Spitze der Hierarchie kehrt zurück zu dem Menü oder der Maske, aus der das BEGIN WORK anfangs abgesetzt wurde.

- Sie beenden Ihre Query Manager Kommandozeilen-Sitzung.

CANCEL WORK

```
——  CANCEL WORK  ——————————————————————————————————————————————
```

CANCEL WORK setzt alle Änderungen durch QM-Kommandos in der Datenbank zurück, die seit dem letzten BEGIN WORK vorgenommen wurden. Alle folgenden Kommandos werden nicht mehr als Teil Arbeits-Einheit angesehen.

CANCEL WORK kann zu jeder Zeit über die QM-Kommandozeile, innerhalb von Masken, Menüs oder Prozeduren eingegeben werden.

END WORK

```
——  END WORK  ————————————————————————————————————————————————
```

END WORK schreibt alle Änderungen durch QM·Kommandos in der Datenbank fest, die seit dem letzten BEGIN WORK vorgenommen wurden. Alle folgenden Kommandos werden nicht mehr als Teil der Arbeits-Einheit angesehen.

CANCEL WORK kann zu jeder Zeit über die QM-Kommandozeile, innerhalb von Masken, Menüs oder Prozeduren eingegeben werden.

Ein END WORK ist nicht gültig, während ein COMMIT oder ROLLBACK wirksam ist. Die Kommandos IMPORT und EXPORT dürfen nicht vor einem END WORK benutzt werden.

Abfragen mit den SQL-Befehlen COMMIT und ROLLBACK führen zu unvorhersehbaren Ergebnissen, wenn sie zwischen BEGIN WORK und END WORK benutzt werden, weil sie mit den QM-Kommandos in der Steuerung der Arbeits-Einheiten konkurrieren.

Fehlt das zugehörige END WORK zu einem BEGIN WORK, wird ein END WORK unterstellt bei folgenden Sachverhalten:

- Sie beenden Ihre Query Manager Kommandozeilen-Sitzung.

- Sie springen zurück in das vorherige Menü des Objekts, in dem Sie BEGIN WORK aufriefen, oder in die Definitionsmaske des Objekts.

- Sie benutzen eines der folgenden Kommandos: DISPLAY, RESET, LIST or DEFINE TABLE.

Wird ein BEGIN WORK ohne explizites END WORK in einer Hierarchie von Menüs, Masken oder Prozeduren aufgerufen, wird ein END WORK unterstellt bei folgenden Sachverhalten:

- Die Spitze der Hierarchie kehrt zurück zu dem Menü oder der Maske, aus der das BEGIN WORK anfangs abgesetzt wurde.

- Sie beenden Ihre Query Manager Kommandozeilen-Sitzung.

4.5 Tabellenbearbeitung

DEFINE TABLE

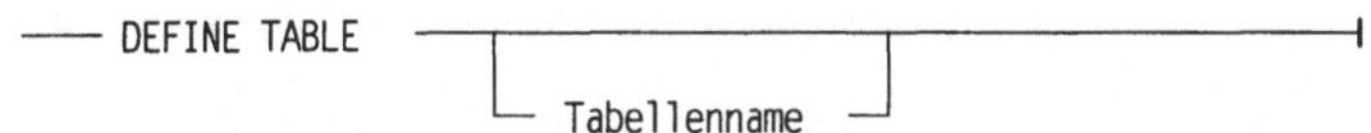

Eine neue Tabelle oder Sicht wird definiert oder, falls die Tabelle existiert, editiert (siehe auch *SQL-Befehle CREATE TABLE, CREATE VIEW* u.a.).

DEFINE TABLE kann von der QM-Kommandozeile und aus Prozeduren abgesetzt werden. Es kann nicht aus Masken, Menüs oder Prozeduren einer Maske oder eines Menüs aufgerufen werden. DEFINE TABLE kann nicht ausgeführt werden während ein anderes Objekt bereits editiert wird.

DEFINE TABLE setzt folgende Variablen:

DSQATABL	27-Byte Zeichenkette mit dem Namen der Tabelle oder Sicht
DSQATTYP	1-Byte Zeichenkette mit dem Typ des Objekts: 'T' für Tabelle und 'V' für Sicht (View).

Beim Aufruf werden die Variable gelöscht, beim Sichern der Ergebnisse auf die aktuellen Werte gesetzt.

Wurde zuvor ein BEGIN WORK aufgerufen und ist dieser noch aktiv, beendet der Query Manager beim Aufruf von DEFINE TABLE die Arbeits-Einheit und schreibt ihre bisherigen Datenbank-Änderungen fest.

EDIT TABLE

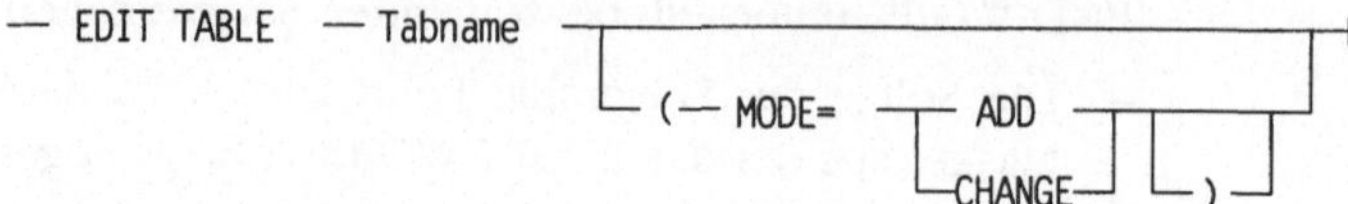

Der Inhalt einer Tabelle wird über die QM-Standard-Maske editiert. Der Modus gibt vor, ob nur Neuzugänge (ADD) oder nur Änderungen und Löschungen (CHANGE) möglich sind (siehe auch *SQL-Befehle INSERT, UPDATE*).

EDIT TABLE kann zu jeder Zeit über die QM-Kommandozeile, innerhalb von Masken, Menüs oder Prozeduren eingegeben werden.

ERASE TABLE

siehe *ERASE*

EXPORT TABLE

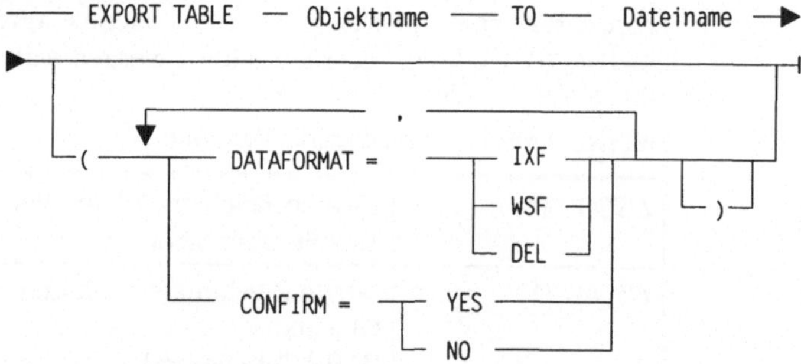

Die Daten einer Tabelle oder zu einer Sicht werden in eine Datei kopiert.

EXPORT kann jederzeit über die QM-Kommandozeile, aus Menüs und Prozeduren aufgerufen werden. Allerdings ist der Aufruf nicht erlaubt, wenn BEGIN WORK aktiv ist.

Es sind folgende Datenformate möglich:

IXF	Personal Computer Version, bevorzugtes Verfahren für den Datenaustausch zwischen Tabellen.
WSF	Work-Sheet Format, Untermenge der Formate, die Lotus 1-2-3 und LOTUS Symphony unterstützen.
DEL	Delimited ASCII, ASCII-Daten mit Feldbegrenzern für den Austausch mit: – dBASE II or dBASE III – BASIC Programmen – IBM Personal Decision Software – IBM DB2/MVS und SQL/DS

Meldungen werden in der Datei QRWEXPRT.LOG abgelegt.

IMPORT TABLE

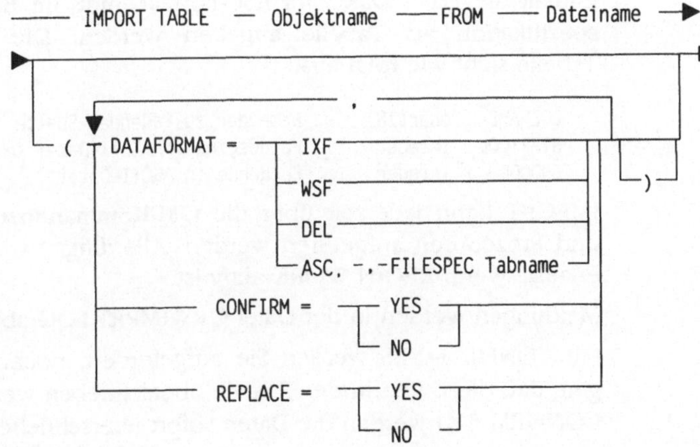

Daten aus einer Datei werden in eine Tabelle oder über eine Sicht geladen.

Es sind folgende Datenformate möglich:

IXF	Personal Computer Version, bevorzugtes Verfahren für den Datenaustausch zwischen Tabellen.
WSF	Work-Sheet Format, Untermenge der Formate, die Lotus 1-2-3 und LOTUS Symphony unterstützen.
DEL	Delimited ASCII, ASCII-Daten mit Feldbegrenzern für den Austausch mit: – dBASE II or dBASE III – BASIC Programmen – IBM Personal Decision Software – IBM DB2/MVS und SQL/DS
ASC	ASCII-Daten ohne Feldbegrenzer.

Weitere Parameter zu diesen Formaten sind im Profil (4. Seite) vorbelegt und können dort verändert werden.

Enthält die Datei Daten im ASC-Format, muß im Befehl die Dateispezifikation als Tabelle angeben werden. Die Definition der Tabelle sieht wie folgt aus:

```
COLNAME    char(18)     Name der zu ladenden Spalte
STARTCOL   integer      Feldbeginn in ASCII-Datei (> 0)
ENDCOL     integer      Feldende in ASCII-Datei
```

IMPORT kann jederzeit über die QM-Kommandozeile, aus Menüs und Prozeduren aufgerufen werden. Allerdings ist der Aufruf nicht erlaubt, wenn BEGIN WORK aktiv ist.

Meldungen werden in der Datei QRWIMPRT.LOG abgelegt.

Mit CONFIRM=YES werden Sie aufgefordert, nochmals zu bestätigen, daß die Daten in der Tabelle überschrieben werden sollen. Mit CONFIRM=NO werden die Daten sofort überschrieben.

Mit REPLACE=YES werden die Daten in der Tabelle überschrieben, mit REPLACE=NO werden sie zu den vorhandenen hinzugefügt.

Sie können mit REPLACE=YES keine Daten in einer Tabelle oder Sicht zu einer Tabelle löschen, deren Primärschlüssel Fremdschlüssel in einer anderen Tabelle sind.

4.6 QM-Objekte bearbeiten

CONVERT QUERY

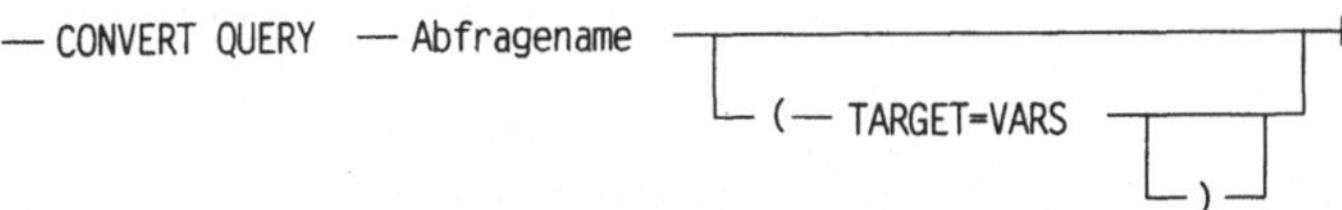

Ein QM-Objekt vom Typ *SQL-Abfrage* oder *geführte Abfrage* wird konvertiert und in einer globalen Variablen gespeichert.

Wird keine Variable angegeben, wird DSQCQ001 zur Aufnahme des SQL-Befehls benutzt.

Eine geführte Abfrage wird in einen SQL-Befehl gewandelt und gespeichert. Bei einer SQL-Abfrage werden Kommentare entfernt und Variable ersetzt bevor der SQL-Befehl in der globalen Variablen gespeichert wird. Query Manager fragt zur Ersetzung der nicht schon vorbesetzten Variablen interaktiv nach den Werten.

CONVERT QUERY kann zu jeder Zeit über die QM-Kommandozeile, innerhalb von Masken, Menüs oder Prozeduren eingegeben werden.

CONVERT QUERY setzt folgende Variablen:

DSQCQLNG	1-Byte Zeichen-Variable mit der Art der Abfrage: 1 für SQL, 3 für geführt.
DSQCQTYP	Variabel lange Zeichenkette mit dem ersten Token des Ergebnisses. Ist es ein gültiger SQL-Befehl, enthält diese Variable das Befehlswort. Maximale Länge 8 Bytes.
DSQCQ001	Variabel lange Zeichenkette mit dem konvertierten SQL-Befehl.
DSQCL001	5-Byte Zeichenkette mit der Länge von DSQCQ001.
DSQCQCNT	3-Byte Zeichenkette mit der Anzahl der konvertierten Abfragen. Mögliche Werte '000' and '001'.

DISPLAY

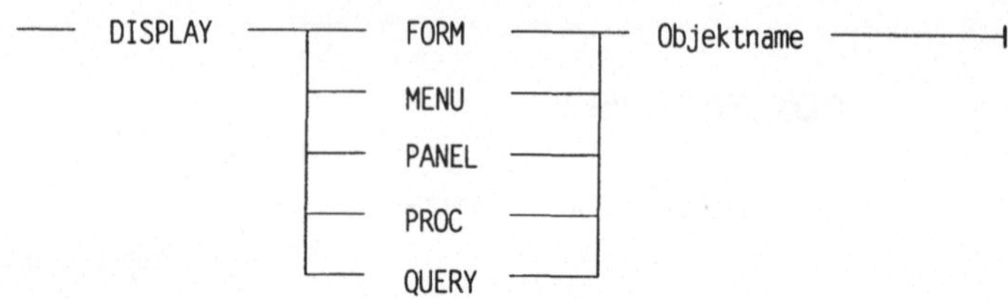

Ein bestehendes QM-Objekt wird editiert.

DISPLAY kann von der QM-Kommandozeile und aus Prozeduren abgesetzt werden. Es kann nicht aus Masken, Menüs oder Prozeduren einer Maske oder eines Menüs aufgerufen werden. DISPLAY kann nicht ausgeführt werden während ein anderes Objekt bereits editiert wird.

In Abhängigkeit von dem Typ des aufgerufenen Objekts werden folgende Variablen gesetzt:

Typ QUERY (Abfrage)	
DSQAQNAM	27-Byte Zeichenkette mit dem Namen des Objekts. Wird beim Aufruf gelöscht, beim Sichern gesetzt.
DSQAQTYP	3-Byte Zeichenkette mit der Art des Abfrage-objekts. Wird beim Aufruf gelöscht, beim Sichern gesetzt: 'SQL' für SQL-Format und 'PQ' für geführtes Format (prompted query).
Typ PANEL (Maske)	
DSQAPANL	27-Byte Zeichenkette mit dem Namen des Objekts. Wird beim Aufruf gelöscht, beim Sichern gesetzt.
Typ MENU (Menü)	
DSQAMENU	27-Byte Zeichenkette mit dem Namen des Objekts. Wird beim Aufruf gelöscht, beim Sichern gesetzt.

Typ PROC	
DSQAPROC	27-Byte Zeichenkette mit dem Namen des Objekts. Wird beim Aufruf gelöscht, beim Sichern gesetzt.
Typ FORM	
DSQAFORM	27-Byte Zeichenkette mit dem Namen des Objekts. Wird beim Aufruf gelöscht, beim Sichern gesetzt.

Wurde zuvor ein BEGIN WORK aufgerufen und ist dieser noch aktiv, beendet der Query Manager beim Aufruf von DISPLAY die Arbeits-Einheit und schreibt ihre bisherigen Datenbank-Änderungen fest.

ERASE

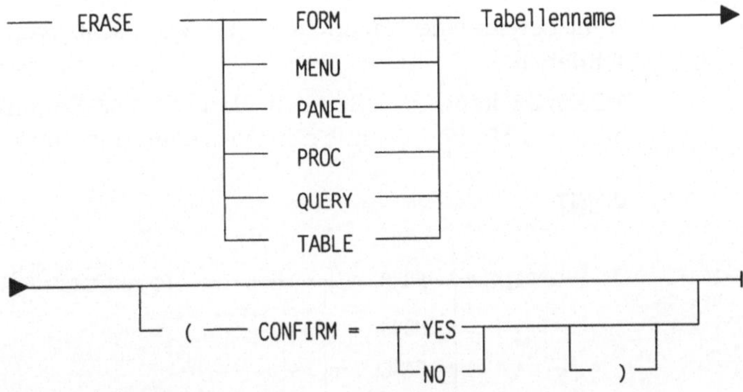

Ein Objekt wird gelöscht.

ERASE kann zu jeder Zeit über die QM-Kommandozeile, innerhalb von Masken, Menüs oder Prozeduren eingegeben werden.

Wird eine Tabelle gelöscht, werden auch alle zugehörigen Indizes und Sichten gelöscht (siehe auch *SQL-Befehl DROP TABLE*).

MESSAGE

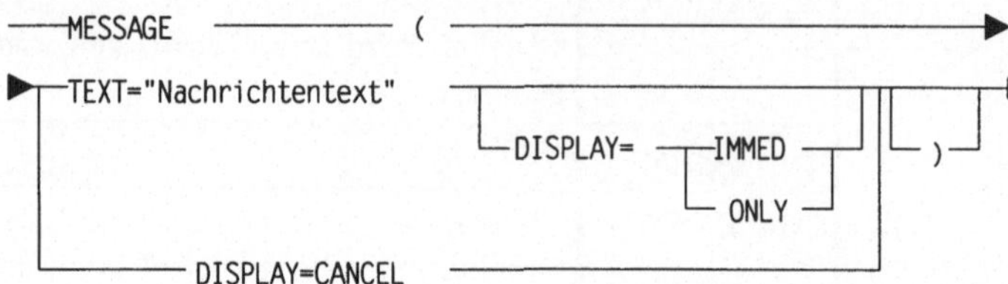

Eine Nachricht wird entweder auf dem Bildschirm ausgegeben (TEXT=) oder in der Warteschlange gelöscht (DISPLAY=CANCEL).

Die Parameter DISPLAY=IMMED oder ONLY sind in erster Linie für die Anwendungsentwicklung mit der CALL-Schnittstelle interessant: DISPLAY=IMMED gibt an, daß die Nachricht vor der Anzeige anderer QM-Masken ausgegeben wird. Mit DISPLAY=ONLY erfolgt die Ausgabe auf der nächsten angezeigten Maske, die Variable DSQAMSGW wird dabei auf '1' gesetzt.

Steht bereits eine Nachricht in der Warteschlange, wird diese überschrieben.

MESSAGE kann zu jeder Zeit über die QM-Kommandozeile, innerhalb von Masken, Menüs oder Prozeduren benutzt werden.

PRINT

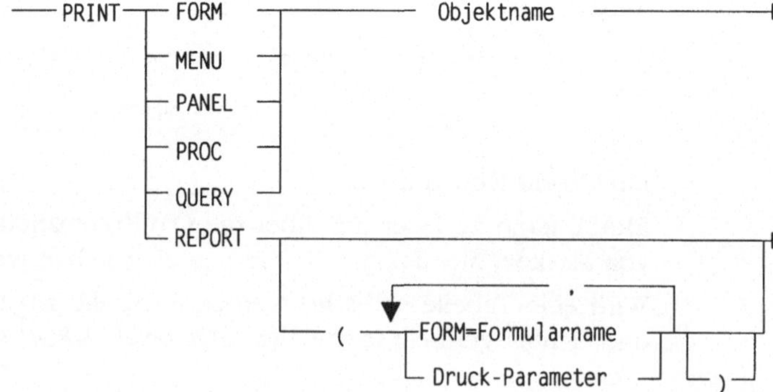

Die Definitionen von QM-Objekten oder ein Bericht (REPORT) als Ergebnis einer Abfrage wird auf dem Drucker ausgegeben. Die

Druck-Parameter des Profils werden beachtet und können überschrieben werden (print options).

PRINT REPORT setzt ein erfolgreiches RUN QUERY voraus.

PRINT kann zu jeder Zeit über die QM-Kommandozeile, innerhalb von Masken, Menüs oder Prozeduren benutzt werden.

Optionale Druck-Parameter

PRINTER = name	Angabe eines im Query Manager definierten Druckers
DATETIME = YES | NO	Ausgabe von Datum und Uhrzeit in der letzten Zeile jeder Seite
LENGTH = n	Angabe der Seitenlänge in Zeilen, 1 <= n <= 99
WIDTH = m	Angabe der Seitenbreite in Anzahl Zeichen einer Zeile, 22 <= m <= 999
PAGENO = YES | NO	Ausgabe einer Seitennummer in der letzten Zeile jeder Seite
PRINTTYPE = NORMAL | COMPRESSED	Druckausgabe in normaler oder verkleinerter Zeichengröße des Druckers
FILE = name	Angabe einer Datei als Ausgabemedium, nicht zusammen mit PRINTER erlaubt
CONFIRM = YES | NO	Bestätigung vor dem Überschreiben einer Ausgabedatei, nur zusammen mit FILE erlaubt

Die Parameter PRINTER, DATETIME, LENGTH, WIDTH, PAGENO und PRINTTYPE nehmen ihre Standard-Werte aus dem Profil.

Berichtsdaten, die mit einem RUN QUERY erstellt wurden, werden gelöscht, wenn

— eine neue Abfrage (RUN QUERY) gestartet wird,

— DEFINE TABLE, DISPLAY, RESET, EDIT TABLE aufgerufen wird,

— ein IMPORT- oder EXPORT- Kommando eingegeben wird,

— die Query Manager Kommandozeile geschlossen wird,

— die Query Manager Sitzung beendet wird.

RESET

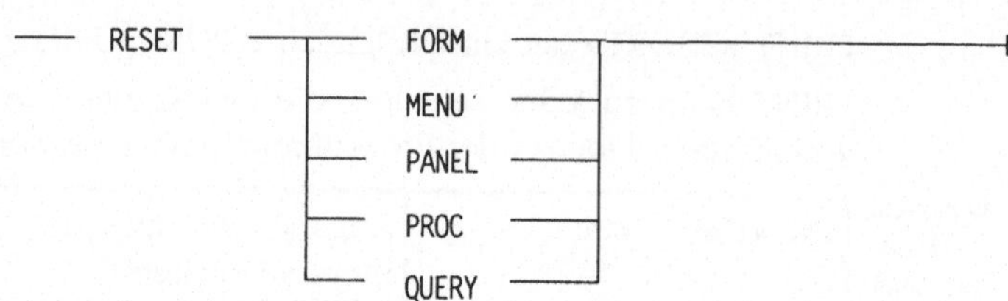

Ein Dialog zur Definition eines neuen QM-Objekts wird gestartet.

RESET kann von der QM-Kommandozeile und aus Prozeduren abgesetzt werden. Es kann nicht aus Masken, Menüs oder Prozeduren einer Maske oder eines Menüs aufgerufen werden. RESET kann nicht ausgeführt werden während ein anderes Objekt bereits editiert wird.

In Abhängigkeit vom Typ des aufgerufenen Objekts werden folgende Variablen gesetzt:

Typ QUERY (Abfrage)	
DSQAQNAM	27-Byte Zeichenkette mit dem Namen des Objekts. Wird beim Aufruf gelöscht, beim Sichern gesetzt.
DSQAQTYP	3-Byte Zeichenkette mit der Art des Abfrageobjekts. Wird beim Aufruf gelöscht, beim Sichern gesetzt: 'SQL' für SQL-Format und 'PQ' für geführtes Format (prompted query).
Typ PANEL (Maske)	
DSQAPANL	27-Byte Zeichenkette mit dem Namen des Objekts. Wird beim Aufruf gelöscht, beim Sichern gesetzt.
Typ MENU (Menü)	
DSQAMENU	27-Byte Zeichenkette mit dem Namen des Objekts. Wird beim Aufruf gelöscht, beim Sichern gesetzt.

Typ PROC	
DSQAPROC	27-Byte Zeichenkette mit dem Namen des Objekts. Wird beim Aufruf gelöscht, beim Sichern gesetzt.
Typ FORM	
DSQAFORM	27-Byte Zeichenkette mit dem Namen des Objekts. Wird beim Aufruf gelöscht, beim Sichern gesetzt.

Wurde zuvor ein BEGIN WORK aufgerufen und ist dieser noch aktiv, beendet der Query Manager beim Aufruf von RESET die Arbeits-Einheit und schreibt ihre bisherigen Datenbank-Änderungen fest.

RUN

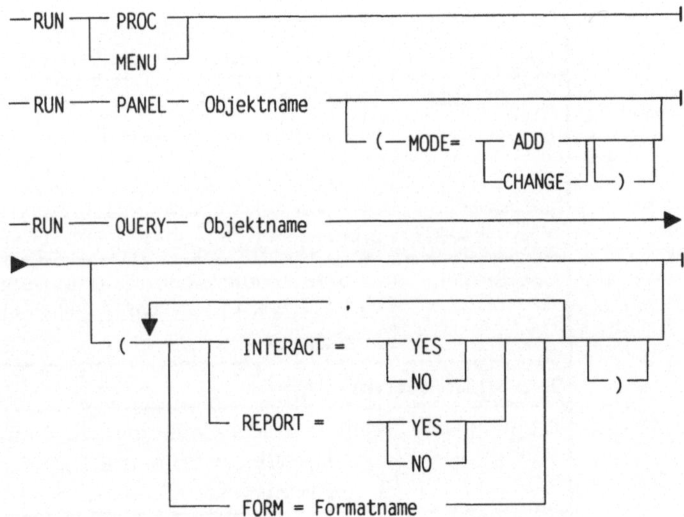

Ein Objekt wird ausgeführt.

RUN kann zu jeder Zeit über die QM-Kommandozeile, innerhalb von Masken, Menüs oder Prozeduren benutzt werden.

Wird RUN QUERY REPORT=YES angegeben, erscheint der Bericht auf dem Bildschirm im Standard-Format oder dem mit FORM=

angegebenen Format. Es ist nicht möglich, von der Berichtsanzeige zu den Masken für Abfrage- oder Formular-Definitionen zu gelangen. Es wird vorausgesetzt, daß die Abfrage (QUERY) einen SELECT-Befehl enthält. Ist das nicht der Fall, erhalten Sie eine Fehlermeldung.

INTERACT wird aus Kompatibilitätsgründen noch unterstützt. Sie sollten in Zukunft besser REPORT benutzen.

In Abhängigkeit von dem Typ des aufgerufenen Objekts werden folgende Variablen gesetzt:

Typ QUERY (Abfrage)	
DSQEQNAM	27-Byte Zeichenkette mit dem Namen des Objekts. Wird beim Aufruf gelöscht, nach Ausführung gesetzt.
DSQEQTYP	3-Byte Zeichenkette mit der Art des Abfrage-objekts. Wird beim Aufruf gelöscht, nach Ausführung gesetzt: 'SQL' für SQL-Format und 'PQ' für geführtes Format (prompted query).
DSQEFORM	27-Byte Zeichenkette mit dem Namen der Formulars. Wird beim Aufruf gelöscht, nach Ausführung gesetzt, wenn der Parameter FORM= angegeben wurde.
Typ PANEL (Maske)	
DSQEPANL	27-Byte Zeichenkette mit dem Namen des Objekts. Wird beim Aufruf gelöscht, nach Ausführung gesetzt.
Typ MENU (Menü)	
DSQEMENU	27-Byte Zeichenkette mit dem Namen des Objekts. Wird beim Aufruf gelöscht, nach Ausführung gesetzt.
Typ PROC	
DSQEPROC	27-Byte Zeichenkette mit dem Namen des Objekts. Wird beim Aufruf gelöscht, nach Ausführung gesetzt.

SAVE DATA

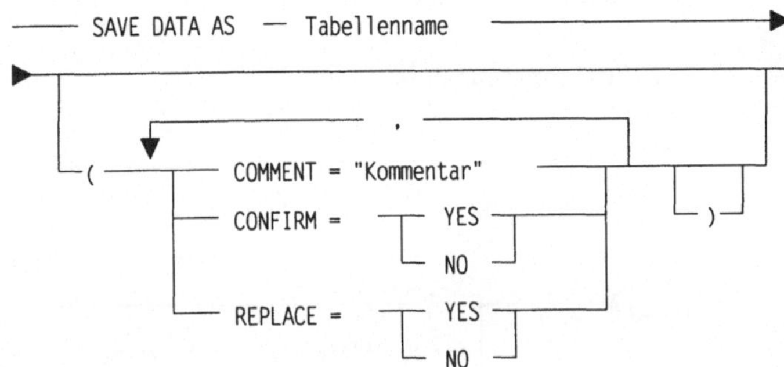

Die Ergebnisse einer erfolgreich durchgeführten Abfrage (mit SQL SELECT) werden gesichert.

Existiert die angegebene Tabelle bereits und sind CONFIRM=YES und REPLACE=YES vorgegeben, wird eine Bestätigung abgefragt. Die bestehende Tabelle muß die richtige Anzahl Spalten besitzen. Die Spalten müssen mit dem Abfrage-Ergebnis datentypmäßig übereinstimmen. Existiert die Tabelle nicht, wird sie angelegt.

SAVE DATA kann zu jeder Zeit über die QM-Kommandozeile, innerhalb von Masken, Menüs oder Prozeduren benutzt werden.

Bei REPLACE=NO muß die Tabelle bereits bestehen, sonst gibt es einen Fehler. Die bestehende Tabelle muß die richtige Anzahl Spalten besitzen. Die Spalten müssen mit dem Abfrage-Ergebnis datentypmäßig übereinstimmen. Die CONFIRM-Angabe ist bei REPLACE=NO bedeutungslos.

Sie können mit REPLACE=YES keine Daten in einer Tabelle löschen, deren Primärschlüssel Fremdschlüssel in einer anderen Tabelle sind.

Wird eine neue Tabelle angelegt, werden die Spaltennamen der ausgewerteten Tabelle übernommen. Für Ausdrücke werden Standard-Namen generiert. Die Spalten werden in derselben Reihenfolge gesichert wie ursprünglich zugegriffen.

Ergebnisdaten, die mit einem RUN QUERY erstellt wurden, werden gelöscht, wenn

— eine neue Abfrage (RUN QUERY) gestartet wird,

— DEFINE TABLE, DISPLAY, RESET, EDIT TABLE aufgerufen wird,

— ein IMPORT- oder EXPORT- Kommando eingegeben wird,

– die Query Manager Kommandozeile geschlossen wird,
– die Query Manager Sitzung beendet wird.

4.7 Aufruf des Query Manager

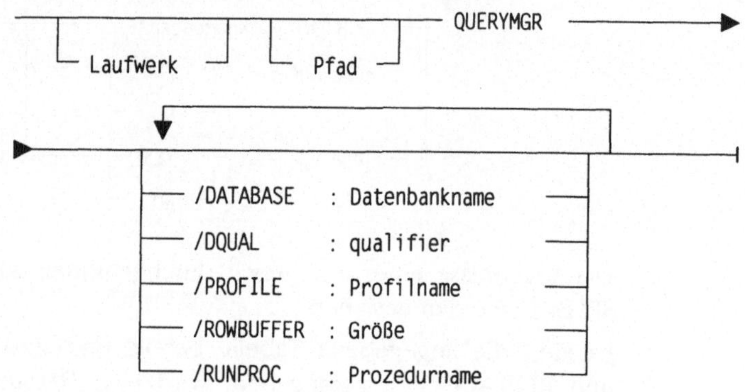

Dieser Befehl kann von der OS/2-Ebene abgesetzt werden.

Structured Query Language (SQL)

DB2/2 besitzt als relationales Datenbankmanagement-System natürlich Befehle der Structured Query Language (SQL), die Sie im Query Manager oder in der DBM-Kommandozeile eingeben. Mit diesen Befehlen können Sie in der Datenbank

- Informationen definieren,
- bearbeiten,
- hinzufügen,
- löschen,
- verändern,
- Auswertungen erstellen.

Die SQL-Befehle, die Sie im Dialog benutzen können, lauten:

```
ALTER TABLE
COMMENT ON COLUMN
COMMENT ON TABLE
COMMIT
CONNECT
CREATE INDEX
CREATE TABLE
CREATE VIEW
DELETE
DROP INDEX
DROP PACKAGE/DROP PROGRAM
DROP TABLE
DROP VIEW
GRANT CONTROL ON INDEX PRIVILEGE
GRANT DATABASE PRIVILEGES
GRANT PACKAGE/PROGRAM PRIVILEGES
GRANT TABLE/VIEW PRIVILEGES
INSERT
LOCK TABLE
REVOKE CONTROL ON INDEX PRIVILEGE
REVOKE DATABASE PRIVILEGES
REVOKE PACKAGE/PROGRAM PRIVILEGES
REVOKE TABLE/VIEW PRIVILEGES
ROLLBACK
SELECT
UPDATE
```

Zu jedem Befehl erhalten Sie in den folgenden Abschnitten eine Beschreibung der Syntax (in der bei IBM so beliebten Technik der „Eisenbahn"-Diagramme), der wichtigsten Parameter sowie eine kurze Erläuterung des Befehls. Beispiele und Hinweise auf notwendige Zugriffsberechtigungen runden die Erläuterungen ab. Wir haben den Aufbau der Diagramme aus der online-Hilfe zu DB2/2 übernommen, nicht aus den Handbüchern. Die Darstellung der Diagramme in der online-Hilfe weicht bei einigen Befehlen von der Darstellung in den Handbüchern ab, erscheint uns aber einfacher und übersichtlicher. Bei den Erläuterungen zu den Befehlen lehnen wir uns an die Beschreibungen der IBM in der online-Hilfe an[1], haben aber wichtige Informationen ergänzt und falsche oder irreführende Aussagen berichtigt oder ganz weggelassen. So wird zum Beispiel bei der Erläuterung eines Join (Hilfetext *tblname* zu SELECT) der Eindruck erweckt, DB2/2 bilde bei einem Join immer ein kartesisches Produkt der genannten Tabellen!

Solche nicht korrekten Aussagen in der online-Hilfe finden sich nicht in den Original-IBM-Handbüchern, auf die Sie sich nach unserer Erfahrung besser verlassen können als auf die online-Texte.

Die zusätzlichen SQL-Befehle für die konventionelle Anwendungsprogrammierung mit COBOL oder C werden im Kapitel 6, *Anwendungsentwicklung*, erläutert.

Zur Eingabe von SQL-Befehlen in die DBM-Kommandozeile müssen Sie dem SQL-Befehl immer ein "DBM " voranstellen. Damit wird das DBM-Programm aufgerufen, das den Befehl interpretiert und ausführt.

Beispiel `DBM CREATE TABLE ....`

Die Länge der DBM-Kommandozeile unter OS/2 beträgt maximal 256 Zeichen. Überschreitet Ihr SQL-Befehl diese Länge, müssen Sie ein \ (backslash) als Fortsetzungszeichen am Ende der Zeile angeben.

Geben Sie SQL-Befehle über die Maske des Query Manager ein, ist dort kein Fortsetzungszeichen notwendig.

---

[1]   In den anderen Kapiteln mit Erläuterungen zur Befehls-Syntax halten wir es genauso.

Unterschiede zu DB2/MVS Es fehlen:

```
ALTER DATABASE
ALTER TABLESPACE
CREATE ALIAS
CREATE DATABASE[2]
CREATE STOGROUP
CREATE SYNONYM
CREATE TABLESPACE
DROP ALIAS
DROP DATABASE[2]
DROP STOGROUP
DROP SYNONYM
DROP TABLESPACE
EXPLAIN[3]
LABEL ON ..
```

---

[2] Kein SQL-Befehl, sondern DBM-Kommando
[3] Es gibt ein Programm EXPLAIN, das diese Funktionen erfüllt, aber unter Ausschluß jeglicher Gewährleistung von der IBM verteilt wird.

5.1 ALTER TABLE

Ändert die Definition einer Tabelle:

- Spalten, Primär- und Fremdschlüssel können hinzugefügt,
- Primär- und Fremdschlüssel auch gelöscht werden.

Die Veränderungen werden sofort durchgeführt.

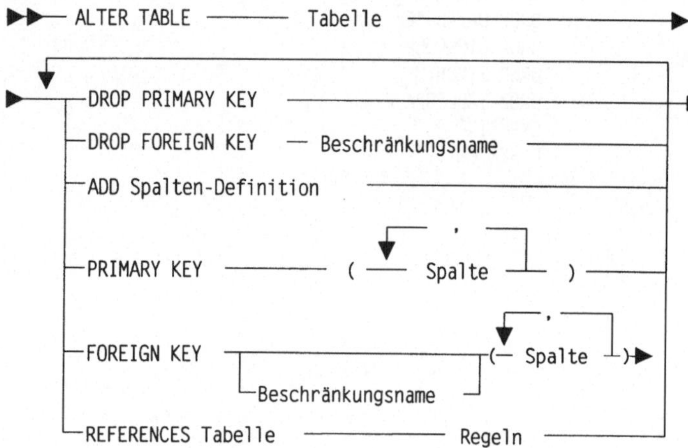

DB2/2 führt die ADD-Spalten-Klausel vor allen anderen aus. Die anderen Klauseln werden in der Reihenfolge ihrer Eingabe bearbeitet.

Der ALTER TABLE verändert nur die Tabellen-Definitionen im Katalog. Existierende Zeilen werden erst bei einem späteren UPDATE-Befehl geändert.

Reine NOT NULL-Angaben nicht erlaubt, Angaben NOT NULL WITH DEFAULT dagegen schon.

Hinzugefügte Spalten erscheinen in keiner Sicht (view), die bereits existiert (auch nicht bei AS SELECT * FROM ... !).

Wird ein Primärschlüssel gelöscht, werden auch alle Fremdschlüssel in anderen Tabellen gelöscht, die sich auf diesen Primärschlüssel beziehen. Der zum Primärschlüssel gehörige Index wird ebenfalls gelöscht, wenn er automatisch vom System und nicht eigenständig vom Benutzer erstellt wurde.

Berechtigungen Für die Änderung einer Datenbank-Tabelle müssen Sie zumindest über eine der folgenden Berechtigungen verfügen:

- SYSADM oder DBADM

- CONTROL-Berechtigung für die zu ändernde Tabelle

- ALTER-Berechtigung für die zu ändernde Tabelle.

Um einen Fremdschlüssel zu löschen, müssen Sie die REFERENCES-Berechtigung der referenzierten Tabelle besitzen.

Einen Primärschlüssel können Sie nur dann löschen, wenn Sie berechtigt sind, einen ALTER TABLE für jede Tabelle auszuführen, die eine Fremdschlüssel-Definition zu diesem Primärschlüssel enthält.

Beispiel
```
ALTER TABLE PERSON
    ADD TELEFON CHAR (5) ADD PLZ_NEU CHAR (10)
    CON1 REFERENCES POSTKUND ON DELETE RESTRICT
    CON2 REFERENCES POSTBEZIRK ON DELETE SET NULL
    FOREIGN KEY CON3(PERSNR) REFERENCES ORGA ON DELETE SET NULL
```

Zu der Tabelle PERSON werden die Spalten TELEFON und PLZ_NEU sowie der Fremdschlüssel CON3 zur Tabelle ORGA hinzugefügt. Die Spalte PLZ_NEU ist zugleich zweifacher Fremdschlüssel für die Tabellen POSTKUND und POSTBEZIRK.

Unterschiede zu DB2/MVS Die Parameter VALIDPROC und AUDIT fehlen.
DB2/MVS legt zu einem Primärschlüssel keinen Index selbsttätig an.

5.2 COMMENT ON COLUMN

Fügt einen Kommentar zur Katalogbeschreibung der Spalte hinzu oder ersetzt ihn.

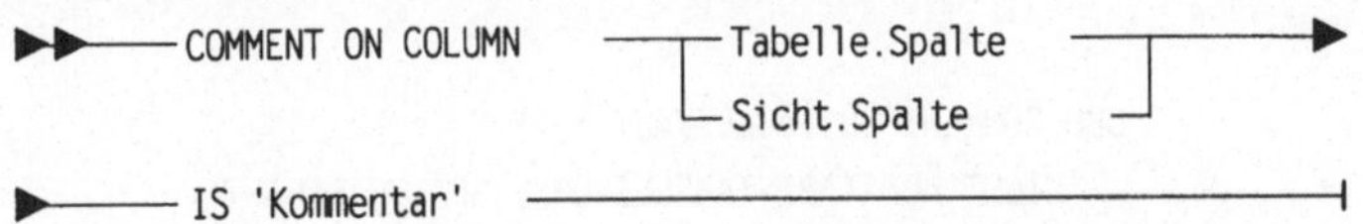

DB2/2 schreibt den neuen oder geänderten Kommentar für die angegebene Spalte in die Spalte REMARKS der Katalog-Tabelle SYS-IBM.SYSCOLUMNS.

Beispiel `COMMENT ON COLUMN TABT.ABTNR IS 'ABTEILUNGEN SIND EINDEUTIG'`

Berechtigungen Zur Ausführung des Befehls müssen Sie zumindest über eine der folgenden Berechtigungen verfügen:

- SYSADM oder DBADM

- CONTROL-Berechtigung für die zugehörige Tabelle oder Sicht

- ALTER-Berechtigung für die zugehörige Tabelle oder Sicht

- Creator Status für die zugehörige Sicht.

5.3 COMMENT ON TABLE

Fügt einen Kommentar zur Katalogbeschreibung der Tabelle oder Sicht hinzu oder ersetzt ihn.

```
►►—COMMENT ON TABLE  ——┬—Tabelle —┬—┬— IS 'Kommentar'  ——┤
                        └—Sicht ——┘
```

DB2/2 schreibt den neuen oder geänderten Kommentar für die angegebene Tabelle oder Sicht in die Spalte REMARKS der Katalog-Tabelle SYSIBM.SYSTABLES.

Berechtigungen Zur Ausführung des Befehls müssen Sie zumindest über eine der folgenden Berechtigungen verfügen:

- SYSADM oder DBADM

- CONTROL-Berechtigung für die Tabelle

- ALTER-Berechtigung für die Tabelle

- Creator Status für die Sicht.

Beispiele `COMMENT ON TABLE PERSON IS 'ENTHAELT SCHIFFSEIGNER'`

Kommentar zur Tabelle PERSON.

```
DBM COMMENT ON TABLE VABT IS \
    'SICHT AUF TABT-TABELLE OHNE SPALTE GEHALT'
```

Kommentar zur Sicht VABT. VABT ist eine Sicht auf die Tabelle TABT (Eingabe über DBM-Kommandozeile).

Unterschiede zu DB2/MVS Nicht erlaubt ist die Befehlsform

COMMENT ON tabelle (spalte-1 is 'text-1',... spalte-n is 'text-n')

5.4 COMMIT

Beendet eine Transaktion bzw. Arbeits-Einheit (unit of work) und führt in der Datenbank alle Veränderungen unwiderruflich durch, die seit Beginn der Arbeits-Einheit gemacht wurden.

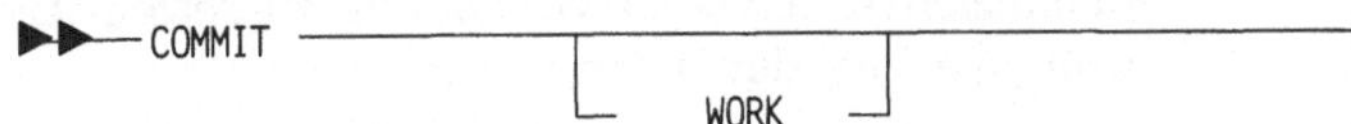

Ein COMMIT betrifft nur die Änderungen der SQL-Befehle, die innerhalb der Arbeits-Einheit/Transaktion durchgeführt wurden.

Andere Benutzer oder Programme können auf die von Ihnen gemachten Veränderungen solange nicht zugreifen, bis Sie einen COMMIT abgesetzt haben, es sei denn diese haben den Isolation Level auf *Uncommitted Read* gesetzt.

Ein COMMIT-Befehl bewirkt:

- Alle Veränderungen durch ALTER, CREATE, COMMENT ON, DELETE, DROP, GRANT, INSERT, REVOKE und UPDATE-Befehle einer Transaktion werden festgeschrieben.

- Alle Sperren (locks), die von der Transaktion gehalten wurden, werden freigegeben – außer Tabellen-Sperren für geöffnete CURSOR, die WITH HOLD definiert wurden.

- Alle geöffneten CURSOR, die nicht WITH HOLD definiert wurden, werden geschlossen.

- Die Transaktion oder Arbeits-Einheit ist damit abgeschlossen und es wird ein *commit point* gesetzt. Eine neue Transaktion/ Arbeits-Einheit wird initialisiert.

Endet ein Anwendungsprogramm oder wird ein CONNECT RESET-Befehl benutzt, wirkt das wie ein COMMIT.

Berechtigungen Es werden keine Berechtigungen benötigt.

Unterschiede zu DB2/MVS Zwischen DB2/2 und CICS OS/2 gibt es zur Zeit keine Synchronisation wie auf dem Mainframe.

5.5 CONNECT

Der CONNECT-Befehl verbindet einen Benutzer und/oder einen Anwendungsprozeß mit einem Anwendungsserver.

Die *authorization ID* des Befehls muß berechtigt sein, sich mit dem identifizierten Server in Verbindung zu setzen. Die Berechtigungsprüfung erfolgt durch den Server.

Der Befehl kann nur über die DBM-Kommandozeile eingegeben werden.

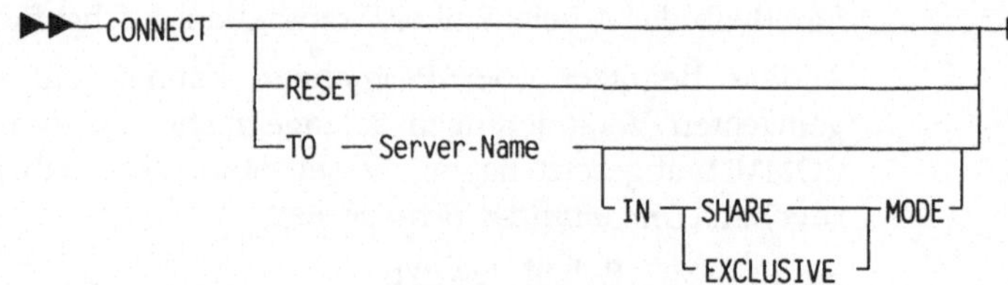

Der Kommandozeilen-Prozessor kann zu einer Zeit nur mit einem Server, dem sogenannten *aktuellen* (current), verbunden sein. Er kann mit dem Befehl explizit mit unterschiedlichen Servern verbunden werden. Eine Verbindung dauert solange bis ein CONNECT RESET- oder ein anderer CONNECT TO-Befehl eingegeben werden.

Wenn ein CONNECT TO-Befehl ausgeführt wird, muß der angegebene Name des Server in dem lokalen Verzeichnis eine Datenbank identifizieren.

Der erste SQL-Befehl sollte immer ein CONNECT TO sein.

Beispiel DB2/2-Antwort auf einen erfolgreich ausgeführten CONNECT TO-Befehl (SQL-Fehlercode 0):

```
Database Connection Information

Database product    = SQL/DS 3.3.0
SQL Authorization ID = nullid
Local database alias = sample
```

Sind Fehler aufgetreten (SQL-Code ungleich 0), wird eine entsprechende Fehlermeldung ausgegeben.

Antwort auf einen erfolgreichen CONNECT RESET:

```
CONNECT RESET completed successfully.
```

5.6   CREATE INDEX

Erstellt einen Index zu einer Tabelle.

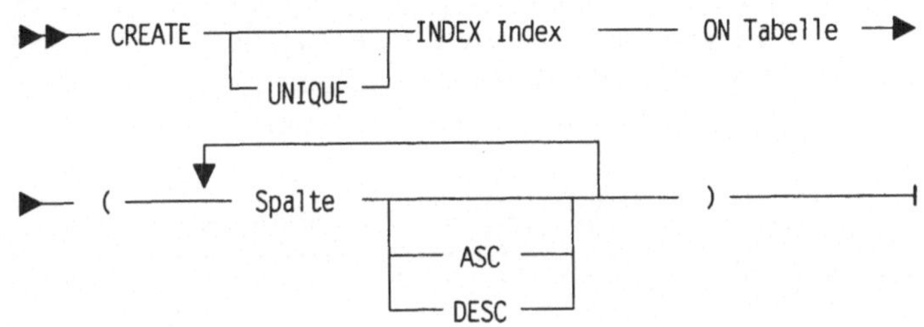

DB2/2 erstellt den Index nur auf Spalten, die in der Tabelle definiert sind. Es sind maximal 16 Spalten erlaubt.

UNIQUE gibt vor, daß der Index jeweils nur einen Eintrag zu einem Wert enthalten darf. Tabellenzugänge, die einen zweiten Eintrag auslösen würden, werden mit Fehlercode zurückgewiesen.

Enthält die bezeichnete Tabelle bereits Daten, erstellt DB2/2 die Index-Einträge dazu. Wenn nicht, so legt es nur die Beschreibung des Index an; der Index wird erst aufgebaut, wenn Daten in die Tabelle eingefügt werden. Existiert schon ein Index gleichen Aufbaus, so bringt DB2/2 einen Hinweis und legt keinen neuen an.

Sie können theoretisch bis zu 32 767 Indizes zu einer Tabelle definieren. Beachten Sie aber, daß bei jeder Änderung an der Tabelle auch die Indizes verändert werden. Andererseits können Indizes den Zugriff auf die Tabelle beschleunigen.

Bitte denken Sie daran, für bestehende Programme einen REBIND zu machen, wenn Sie zu einer bestehenden Tabelle einen neuen Index anlegen.

Berechtigungen Zur Einrichtung eines Index müssen Sie zumindest über eine der folgenden Berechtigungen verfügen:

- SYSADM oder DBADM

- CONTROL-Berechtigung für die zugehörige Tabelle

- INDEX-Berechtigung für die zugehörige Tabelle.

Beispiel `CREATE UNIQUE INDEX I_PERS1 ON PERSON (PERSNR ASC)`

Es wird ein eindeutiger Index namens I_PERS1 für die Tabelle PERSON eingerichtet. Der Index beruht auf der Spalte PERSNR und ist aufsteigend sortiert.

 Es fehlen die Parameter zur Beeinflussung der physischen Strukturen, zum Beispiel CLUSTER, SUBPAGES, STOGROUP, FREEPAGE.

5.7 CREATE TABLE

Beschreibt und erstellt eine Tabelle. Die Beschreibung enthält die
Spalten-Definitionen mit Attributen wie den Datentyp und Definitionen für Primär- und Fremdschlüssel.

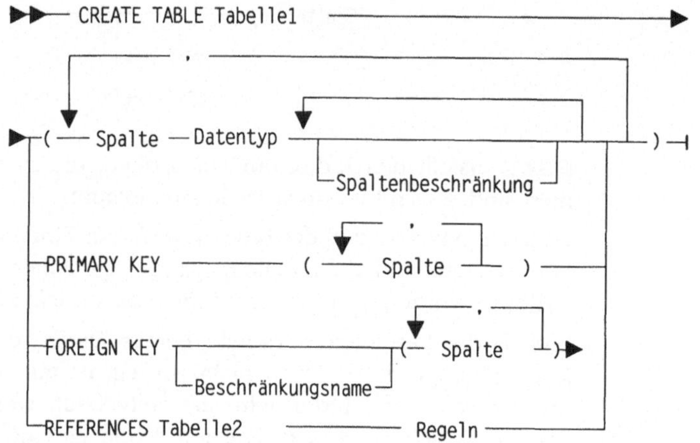

DB2/2 bearbeitet

- Spalten-Definitionen vor allen anderen Angaben

- Primärschlüssel-Definitionen vor Fremdschlüssel-Klauseln

- Fremdschlüssel-Definitionen in der Reihenfolge der Eingabe.

Die Zuordnung der Tabelle zur Datenbank geschieht implizit durch
die zuvor erstellte Verbindung zu einem Server (CONNECT TO).

Es sind maximal 255 Spalten je Tabelle erlaubt. Enthält die Tabelle
keine LONG-Datentypen, so ist die maximale Länge einer Zeile
4005 Bytes (weil eine Zeile in eine PAGE passen muß!).

 Die Datentypen geben Art und Größe der Spalte an. Dazu gehört
auch eine mögliche NULL-Wert-Angabe. Erlaubte Datentypen sind:

- INTEGER oder INT für eine ganze Zahl (32-Bit)

- SMALLINT für eine kleine ganze Zahl (16-Bit)

- FLOAT für eine Gleitkommazahl

– DECIMAL(n,m) oder DEC(n,m) für eine Dezimalzahl. n gibt die Genauigkeit (precision) der Zahl an, d.h. die Anzahl der Gesamtstellen (von 1 bis 31). m gibt die Anzahl der Nachkommastellen vor und kann im Bereich von 0 bis zur Gesamtstellenanzahl liegen.

  Statt DECIMAL(p,0) können Sie auch DECIMAL(p) und DECIMAL statt DECIMAL(5,0) angeben. Ebenso ist es erlaubt, NUMERIC und NUM statt DECIMAL und DEC zu benutzen.

– CHARACTER(x) oder CHAR(x) für eine Zeichenkette fester Länge x, die zwischen 1 und 254 groß sein darf. Fehlt x, so wird 1 angenommen.

– VARCHAR(x) für eine variabel lange Zeichenkette mit einem Maximum x, das zwischen 1 und 4000 groß sein darf.

– LONG VARCHAR für eine variabel lange Zeichenkette mit einer Maximallänge von 32700.

– GRAPHIC(x) für eine Zeichenkette in Doppel-Byte-Darstellung mit einer Länge von x im Bereich von 1 bis 127. Fehlt x, so wird 1 angenommen.

– VARGRAPHIC(x) für eine variabel lange Zeichenkette in Doppel-Byte-Darstellung mit einem Maximum x, das zwischen 1 und 2000 groß sein darf.

– LONG VARGRAPHIC für eine variabel lange Zeichenkette in Doppel-Byte-Darstellung mit einer Maximallänge von 16350.

– DATE für eine Datumsangabe mit Tag, Monat und Jahr. Das Format unterscheidet sich je nach Länder-Code, z.B. MM/TT/JJJJ für die USA oder JJJJ-MM-TT nach ISO.

– TIME für eine dreiteilige Zeitangabe mit Stunden, Minuten und Sekunden. Das Format unterscheidet sich je nach Länder-Code.

– TIMESTAMP für eine siebenteilige Kombination von Datum und Zeit. Das Format ist JJJJ-MM-TT-hh.MM.SS.NNNNN (Jahr-Monat-Tag-Stunden.Minuten.Sekunden.Microsekunden).

NULL-Wert-Angaben Diese Datentypen können noch ergänzt werden um NULL-Wert-Angaben:

– NOT NULL bedeutet, daß die Spalte keine NULL-Werte enthalten darf, d.h. daß für sie konkrete Werte angegeben werden müssen (Pflichtfeld).

- NOT NULL WITH DEFAULT verhindert, daß eine Spalte NULL-Werte enthält. Werden keine Werte eingegeben, so wird der DEFAULT-Wert gespeichert. Default ist für:

Numerische Datentypen	0
Zeichenketten fester Länge	' '
Zeichenketten variabler Länge	Länge 0
DATE	01.01.0001, für Neuzugänge aktuelles Tagesdatum
TIME	00:00:00, für Neuzugänge aktuelle Zeit
TIMESTAMP	0001-01-01-00.00.00.00000, für Neuzugänge aktuelles Datum und Zeit

Primär-
schlüssel-
Definition
PRIMARY KEY
Die Definition eines Primärschlüssels umfaßt eine oder mehrere Spalten der Tabelle. Die Spalten dürfen nicht den NULL-Wert annehmen können, müssen also mit NOT NULL oder NOT NULL WITH DEFAULT definiert sein. Der Primärschlüssel muß eindeutig sein, d.h. keine zwei Zeilen der Tabelle dürfen die gleichen Schlüsselwerte haben (also Vorsicht bei Spalten mit NOT NULL WITH DEFAULT).

DB2/2 legt mit der Tabelle auch einen eindeutigen (UNIQUE) Index für den Primärschlüssel mit aufsteigender Sortierfolge an. Der Name des Index wird vom System vergeben und besteht aus „SQL" und dem Zeitstempel (TIMESTAMP); der qualifier (Qualifizierungsname) ist SYSIBM.

Fremd-
schlüssel-
Definition
FOREIGN KEY
Ein Fremdschlüssel verweist auf einen Primärschlüssel derselben oder einer anderen Tabelle (Katalog-Tabellen dabei nicht erlaubt!). Die Definition des Fremdschlüssels umfaßt eine oder mehrere Spalten der Tabelle, die auch NULL-Werte annehmen dürfen. Die konkreten Werte, die ein Fremdschlüssel annimmt, müssen auch als Primärschlüssel vorhanden sein, sonst werden sie nicht von DB2/2 akzeptiert.

Eine Tabelle kann mehrere Fremdschlüssel enthalten.

Die Fremdschlüssel-Definition erhält einen Namen, der von Ihnen vorgegeben werden kann. Der Name kann maximal acht Zeichen lang sein. Geben Sie keinen Namen vor, so generiert DB2/2 einen, bestehend aus „SQL" und einer eindeutigen fünfstelligen Zahl. Unter diesem Namen wird die Definition im Katalog in der Tabelle SYSIBM.SYSRELS abgelegt.

In der REFERENCES-Angabe werden die Tabelle des Primärschlüssels und die Verarbeitungsregeln für Änderungsoperationen angegeben.

Regeln

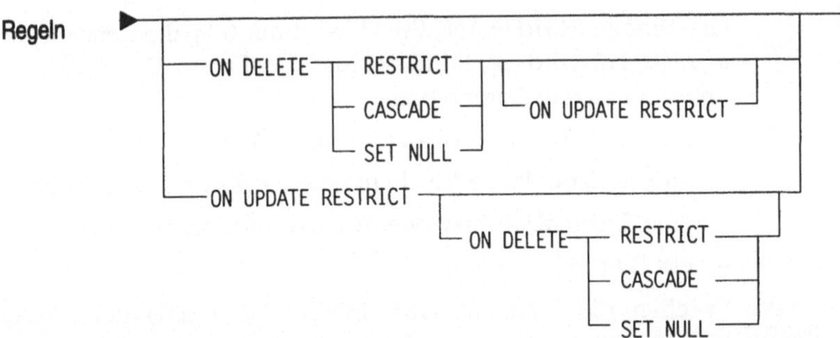

Lösch-Regeln Die Lösch-Regel ON DELETE gibt an, wie sich Löschoperationen an der Tabelle des Primärschlüssels (parent) auf die betroffenen Zeilen der Tabelle mit dem zugehörigen Fremdschlüssel (dependent) auswirken sollen.

- RESTRICT verhindert das Löschen von parent-Zeilen, wenn zugehörige dependent-Zeilen existieren.

- CASCADE löscht auch die zugehörigen dependent-Zeilen.

- SET NULL löscht den Wert des Fremdschlüssels auf NULL, wenn die zugehörige parent-Zeile gelöscht wird. Die dependent-Zeilen bleiben also erhalten.

Änderungs-Regel Die Regel ON UPDATE RESTRICT bestimmt, daß der Wert des Fremdschlüssels nur geändert werden darf, wenn der Wert auch als zugehöriger Primärschlüssel existiert. Diese Regel gilt unabhängig von der Angabe in der Fremdschlüssel-Definition.

Änderungen eines Primärschlüssels sind verboten, wenn dazu ein Fremdschlüssel mit diesem Wert existiert.

Berechtigungen Zur Definition einer Tabelle müssen Sie zumindest über eine der folgenden Berechtigungen verfügen:

- SYSADM oder DBADM

- CREATETAB-Berechtigung für die Datenbank.

Beispiel
```
CREATE TABLE SCHIFFSANGEBOT
   (ANG_NR CHAR(6) NOT NULL PRIMARY KEY,
    SCHIFF_BEZ VARCHAR(240) NOT NULL,
    KLASSE CHAR(3) NOT NULL,EIGNER CHAR(6) NOT NULL,
    PREIS DECIMAL(10,2),ANG_DAT DATE)
```

Die Tabelle SCHIFFSANGEBOT wird mit 6 Spalten erstellt. Die Spalte ANG_NR wird als Primärschlüssel definiert. Die Spalten besitzen unterschiedliche Datentypen:

- Zeichenketten fester Länge (6 und 3),

- eine variabel lange Zeichenkette mit maximal 240 Zeichen,

- eine Dezimalzahl mit zwei Nachkommastellen und

- ein Datum.

Unterschiede zu DB2/MVS Es fehlen die Parameter LIKE, EDITPROC, VALIDPROC, FIELDPROC und AUDIT.

In den Fremdschlüssel-Definitionen fehlt ON UPDATE RESTRICT, weil es auch hier immer gilt. Außerdem darf ein Fremdschlüssel nicht auf die eigene Tabelle zeigen; solche Fremdschlüssel müssen mit ALTER TABLE nachträglich definiert werden.

DB2/MVS sieht auch keinen Index für den Primärschlüssel vor; dieser Index muß explizit vom Anwender angelegt werden.

5.8 CREATE VIEW

Definiert eine Sicht (view) auf eine oder mehrere Tabellen (maximal 15).

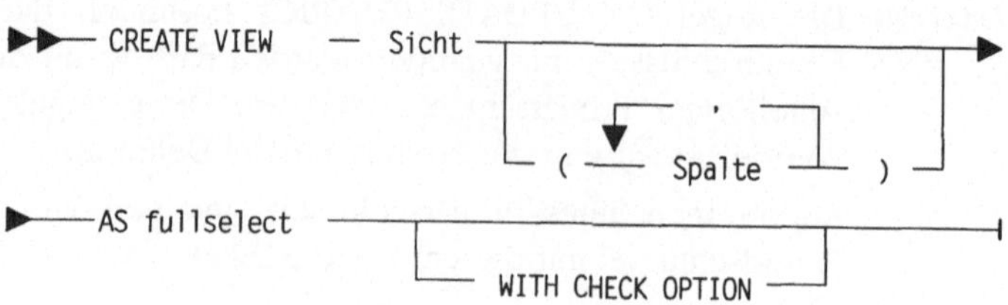

Mit einer Sicht können Sie nur Untermengen der Daten verfügbar machen, Daten verdichten, Spalten anders benennen oder einzugebende Daten validieren.

View-Spalten erben das Attribut NOT NULL WITH DEFAULT von der Basis-Tabelle oder -Sicht, es sei denn, sie leiten sich aus Ausdrücken ab.

Nicht alle Sichten sind auch änderbar, d.h. können mit INSERT, UPDATE oder DELETE-Befehlen bearbeitet werden. Nicht änderbar werden sie, wenn der SELECT zumindest einen der folgenden Parameter enthält:

- Die erste FROM-Angabe enthält mehr als eine Tabelle (Join)

- Die erste FROM-Angabe enthält schon eine read-only Sicht

- DISTINCT wird im ersten SELECT verwendet

- GROUP BY

- HAVING

- Eine Spaltenfunktion im ersten SELECT

- Eine Unterabfrage auf dieselbe Tabelle wie im ersten SELECT

- UNION, INTERSECT, oder EXCEPT.

Die Angaben FOR UPDATE OF, ORDER BY oder FOR FETCH ONLY sind nicht erlaubt.

Nicht nur die SELECT-Angabe der Sicht wird im Katalog abgelegt, auch die Definitionen der Sicht (als virtuelle Tabelle) und ihrer Spalten werden im Katalog eigenständig vermerkt. Nachträgliche Änderungen an Tabellen mit ALTER TABLE wirken sich daher nicht auf die vorher definierten Sichten aus; Inkonsistenzen können die Folge sein. Zum Beispiel wirkt sich ein

```
ALTER TABLE YXZ ADD COLX ...
```

auch nicht auf eine zuvor erstellte Sicht mit

```
AS SELECT * FROM YXZ
```

aus.

Sicht-Definitionen sind nicht änderbar (kein ALTER VIEW).

CHECK-Klausel Die Angabe bewirkt, daß alle Eingaben oder Änderungen, die mit der Sicht durchgeführt werden, gegen die Auswahlbedingung in der SELECT-Angabe geprüft werden. Die Operationen werden zurückgewiesen, wenn ihre Daten nicht mit der Auswahlbedingung übereinstimmen. Besitzt die SELECT-Angabe keine Auswahlbedingung, wird der Parameter ignoriert.

Die CHECK-Option ist nicht erlaubt, wenn:

–   Sicht nicht änderbar ist

–   SELECT-Angabe eine Unterabfrage enthält

–   SELECT-Angabe eine System-Tabelle oder eine Sicht darauf enthält.

Wird der Parameter nicht angegeben, so prüft DB2/2 auch nicht.

Enthält eine Sicht selbst keine CHECK-Option, referenziert aber Sichten mit dieser Angabe, so werden nur die Bedingungen der bezogenen Sichten mit CHECK OPTION geprüft.

Berechtigungen Um eine Sicht zu definieren, müssen Sie zumindest über eine der folgenden Berechtigungen verfügen:

–   SYSADM oder DBADM

–   CONTROL-Berechtigung für jede Tabelle oder Sicht, die im SELECT angegeben wird

–   SELECT-Berechtigung für jede Tabelle oder Sicht, die im SELECT angegeben wird.

DB2/2 prüft keine PUBLIC- und GROUP-Berechtigungen für die referenzierten Tabellen. Haben Sie SYSADM-Berechtigung, aber nicht die CONTROL-Berechtigung für die referenzierten Tabellen und Sichten, so erhalten Sie von DB2/2 DBADM-Berechtigung.

Erstellen Sie eine änderbare Sicht, erhalten Sie die gleichen Rechte wie für die Basis-Tabellen.

Beispiele
```
CREATE VIEW VSCHIFF
    (SCHIFFNR, SCHIFFNAME, EIGNER)
    AS SELECT ALL
    SNR, .NAME, P.NAME
    FROM SCHIFF S, PERSON P
    WHERE S.EIGNER = PERSNR
```

Definition der Sicht VPROJRE1 mit mehreren explizit genannten Spalten der Tabellen SCHIFF und PERSON mit der Auswahlbedingung, daß EIGNER der Tabelle SCHIFF die gleichen Werte mit der Spalte PERSNR der Tabelle PERSON aufweisen muß (Equi-Join).

```
CREATE VIEW PERS_SL
   (PERSNR, HAUSNAME, VORNAME, GEHALT)
   AS SELECT ALL
   PERSNR,HAUSNAME,VORNAME,GEHALT
   FROM PERSON
   WHERE GEHALT < 5000
   WITH CHECK OPTION
```

Über diese Sicht können keine Angestellten erfaßt werden, deren Gehalt >= 5000 beträgt. Gehaltsänderungen auf mehr als 4999 werden ebenfalls zurückgewiesen.

5.9 DELETE

Löscht Zeilen einer Tabelle oder Sicht.

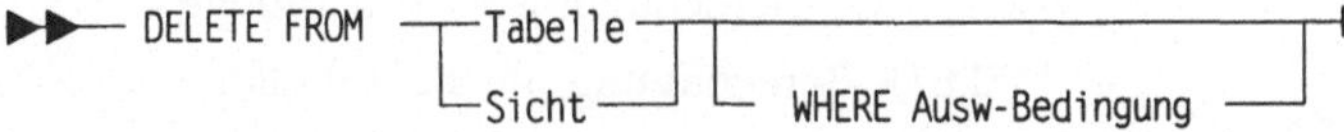

Geben Sie DELETE **ohne** Auswahlbedingung an, so löscht DB2/2 alle Zeilen der Tabelle oder Sicht!

Getreu dem Prinzip, daß ein Befehl immer ganz oder gar nicht ausgeführt wird, löscht DB2/2 auch keine Zeile, wenn im Laufe eines Löschvorgangs auf mehrere Zeilen ein Fehler auftritt.

Der DELETE-Befehl setzt exklusive Sperren.

Verweisen auf eine Tabelle Fremdschlüssel, die mit ON DELETE RESTRICT definiert wurden, können in dieser Tabelle die Zeilen nicht gelöscht werden, auf die noch Fremdschlüssel verweisen. Wurden die Fremdschlüssel mit anderen ON DELETE-Regeln definiert, so gilt:

- Die ausgewählten Zeilen werden gelöscht.

- Bei SET NULL werden die Spalten der betroffenen Fremdschlüssel, für die NULL-Werte erlaubt sind, auf NULL gesetzt.

- Bei CASCADE werden die Zeilen mit den betroffenen Fremdschlüsseln gelöscht.

Verweist ein Fremdschlüssel der Tabelle auf die Tabelle selbst und ist die Lösch-Regel RESTRICT oder SET NULL, so darf nur eine Zeile jeweils gelöscht werden.

Nicht erlaubt bei der Löschung sind Verweisschleifen über mehrere Tabellen, in der eine Tabelle mehr als einmal vorkommt.

Ist eine Tabelle bei der Löschung durch mehr als eine Beziehung mit einer anderen verknüpft, so müssen die Beziehungen die gleichen Lösch-Regeln CASCADE oder RESTRICT besitzen.

Ist eine Tabelle mit Eigenverweis durch Fremdschlüssel mit CASCADE-Regel mit einer anderen verknüpft, so muß die Lösch-Regel für den Eigenverweis auch CASCADE sein.

Tabellen, die in Unterabfragen der WHERE-Auswahl vorkommen, dürfen durch die Löschung nicht über CASCADE- oder SET NULL-Regeln betroffen sein.

Berechtigungen Um Zeilen einer Tabelle zu löschen, müssen Sie zumindest über eine der folgenden Berechtigungen verfügen:

- SYSADM oder DBADM

- CONTROL-Berechtigung für die Tabelle

- DELETE-Berechtigung für die Tabelle.

5.10 DROP INDEX

Löscht einen Index aus der Datenbank.

```
►►—DROP INDEX Index                                              ┤
```

Die Index-Definition und die Index-Daten werden gelöscht.

Sie können keinen Index löschen, der zu einem existierenden Primärschlüssel gehört. Löschen Sie jedoch die zugehörige Primärschlüssel-Definition (siehe Abschnitt 5.1, *ALTER TABLE*), wird der zugehörige Index ebenfalls gelöscht, wenn er automatisch vom System erstellt worden war.

Berechtigungen Um einen Index zu löschen, müssen Sie zumindest über eine der folgenden Berechtigungen verfügen:

- SYSADM oder DBADM

- CONTROL-Berechtigung für den Index

- CONTROL-Berechtigung für die zugehörige Tabelle.

5.11 DROP PACKAGE

Löscht einen Zugriffsplan (package).

```
►►—DROP —— PACKAGE Zugriffsplan ——————————————┤
```

PROGRAM ist als Synonym von PACKAGE erlaubt

Der Zugriffsplan wird im Katalog gelöscht (Katalog-Tabellen SYS-IBM.SYSPLAN u.a.).

Berechtigungen Um einen Zugriffsplan zu löschen, müssen Sie zumindest über eine der folgenden Berechtigungen verfügen:

- SYSADM oder DBADM

- CONTROL-Berechtigung für den Zugriffsplan.

5.12 DROP TABLE

Löscht eine Tabelle mit Daten und Definitionen in der Datenbank.

```
►►── DROP TABLE Tabelle ─────────────────────────────┤
```

DB2/2 löscht zusammen mit der Tabelle

- die Spalten der Tabelle

- alle Indizes der Tabelle

- alle Sichten für die Tabelle

- den Primärschlüssel der Tabelle

- alle Fremdschlüssel, die auf die Tabelle verweisen

- alle zugehörigen referentiellen Integritätsbedingungen

- alle anderen Objekte, die direkt oder indirekt von der Tabelle abhängen

- alle Informationen im Katalog über diese Tabelle.

Wird eine Tabelle mit Primärschlüssel-Definition gelöscht, so werden auch die zugehörigen Fremdschlüssel-Definitionen anderer Tabellen gelöscht.

Alle Berechtigungen für die Tabelle und zugehörige Sichten werden gelöscht.

Nach dem Löschen kann der Tabellenname wieder neu verwendet werden.

Berechtigungen Um eine Tabelle zu löschen, müssen Sie zumindest über eine der folgenden Berechtigungen verfügen:

- SYSADM oder DBADM

- CONTROL-Berechtigung für die Tabelle.

5.13   DROP VIEW

Löscht eine Sicht.

DB2/2 löscht die Definition der Sicht aus dem Katalog. Alle Sichten, die direkt oder indirekt von dieser abhängen, werden ebenfalls gelöscht.

Alle Berechtigungen für die Sicht werden gelöscht.

Berechtigungen Um eine Sicht zu löschen, müssen Sie zumindest über eine der folgenden Berechtigungen verfügen:

- SYSADM oder DBADM

- CONTROL-Berechtigung für die Sicht

- Creator Status für die Sicht

5.14   GRANT CONTROL ON INDEX

Vergibt die CONTROL-Berechtigung zum Löschen eines Indexes.

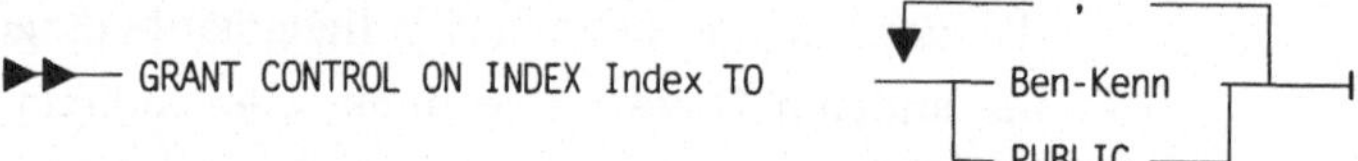

Sie können keine Berechtigungen für Sie selbst vergeben, d.h. für die Benutzer-Kennung, unter der Sie arbeiten.

Berechtigungen Um CONTROL ON INDEX zu vergeben, müssen Sie zumindest über eine der folgenden Berechtigungen verfügen:

- SYSADM oder DBADM

- CONTROL-Berechtigung für den Index.

Unterschiede zu DB2/MVS DB2/MVS besitzt eine andere Abstufung der Berechtigungen.
WITH GRANT OPTION ist in DB2/2 unbekannt.

5.15   GRANT ON DATABASE

Vergibt Berechtigungen für eine gesamte Datenbank.

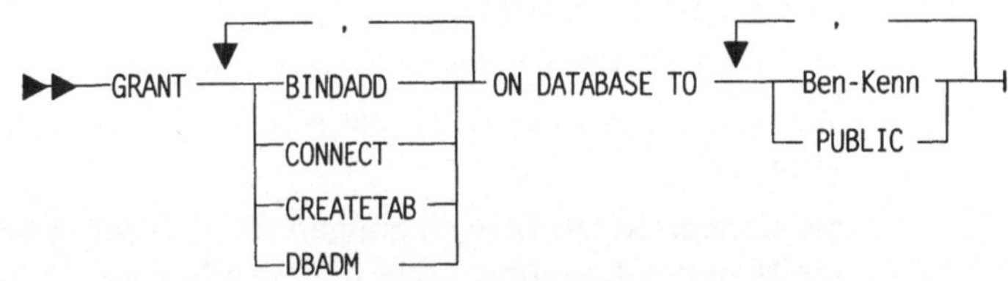

DBADM schließt CREATETAB, BINDADD, und CONNECT mit ein. DBADM kann nicht an PUBLIC, also jeden Benutzer, vergeben werden.

DB2/2 kennt keine expliziten Berechtigungen, um Sichten (views) definieren zu dürfen. Sie können Sichten definieren, wenn Sie CONTROL- oder SELECT-Berechtigung für jede in der Sicht referenzierte Tabelle besitzen.

Sie können keine Berechtigungen für sich selbst vergeben, d.h. für die Benutzer-Kennung, unter der Sie arbeiten.

Um DBADM zu vergeben, benötigen Sie SYSADM-Berechtigung. Um die anderen Berechtigungen zu vergeben, brauchen Sie DBADM.

Beispiel `GRANT CONNECT,CREATETAB ON DATABASE TO EGON,WALTER,HUGO`

Drei Benutzer erhalten die Rechte, auf eine Datenbank zuzugreifen und Tabellen anzulegen.

Unterschiede DB2/MVS besitzt eine andere Abstufung der Berechtigungen.
zu DB2/MVS WITH GRANT OPTION ist in DB2/2 unbekannt.

5.16   GRANT ON PACKAGE

Vergibt Berechtigungen für einen Zugriffsplan (Package) in einer Datenbank.

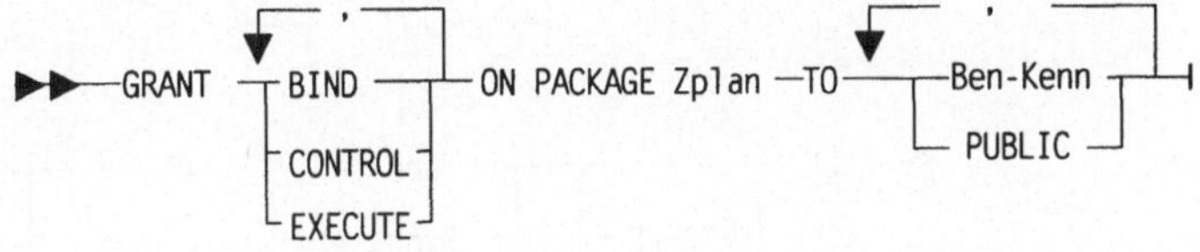

PROGRAM kann Synonym sein für PACKAGE.
RUN kann Synonym sein für EXECUTE.

Berechtigungen Um Package-Berechtigungen zu vergeben, müssen Sie zumindest über eine der folgenden Berechtigungen verfügen:

- SYSADM oder DBADM

- CONTROL-Berechtigung für den Zugriffsplan.

Zur Vergabe der CONTROL-Berechtigung müssen Sie SYSADM oder DBADM sein.

Sie können keine Berechtigungen für sich selbst vergeben, d.h. für die Benutzer-Kennung, unter der Sie arbeiten.

Neben der BIND-Berechtigung müssen Sie auch die benötigten Berechtigungen für alle Tabellen haben, die im Zugriffsplan angesprochen werden, weil DB2/2 diese Berechtigungen beim Bindelauf prüft.

Unterschiede zu DB2/MVS DB2/MVS kennt keine CONTROL-Berechtigung auf Zugriffspläne. WITH GRANT OPTION ist in DB2/2 unbekannt.

5.17   GRANT

Vergibt Tabellen- oder Sichten-Berechtigungen.

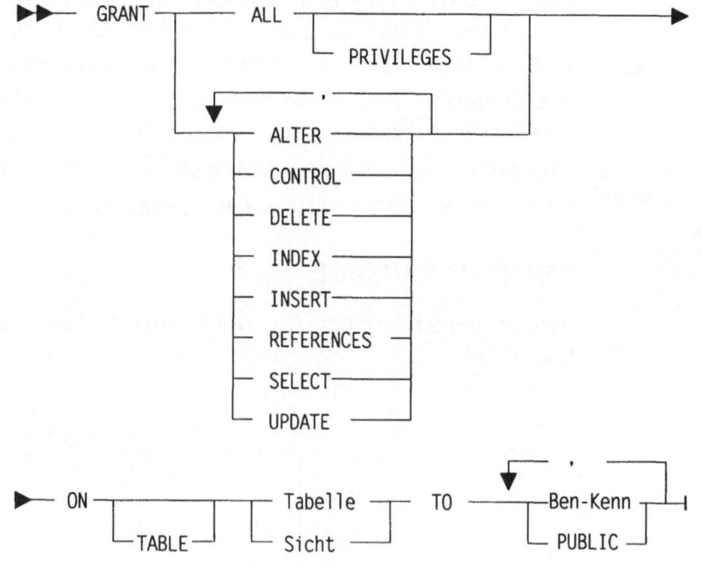

Berechtigungen Um diese Berechtigungen zu vergeben, müssen Sie zumindest über eine der folgenden Berechtigungen verfügen:

- SYSADM oder DBADM

- CONTROL-Berechtigung für die Tabelle oder Sicht.

Zur Vergabe der CONTROL-Berechtigung müssen Sie SYSADM oder DBADM sein.

Zur Vergabe der SELECT-Berechtigung für System-Tabellen müssen Sie SYSADM oder DBADM sein.

Die CONTROL-Berechtigung für Tabellen enthält die Berechtigungen für ALTER, DELETE, INDEX, INSERT, REFERENCES, SELECT und UPDATE ebenso wie die Möglichkeit, Statistiken (RUNSTATS) für Tabellen und Indizes zu erstellen.

Die CONTROL-Berechtigung für Sichten enthält Berechtigungen für DELETE, INSERT, SELECT und UPDATE. Es gibt keine ALTER-, INDEX- und REFERENCES-Berechtigungen bei Sichten. Der Ersteller einer Sicht besitzt automatisch die CONTROL-Berechtigung, wenn er die CONTROL-Berechtigung für die Basis-Tabellen besitzt.

Sie können keine Berechtigungen für sich selbst vergeben, d.h. für die Benutzer-Kennung, unter der Sie arbeiten.

Beispiel `GRANT DELETE,UPDATE ON TABLE PERSON TO EMMA,MARIA,FRIEDA`

Drei Benutzer erhalten Lösch- und Änderungs-Berechtigungen für Tabelle PERSON.

Unterschiede zu DB2/MVS WITH GRANT OPTION ist in DB2/2 unbekannt.

5.18   INSERT

Fügt Zeilen in eine Tabelle oder Sicht ein. Fügen Sie eine Zeile in eine Sicht ein, wird diese auch in die Tabelle eingefügt, die der Sicht zugrunde liegt.

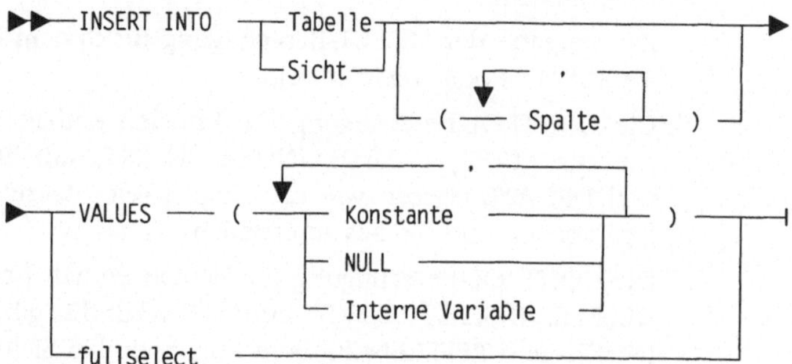

Geben Sie zur Tabelle oder Sicht keine Spaltenliste an, muß die Anzahl der eingegebenen Werte mit der Anzahl der definierten Spalten übereinstimmen. Der erste Wert wird dann der ersten Spalte der Tabellen-Definition zugeordnet, der zweite Werte der zweiten Spalte usw.

Geben Sie eine unvollständige Spaltenliste an, so erhalten die nicht aufgeführten Spalten einer neuen Zeile die Werte NULL oder DEFAULT – je nach Definition. Spalten mit NOT NULL-Definitionen müssen in der Liste enthalten sein und einen expliziten Wert erhalten. Gleiches gilt auch für INSERT-Befehle mit Sichten, die nicht alle Spalten der Basis-Tabelle enthalten.

Die eingegebenen Werte müssen mit den Datentyp-Definitionen der Spalten übereinstimmen und dürfen die definierte Größe nicht überschreiten. Die Zuweisungsregeln sind einzuhalten.

Besitzt die Tabelle einen Primärschlüssel und/oder als eindeutig (UNIQUE) definierte Indizes, dürfen die einzufügenden Zeilen diese Eindeutigkeitsbedingungen nicht verletzen, da sie sonst zurückgewiesen werden.

Auch die referentielle Integrität darf nicht verletzt werden: Fremdschlüssel ungleich NULL in neuen Zeilen müssen auf einen existierenden Primärschlüssel verweisen.

Enthält die Tabelle einen Fremdschlüssel-Verweis auf sich selbst, darf ein INSERT mit einem fullselect nur eine Zeile einfügen, es sei denn, der Fremdschlüssel ist in der Spaltenaufzählung nicht enthalten und wird somit auf NULL gesetzt.

Der INSERT-Befehl verhängt exklusive Sperren. Solange die Sperren nicht aufgehoben werden, kann auf die neuen Zeilen nicht zugegriffen werden.

Berechtigungen Um Zeilen in eine Tabelle einzufügen, müssen Sie zumindest über eine der folgenden Berechtigungen verfügen:

- SYSADM oder DBADM

- CONTROL-Berechtigung für die Tabelle

- INSERT-Berechtigung für die Tabelle.

Zusätzlich müssen Sie für jede Tabelle, die in der SELECT-Angabe aufgeführt wird, zumindest eine der folgenden Berechtigungen besitzen:

- SYSADM oder DBADM

- CONTROL-Berechtigung

- SELECT-Berechtigung.

Beispiele
```
INSERT INTO PERSON VALUES ('00205','ANNA','BONN',
    'D11','2866','08.10.1981',42,16,'W','22.05.1956',36345)
```

Es wird eine neue Zeile in die Tabelle PERSON eingefügt, wobei alle Spalten mit Werten versorgt werden.

```
INSERT INTO PERSON (ABTNR,ABTLEIT) VALUES ('0016','2866')
```

Es wird eine neue Zeile in die Tabelle PERSON eingefügt, wobei nur die Spalten ABTNR und ABTLEIT mit Werten versorgt werden. Alle anderen Spalten werden auf NULL oder DEFAULT gesetzt.

```
INSERT INTO MEIN.TEMPPERS SELECT * FROM PERSON
    WHERE ARBABT='D11'
```

Es wird eine „temporäre" Tabelle mit allen Spalten der Zeilen der Tabelle PERSON gefüllt, in denen ARBABT gleich D11 ist.

Die Tabelle muß zuvor mit CREATE angelegt worden sein; es ist außerdem nicht möglich, Tabellen als temporär zu definieren und von DB2/2 so verwalten zu lassen!

5.19   LOCK TABLE

Sperrt eine Tabelle gegen Zugriffe anderer Benutzer.

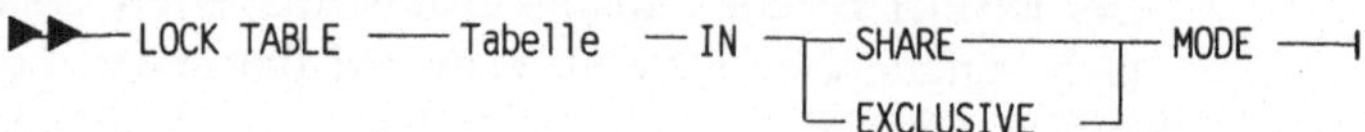

Die Sperre wird verhängt, wenn der Befehl ausgeführt wird. Sie wird wieder aufgehoben beim nächsten COMMIT- oder ROLLBACK-Befehl.

Wenn Sie mit der DBM-Kommandozeile arbeiten, müssen Sie zuvor die Auto-Commit-Option ausschalten.

IN SHARE MODE

Andere Benutzer dürfen lesend auf die Tabelle zugreifen. Änderungen sind für sie gesperrt.

IN EXCLUSIVE MODE

Die Tabelle ist für alle Benutzer gesperrt, die nicht mit dem Isolation Level *uncomitted read* arbeiten; diese dürfen nur lesend auf die Tabelle zugreifen.

Berechtigungen Wenn Sie mit der DBM-Kommandozeile arbeiten, müssen Sie zumindest über eine der folgenden Berechtigungen verfügen:

- SYSADM oder DBADM

- CONTROL-Berechtigung für die Tabelle

- SELECT-Berechtigung für die Tabelle.

Unterschiede zu DB2/MVS Isolation Level *uncomitted read* ist in DB2/MVS nicht implementiert.

RELEASE(DEALLOCATE) im Binde-Lauf ermöglicht es, die Sperre über Transaktionsgrenzen hinaus bis zum Prozeßende aufrecht zu erhalten.

5.20   REVOKE CONTROL ON INDEX

Entzieht (löscht) die CONTROL-Berechtigung, einen Index eines anderen Benutzers zu löschen.

Wenn Sie die CONTROL-Berechtigung eines Benutzers entziehen, bleiben andere Berechtigungen des Benutzers für diesen Index erhalten.

Sie können keine Berechtigungen für Ihre eigene Benutzer-Kennung, unter der Sie gerade arbeiten, entziehen.

Berechtigungen Um CONTROL ON INDEX zu entziehen, müssen Sie zumindest über eine der folgenden Berechtigungen verfügen:

- SYSADM oder DBADM

- CONTROL-Berechtigung für den Index.

Unterschiede zu DB2/MVS DB2/MVS besitzt eine andere Abstufung der Berechtigungen. BY-Option ist in DB2/2 unbekannt.

5.21 REVOKE ON DATABASE

Entzieht Berechtigungen anderer Benutzer für die gesamte Datenbank.

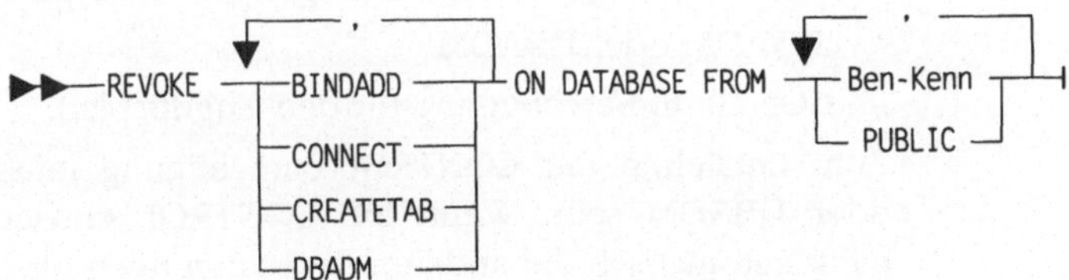

Berechtigungen Um DBADM zu entziehen, müssen Sie über die SYSADM-Berechtigung verfügen. Um andere Rechte zu widerrufen, müssen Sie SYSADM- oder DBADM-Berechtigung besitzen.

Wenn Sie DBADM entziehen, löschen Sie nicht andere Berechtigungen des Benutzers automatisch mit. Sie können DBADM nicht von PUBLIC entziehen (siehe auch 5.15, *GRANT ON DATABASE*).

Wenn Sie CONNECT entziehen, löschen Sie nicht die anderen Berechtigungen des Benutzers.

Sie können keine Berechtigungen für Ihre eigene Benutzer-Kennung entziehen, unter der Sie gerade arbeiten.

Beispiel `REVOKE CREATETAB ON DATABASE FROM EMMA,EGON,HUGO`

Drei Benutzern wird die Berechtigung zur Erstellung von Tabellen entzogen.

Unterschiede zu DB2/MVS DB2/MVS besitzt eine andere Abstufung der Berechtigungen.

BY-Option ist in DB2/2 unbekannt.

5.22   REVOKE ON PACKAGE

Entzieht Berechtigungen für einen Zugriffsplan (package).

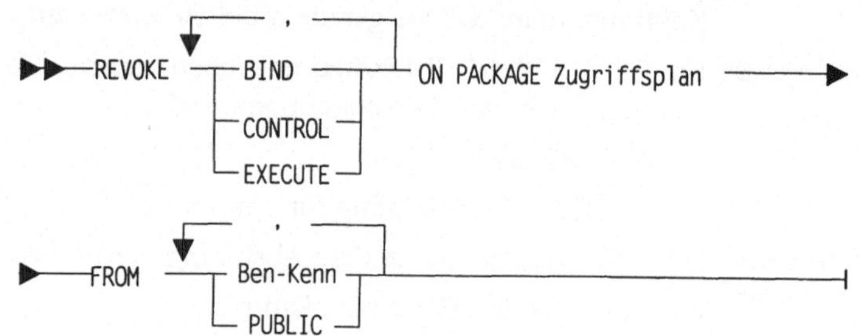

PROGRAM kann Synonym sein für PACKAGE.
RUN kann Synonym sein für EXECUTE.

Berechtigungen Zum Entziehen von Package-Berechtigungen müssen Sie zumindest über eine der folgenden Berechtigungen verfügen:

– SYSADM oder DBADM

– CONTROL-Berechtigung für den Zugriffsplan.

Zum Entziehen der CONTROL-Berechtigung müssen Sie SYSADM oder DBADM sein. Wenn Sie CONTROL entziehen, löschen Sie nicht automatisch die anderen Berechtigungen für den Zugriffsplan.

Sie können keine Berechtigungen für Ihre eigene Benutzer-Kennung, unter der Sie gerade arbeiten, entziehen.

Unterschiede zu DB2/MVS DB2/MVS kennt keine CONTROL-Berechtigung auf Zugriffspläne.

BY-Option ist in DB2/2 unbekannt.

5.23 REVOKE

Entzieht Berechtigungen für Tabellen oder Sichten.

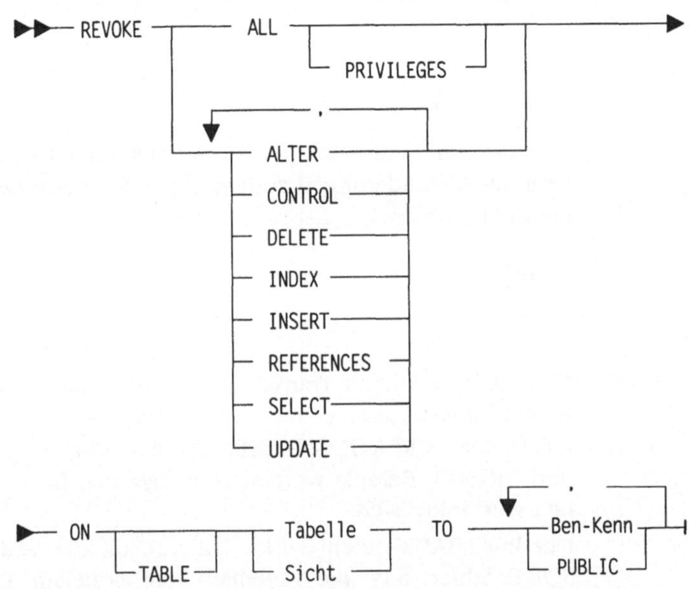

Entziehen Sie die CONTROL-Berechtigung eines Benutzers, bleiben seine anderen Berechtigungen erhalten.

Entziehen Sie Berechtigungen eines Benutzers, der eine Sicht erstellt hat, werden auch die Berechtigungen für die abhängigen Sichten widerrufen. Falls der Ersteller dann keine Berechtigungen für die Sicht hat, löscht DB2/2 die Sicht.

Sie können keine Berechtigungen für Ihre eigene Benutzer-Kennung, unter der Sie gerade arbeiten, entziehen.

Berechtigungen Um Berechtigungen zu entziehen, müssen Sie zumindest über eine der folgenden Berechtigungen verfügen:

- SYSADM oder DBADM

- CONTROL-Berechtigung für die Tabelle oder Sicht.

Zum Entziehen von CONTROL brauchen Sie SYSADM oder DBADM.

Zum Entziehen von SELECT-Berechtigungen für System-Tabellen müssen Sie SYSADM- oder DBADM-Berechtigung haben.

Beispiel `REVOKE DELETE,UPDATE ON TABLE ABT FROM MARIA,WALTER,FRIEDA`

Drei Benutzern wird die Berechtigung zum Löschen oder Ändern in der Tabelle ABT entzogen.

Unterschiede zu DB2/MVS BY-Option ist in DB2/2 unbekannt.

5.24   ROLLBACK

Beendet eine Transaktion bzw. Arbeits-Einheit (unit of work) und setzt alle Veränderungen zurück, die seit Beginn der Arbeits-Einheit gemacht wurden.

Eine Arbeits-Einheit/Transaktion wird durch einen ROLLBACK-Befehl abgeschlossen. Alle Veränderungen durch ALTER, COMMENT ON, CREATE, DELETE, DROP, GRANT, INSERT, REVOKE und UPDATE-Befehle werden zurückgesetzt. Eine neue Arbeits-Einheit wird initialisiert.

Der ROLLBACK-Befehl wirkt sich nur auf die Veränderungen von SQL-Befehlen aus, die innerhalb der aktuellen Transaktion bzw. Arbeits-Einheit durchgeführt wurden. Veränderungen abgeschlossener Transaktionen (siehe auch 5.4, *COMMIT*) können nicht mehr durch ROLLBACK zurückgesetzt werden.

Zum Abschluß des ROLLBACK gibt DB2/2 alle Sperren frei, die von der Arbeits-Einheit gehalten wurden.

Alle geöffneten CURSOR werden geschlossen.

Unterschiede zu DB2/MVS Zwischen DB2/2 und CICS OS/2 gibt es zur Zeit keine Synchronisation wie auf dem Mainframe.

5.25   SELECT

Sucht Informationen in der Datenbank und gibt sie aus.

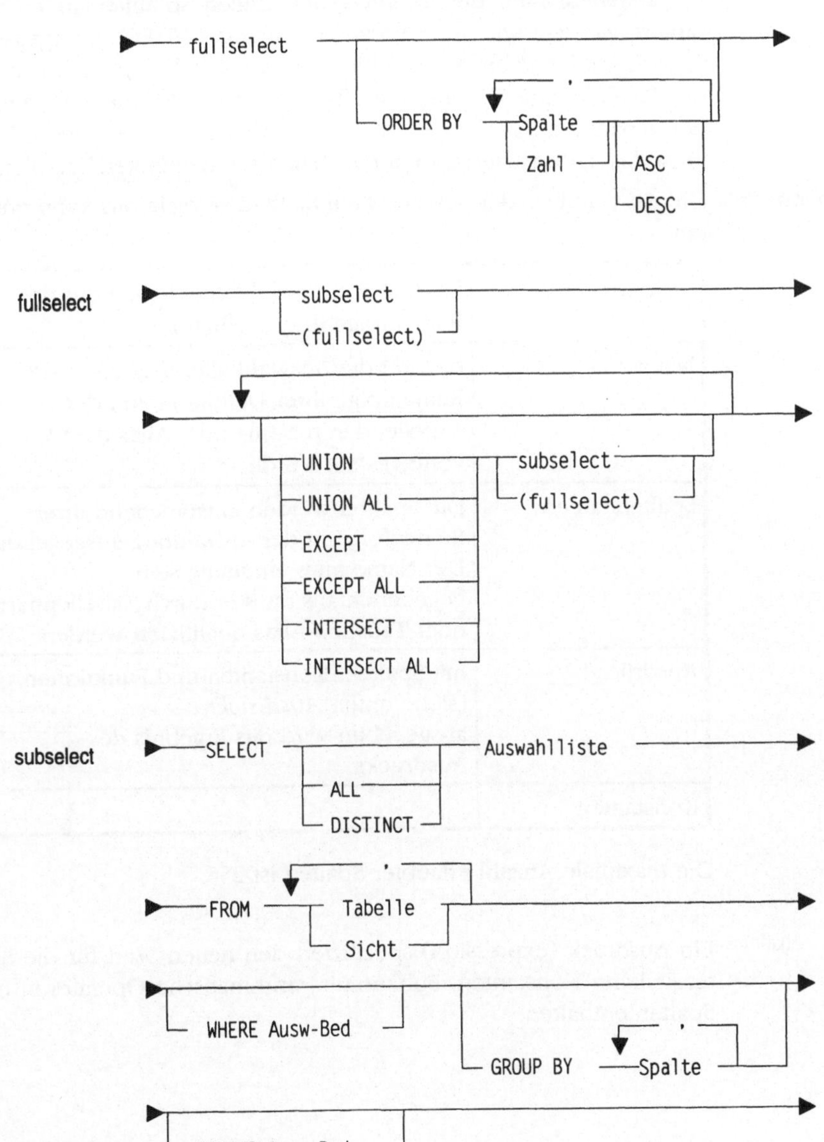

Ein SELECT kann maximal 15 Tabellen oder Sichten enthalten.

Wird mehr als eine Tabelle oder Sicht unter FROM angegeben (Join-Operation), erstellt der SELECT-Befehl eine Tabelle, in der die ausgewählten Spalten der ausgewählten Zeilen so miteinander kombiniert werden wie in Auswahlbedingung (WHERE) vorgegeben. Wird keine Vorgabe zur Kombination der Tabellen gemacht, erstellt der SELECT eine Tabelle, die alle möglichen Zeilenkombinationen der genannten Tabellen enthält. Die Anzahl der Zeilen dieser Tabelle ist das kartesische Produkt der Zeilen der benannten Tabellen.

Auswahlliste Die Auswahlliste der gewünschten Spalten (Projektion) kann enthalten:

* (Stern)	bewirkt die Auswahl aller Spalten in der Reihenfolge ihrer Definition
Name.*	bewirkt die Auswahl aller Spalten in der Reihenfolge ihrer Definition von der Tabelle, deren Name oder Alias dem * vorangestellt wurde.
Spaltennamen	Die Spalten werden entsprechend ihrer Reihenfolge in der Aufzählung ausgegeben. Der Name muß eindeutig sein, gegebenenfalls muß er durch Tabellenname oder Tabellen-Alias qualifiziert werden.
Ausdrücke	mit Spalten, Konstanten und Funktionen (siehe unten *Ausdruck*), ausgegeben wird das Ergebnis des Ausdrucks.
Konstanten	

Die maximale Anzahl erlaubter Spalten ist 255.

Ausdruck Ein Ausdruck (expression) spezifiziert den neuen Wert für die Spalte. Er kann Konstanten, Funktionen, arithmetische Operatoren oder Spalten enthalten.

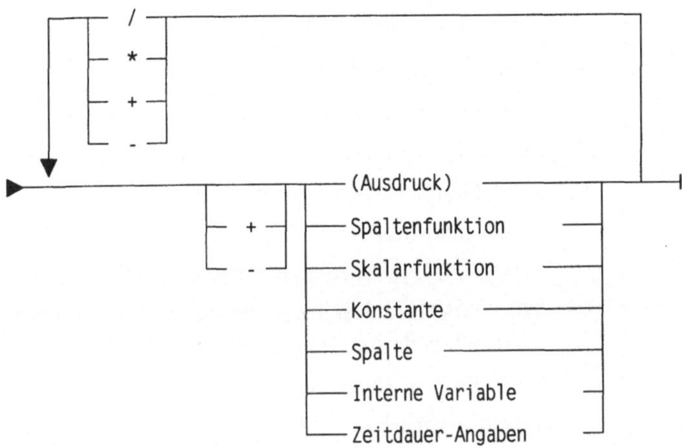

Arithmetische Operatoren dürfen nicht mit Zeichenketten oder Grafik-Datentypen benutzt werden.

Für arithmetische Operationen gilt:

-   Ist einer der Operanden NULL, ist der Ausdruck auch NULL.

-   Der Präfix-Operator + (unary plus) ändert seinen Operanden nicht, während hingegen der Präfix-Operator - (unary minus) das Vorzeichen eines Operanden ungleich 0 ändert und aus einem Datentyp *small integer* einen Datentyp *large integer* macht.

-   Addition +, Subtraktion -, Multiplikation *, Division /

-   Mit den Datentypen DATE, TIME und TIMESTAMP dürfen Sie subtrahieren, inkrementieren oder dekrementieren.

Zulässige Funktionen sind:

CHAR(ausdruck,datumzeitformat)

DATE(ausdruck)

DAY(ausdruck)

DAYS(ausdruck)

DECIMAL(ausdruck,genauigkeit,nachkommastellen)

FLOAT(ausdruck)

HOUR(ausdruck)

INTEGER(ausdruck)

LENGTH(ausdruck)

MICROSECOND(ausdruck)

MINUTE(ausdruck)

MONTH(ausdruck)

SECOND(ausdruck)

SUBSTR(zeichenkette,beginn,länge)

TIME(ausdruck)

TIMESTAMP(ausdruck,ausdruck)

TRANSLATE (zeichenkettenausdruck, zielzeichenkette,
   quellzeichenkette, ersetzungszeichen)

VARGRAPHIC(ausdruck)

YEAR(ausdruck)

Interne Variablen Interne Variable (special-register) werden von DB2/2 mit Werten versorgt:

- USER enthält die achtstellige Benutzer-Kennung, die zur Laufzeit gerade aktuell ist.

- CURRENT DATE enthält das aktuelle Datum im lokalen Format laut Maschinenuhr.

- CURRENT SERVER enthält die aktuelle Identifikation des Server im Format VARCHAR(18). Es wird immer der Name und nicht ein Alias benutzt.

- CURRENT TIME enthält die aktuelle Uhrzeit im lokalen Format laut Maschinenuhr.

- CURRENT TIMESTAMP enthält das aktuelle Datum und die Uhrzeit im Format JJJJ-MM-TT-hh.MM.SS.NNNNN laut Maschinenuhr.

Enthält ein Befehl mehrere aktuelle Zeitangaben, so wird die Maschinenzeit nur einmal gelesen.

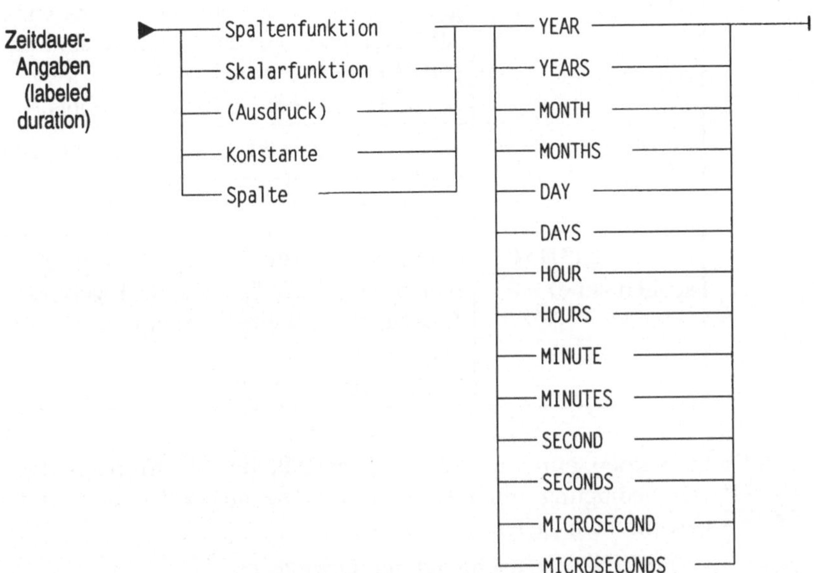

Funktionen Eine Funktion gibt einen Wert als Ergebnis einer Operation auf Werten einer oder mehrerer Spalten zurück. Allgemeine Formen:

- OPERATION(ALL ausdruck...)

  Die Operation wird mit allen, auch doppelten Werten ausgeführt. Der Ausdruck muß mindestens eine Spalte enthalten.

- OPERATION(DISTINCT spaltenname)

  DISTINCT gibt an, doppelte Werte bei der Durchführung der Operation zu eliminieren.

Folgende Funktionen sind möglich:

AVG	gibt den Durchschnitt einer Zahlenmenge wieder. Ist die Menge leer, so ist das Ergebnis NULL.
SUM	ermittelt die Summe einer Zahlenmenge. Ist die Menge leer, so ist das Ergebnis NULL.
MAX	gibt den maximalen Wert einer Menge wieder. Als Datentypen für das Argument sind nur LONG-Datentypen verboten. Ist die Menge leer, so ist das Ergebnis NULL.

MIN	gibt den kleinsten Wert einer Menge wieder. Als Datentypen für das Argument sind nur LONG-Datentypen verboten. Ist die Menge leer, so ist das Ergebnis NULL.
COUNT(*)	ermittelt die Anzahl Elemente einer Menge (Zeilen einer Ergebnis-Tabelle). Das Ergebnis ist >= 0.
COUNT(DISTINCT spaltenname)	ermittelt die unterschiedlicher Werte in einer Wertemenge, z.B. Spalte einer Ergebnis-Tabelle. NULL-Werte werden nicht mitgezählt. Das Ergebnis ist >= 0.

WHERE
Auswahl-
bedingung
Es werden nur die Zeilen ausgewählt, die die Kriterien der Auswahlbedingung erfüllen (Selektion). Die Auswahlbedingung für die gewünschten Zeilen kann enthalten:

– Einfache Vergleiche mit den Operatoren

  o >, >=, <, <=, ><, <>

  o Bereichsoperator BETWEEN (z.B. NUMBER BETWEEN 5 AND 10 entspricht 5, 6, 7, 8, 9, and 10).

  o Mengenoperator IN (z.B. NAMES IN ('JONES', 'SMITH', 'WILSON') wählt nur Zeilen mit den Name Jones, Smith oder Wilson aus)

  o NULL-Wert-Vergleich IS [NOT] NULL.

  o Zeichenkettenoperator LIKE (z.B. NAME LIKE 'N%' wählt nur Zeilen aus, in denen der Name mit N beginnt)

– Unterabfragen (subquery)

Unterabfragen können die Tabellen der FROM-Klausel oder andere auswerten und dabei auch mit einem übergeordneten SELECT korreliert werden (correlated subquery). Korrelierte Unterabfragen werden von DB2/2 – wie von allen IBM-RDBMS – in prozeduraler Weise ausgewertet: für jede Zeile der Tabellen des korrelierten SELECT wird die Unterabfrage neu ausgewertet. Unterabfragen können ineinander verschachtelt werden.

Werden Unterabfragen mit einem einfachen Vergleichsoperator verbunden, so darf ihr Ergebnis nur aus einem Wert (eine Spalte, eine Zeile) bestehen.

– Logischer Mengenoperator EXISTS (subselect)

Ist die Ergebnismenge des subselect nicht leer, ist EXISTS gleich wahr (true) und die Bedingung erfüllt, ist die Ergebnismenge leer, so ist EXISTS nicht wahr (false) und die Bedingung nicht erfüllt (Umkehrung durch NOT EXISTS).

Mehrere logische Auswahlbedingungen können durch die logischen Operatoren AND, OR oder NOT miteinander verknüpft werden, z.B. NUMMER = 5 AND ALTER = 7. Bedingungen in Klammern werden von DB2/2 zuerst ausgewertet, dann NOT-, AND- und schließlich OR-Klauseln.

Die WHERE-Bedingung darf keine Funktion enthalten – es sei denn, diese befindet sich in einer Unterabfrage (subquery).

GROUP BY Spalte — GROUP BY verdichtet die Ergebnisse des SELECT-Befehls. Die Spalten, die in dieser Klausel angegeben sind, werden auf Zeilen mit gleichen Werten geprüft und bei Gleichheit zu einer Zeile zusammengefaßt. Die Spalten in der GROUP BY-Angabe müssen auch in der *Auswahlliste* enthalten sein.

HAVING Auswahlbedingung — HAVING erlaubt eine nochmalige Zeilenauswahl nach Verdichtung der Tabelle gemäß der GROUP BY-Angabe. Fehlt die GROUP BY-Angabe, werden alle Zeilen der Tabelle als eine Gruppe angesehen.

Mengenoperatoren — Mengenoperatoren zur Kombination von SELECT-Ergebnissen:

– UNION zur Vereinigung zweier Mengen

– EXCEPT zur Bildung einer Differenzmenge M = M1 - M2

– INTERSECT zur Bildung der Schnittmenge (alle Zeilen, die in beiden Tabellen enthalten sind).

Wird bei diesen Operatoren nicht das Schlüsselwort ALL angegeben, entfernt DB2/2 alle doppelten Zeilen.

ORDER BY — ORDER BY sortiert die Ergebnis-Tabelle aufsteigend (ASC) oder absteigend (DESC) nach den angegebenen Spalten. Die Sortierkriterien müssen in der *Auswahlliste* (siehe Seite 128) enthalten sein. Sie können statt des Spaltennamens auch die relative Position der Spalten in der Liste angeben (nützlich bei arithmetischen Ausdrücken ohne Namen).

Berechtigungen Um ein SELECT absetzen zu können, müssen Sie zumindest eine der folgenden Berechtigung für jede darin aufgeführte Tabelle oder Sicht haben:

- SYSADM oder DBADM

- CONTROL-Berechtigung

- SELECT-Berechtigung.

Unterschiede zu DB2/MVS In DB2/MVS fehlen die Mengenoperatoren EXCEPT und INTERSECT sowie die Funktion TRANSLATE.

Unbekannt sind in DB2/2 die Funktionen DIGITS, HEX und VALUE sowie die internen Variablen (special register) CURRENT SOLID, CURRENT TIMEZONE und CURRENT PACKAGESET.

Beispiele
```
SELECT * FROM PERSON
```

Es werden alle Spalten und alle Zeilen der Tabelle PERSON angezeigt.

```
DBM SELECT * FROM PROJEKT \
    WHERE PERSNR IN (SELECT PERSNR FROM PERSON WHERE ARBABT ='E11')
```

Auswahlbedingung mit *subselect*: Es werden für alle Mitarbeiter in Abteilung (ARBABT) E11 alle Spalten der zugehörigen Zeilen in Tabelle PROJEKT angezeigt.

```
DBM SELECT ARBABT, MAX(GEHALT) FROM PERSON GROUP BY ARBABT \
    HAVING MAX(GEHALT) ^< (SELECT AVG(GEHALT) FROM PERSON)
```

Es werden Abteilungsnummer und das maximale Gehalt in einer Abteilung angezeigt, wenn das maximale Gehalt der Abteilung kleiner als das Durchschnittsgehalt aller Angestellten ist.

In der DBM-Kommandozeile wird der Operator < als OS/2-Befehl zur Umlenkung der Eingabe interpretiert. Zur Unterscheidung, daß es sich um einen DB2/2-Operator handelt, muß dem < ein ∧ (caret) vorangestellt werden. Dieses Symbol ist aber im Query Manager nicht erlaubt.

```
SELECT PERSNR FROM PERSON WHERE ARBABT LIKE 'D%'
UNION
SELECT PERSNR FROM PROJEKT WHERE PROJNR LIKE 'AD%'
```

Bildung einer Vereinigungsmenge (UNION): Es werden alle Mitarbeiternummern für Mitarbeiter angezeigt, deren Abteilung mit D im Namen beginnt oder die in einer Projektaktivität mit AD am Anfang der Projektnummer verplant sind.

```
SELECT * FROM T1
EXCEPT ALL
(SELECT * FROM T2)
```

Bildung einer Differenzmenge: Es werden alle Spalten der Zeilen ausgegeben, die in T1 aber nicht in T2 enthalten sind.

5.26 UPDATE

Ändert Werte in einer Tabelle.

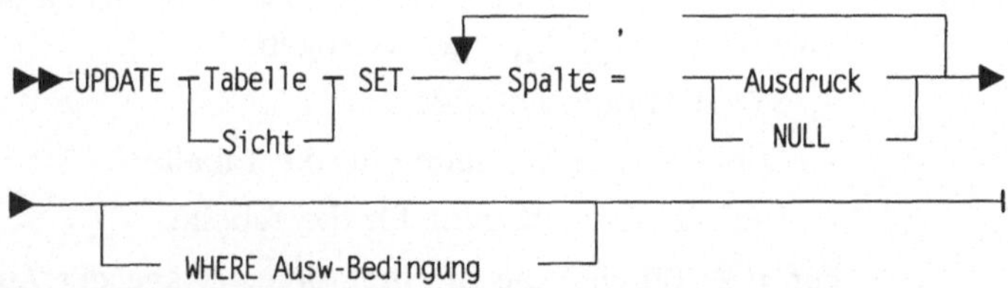

Die Integritätsregeln werden beim Ändern von Spalten eines Primär- oder Fremdschlüssels überprüft. Bei Verletzung der Integrität wird die Änderung abgewiesen.

Wird der Primärschlüssel auch nur in einem Teil geändert, darf jeweils nur eine Zeile verändert werden (unabhängig davon, ob Fremdschlüssel-Beziehungen dafür überhaupt definiert sind).

Die Ausdrücke (siehe auch 5.25 SELECT, *Ausdruck* auf Seite 130) in der Zuweisung neuer Werte können enthalten

- Konstanten,

- arithmetische Operatoren,

- Skalarfunktionen[4] oder

- interne Variable (special register).

Die Zuordnung neuer Werte muß in Übereinstimmung mit den allgemeinen Zuweisungsregeln erfolgen. Außerdem ist zu beachten:

- Wird ein NULL-Wert zugewiesen, muß die Spalten-Definition dies erlauben.

---

[4] keine Spaltenfunktionen

- Datums- und/oder Zeitangaben werden bei Datentypen DATE, TIME, TIMESTAMP auf Gültigkeit geprüft.

- Die Änderungen müssen grundsätzlich den Beschränkungen gehorchen, die für die Tabelle definiert wurden oder durch eindeutige Indizes erzwungen werden.

- Erscheint derselbe Spaltenname, der links der Zuweisung (=) steht, auch rechts davon im Ausdruck (expression), so wird zur Berechnung des Ausdrucks natürlich der Wert der Spalte vor Veränderung benutzt.

- Werte von Primärschlüsseln dürfen nicht verändert werden, wenn zu diesen auch Fremdschlüssel existieren.

Berechtigungen Um in einer Tabelle zu ändern, müssen Sie zumindest über eine der folgenden Berechtigungen verfügen:

- SYSADM oder DBADM

- CONTROL-Berechtigung für die Tabelle

- UPDATE-Berechtigung für die Tabelle.

Für jede Tabelle, die in einer Unterabfrage der Auswahlbedingung angegeben ist, müssen Sie zumindest eine der folgenden Berechtigung haben:

- SYSADM oder DBADM

- CONTROL-Berechtigung

- SELECT-Berechtigung.

5.27 Allgemeine Zuweisungsregeln

- Zeichenketten sind zu anderen Zeichenketten kompatibel.
- Grafik-Zeichenketten sind zu anderen Grafik-Zeichenketten kompatibel.
- Alle Zahlen sind kompatibel zu Zahlen. Sie können Zahlen nicht mit Zeichenketten vergleichen. Zahlen können Zeichenketten nicht zugewiesen werden und umgekehrt Zeichenketten nicht numerischen Datentypen.
- Sie können einer Spalte oder Variablen keine Zeichenketten zuordnen, die länger als sie selbst sind.
- Datum/Zeit-Werte sind kompatibel zu Zeichenketten. Zeichenketten können auch Datum/Zeit-Spalten zugewiesen werden,

wenn ihr Format von den DB2/2-Datentypen DATE, TIME oder TIMESTAMP unterstützt wird.

- Sie können NULL nicht einer Spalte zuweisen, deren Definition dies nicht erlaubt.

- Wenn Sie die Datentypen DECIMAL oder INTEGER in FLOAT konvertieren, kann das Ergebnis vom ursprünglichen Wert abweichen.

- Beim Konvertieren von FLOAT nach INTEGER geht der Bruch-Teil der Zahl verloren.

- Beim Konvertieren von DECIMAL nach DECIMAL wird die Zahl auf die Präzision und Skalierung der Zielgröße ausgerichtet. Die notwendige Anzahl führender Nullen wird vorangestellt oder entfernt. In den Dezimalstellen werden folgende Nullen ange-hängt oder gelöscht. Überzählige Dezimalstellen werden abge-schnitten.

- Bei der Konvertierung von INTEGER-Konstanten in DECIMAL-Konstanten wird die Zahl zunächst in ein temporäres Format und dann, falls nötig, in das endgültige Format umgesetzt. Das temporäre Format ist 5,0 für SMALLINT und 11,0 für INTEGER.

- Bei der Konvertierung von FLOAT-Konstanten in DECIMAL-Kon-stanten wird die Zahl zunächst in eine 31-stellige Dezimalzahl gewandelt und gerundet und dann, falls nötig, auf die Zielgröße abgeschnitten.

DB2/2 unterstützt den Zugang zu seinen Datenbanken aus Programmen heraus in vielfältiger Weise. Für die zu kompilierenden Programmiersprachen C, COBOL und FORTRAN stellt IBM SQL-Schnittstellen und einen Precompiler zur Verfügung. Da die SQL-Befehle quasi in die Befehle der Programmiersprache eingebettet werden, spricht man auch von ESQL (Embedded SQL). Im Normalfall sind die ESQL-Befehle statisch, d.h. sie sind fest codiert und können vor ihrer Ausführung genauso übersetzt werden wie die Befehle der Wirtssprache. Sie können die SQL-Befehle aber auch erst während der Ausführung Ihres Programms zusammensetzen und an DB2/2 übergeben. Dann werden diese Befehle erst während der Programmausführung übersetzt. Man spricht in diesem Fall von dynamischem SQL.

Der Vorteil der statischen ESQL-Befehle liegt darin, daß die Umsetzung der Befehle in eine ausführbare Form vor der Programmausführung liegt und somit die Ausführungszeit nicht belastet. Außerdem ist die Programmierung wohl etwas einfacher als mit dynamischem SQL. Dynamisches SQL hat dagegen den Vorteil, daß der Optimizer immer den aktuell besten Zugriffspfad sucht, während die einmal vor längerer Zeit übersetzten statischen ESQL-Befehle nach vielleicht schon überholten Entscheidungen des Optimizer ausgeführt werden.

Für die interpretierte Sprache REXX stellt IBM eine Call-Schnittstelle oder API (Application Programming Interface) zur Verfügung. Damit wird nur dynamisches SQL unterstützt.

Für andere zu kompilierende Sprachen ist es notwendig, einen eigenen Precompiler zu erstellen. Dazu stellt Ihnen IBM Funktionen für Übersetzung und Ausführung zur Verfügung.

Für andere interpretierte Sprachen ist ein Schnittstellen-Programm zu erstellen. Interessierte wenden sich vertrauensvoll an das IBM-Labor in Kanada.

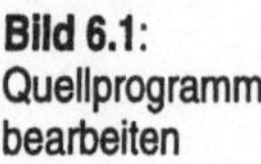

Bild 6.1:
Quellprogramm
bearbeiten

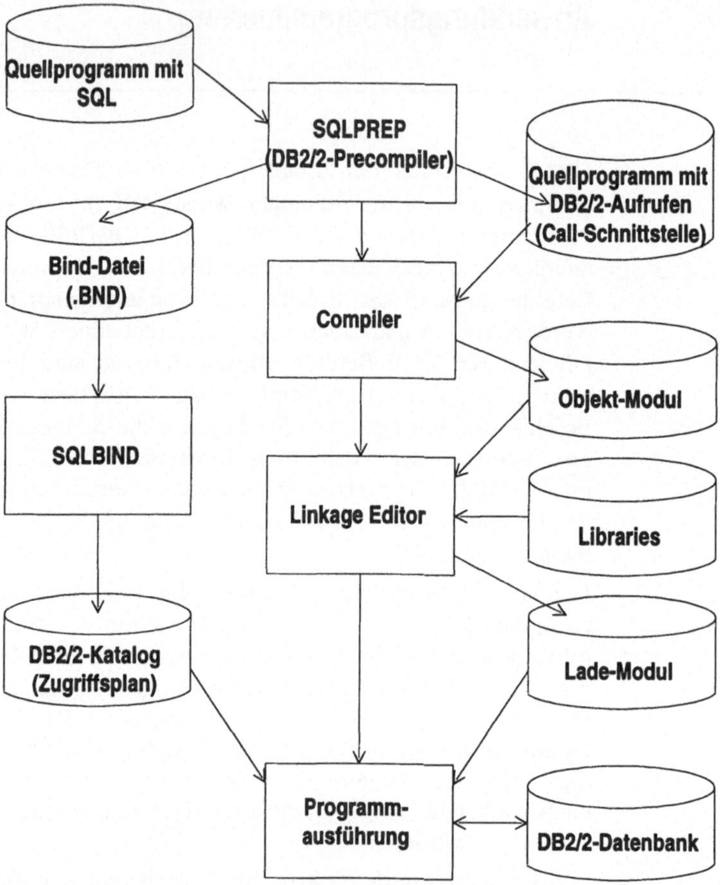

Für zu kompilierende Programmiersprachen besitzt DB2/2 einen
Precompiler SQLPREP, der die SQL-Befehle im Quellprogramm in
DB2/2-Aufrufe umsetzt und zugleich in eine Binde-Datei (.BND)[1]
übernimmt. SQLPREP erzeugt also Ausgabedateien:

- das vorübersetzte Quellprogramm mit DB2/2-Aufrufen und

- die Binde-Datei.

Das vorübersetzte Quellprogramm wird anschließend wie gewohnt
mit dem Compiler und dem Linker (linkage editor) in ein ausführbares Lade-Modul oder Programm umgewandelt.

---

[1]   Unter DB2/MVS wird diese Datei DBRM genannt.

Die Binde-Datei wird standardmäßig bereits vom Precompiler mit BIND an die Datenbank gebunden, d.h. der DB2/2-Optimizer ermittelt zu den SQL-Befehlen die optimalen Zugriffspfade und speichert diese als Zugriffsplan (package) im Datenbank-Katalog ab (Katalog-Tabellen SYSIBM.SYSPLAN und SYSIBM.SYSSECTION). Sie können SQLPREP durch Aufruf-Parameter das Binden untersagen und den Zugriffsplan mit Hilfe des Dienstprogramms SQLBIND getrennt erstellen.

Zusätzlich zu der SQL-Unterstützung bietet Ihnen DB2/2 auch die Möglichkeit, DB2/2-Kommandos über Call-Schnittstellen abzusetzen. Für C, COBOL und FORTRAN müssen Sie dazu jeweils dedizierte Schnittstellen-Programme aufrufen. In REXX übergeben Sie das Kommando als Zeichenkette über eine einheitliche Schnittstelle.

Außerdem ist es noch möglich, Funktionen des Query Manager aus Programmen in den unterstützten Sprachen C, COBOL und FORTRAN sowie REXX heraus über Call-Schnittstellen aufzurufen und so DB2/2-Daten zu bearbeiten.

Uns interessiert hier nur die schlichte Anwendungsprogrammierung. Auch wenn C auf kleineren Systemen die beliebtere Sprache ist, so werden wir Beispiele zu Embedded SQL in COBOL vorstellen, weil wir Ihnen zeigen wollen, daß eine Migration bestehender DB2-Anwendungen vom Mainframe in ein OS/2-Netz nicht so schwierig ist. Und auf dem Mainframe ist COBOL immer noch die meist benutzte Programmiersprache.

Beispiele für dynamisches SQL werden wir Ihnen mit REXX vorstellen.

Am Schluß dieses Kapitels bieten wir Ihnen noch eine Zusammenstellung der ESQL-Befehle, der Dienstprogramme und Kommandos, die die Anwendungsprogrammierung unterstützen.

6.1 Anwendungsprogrammierung in COBOL

Programmiersprachen der sogenannten dritten Generation sind in der Dateiverarbeitung grundsätzlich einzelsatzorientiert. D.h. sie können jeden Satz einer Datei nur einzeln lesen, schreiben, verändern oder löschen. SQL dagegen ist überwiegend mengenorientiert. Die Selektion, Änderung oder Löschung *einer* Zeile ist als Sonderfall einer Operation mit einer Menge anzusehen, die aus genau einem Tupel besteht, und nur über die WHERE-Bedingung zu erzwingen.

Wegen der Beschränkungen der klassischen Programmiersprachen können in Programmen mit Embedded SQL nur einzelne Zeilen bearbeitet werden[2]. So beschränkt sich ein SELECT-Befehl, den Sie direkt in einem Programm codieren, auf das Lesen genau einer Zeile. Ist die Ergebnis-Tabelle größer, erhalten Sie einen Fehlercode.

Für die satzweise Bearbeitung von relationalen Mengen in einem Programm wurde das Konstrukt des Cursor eingeführt. Mit seiner Hilfe können Sie die Ergebnis-Tabelle eines SELECT zeilenweise lesen, die gelesene Zeile ändern oder löschen. Dabei wird der SELECT in die Vereinbarung *DECLARE cr-name CURSOR FOR* übernommen und mit dem Befehl *OPEN cr-name* ausgeführt. Mit FETCH werden die Zeilen der Ergebnistabelle gelesen, mit *CLOSE cr-name* wird die Ergebnis-Tabelle freigegeben. Die SQL-Befehle UPDATE und DELETE nehmen mit *WHERE CURRENT OF cr-name* Bezug auf die aktuelle Zeile. Weitere Erläuterungen zu den Befehlen finden Sie im Abschnitt 6.3, *ESQL-Befehle*.

Beispiel-Programm: Liegeplatzgebühren kassieren Für das Beispiel-Programm wählen wir eine Aufgabenstellung aus unserer Yachthafen-Fallstudie, die Sie ja schon aus dem Kapitel 3.4 zum Query Manager kennen. Der Hafenmeister unserer Marina verwaltet nicht nur die Belegung der Liegeplätze, er muß auch die Liegeplatzgebühren kassieren. Dazu erstellt ihm ein COBOL-Programm Rechnungen für alle Yachten, die ab dem ausgewählten Tag eine Liegeplatz belegen, d.h. das VON-Datum der Belegung muß gleich dem vorgegebenen Datum sein. Die Rechnung wird für die gebuchte Liegedauer und auf den registrierten Eigner ausgestellt. Für die Rechnungsanschrift nehmen wir vereinfachend die erste Adresse des Eigners, d.h. diejenige seiner Adressen, die die niedrigste Adreßnummer besitzt (solche Vereinfachungen sind zwar im Sinne einer korrekten Datenmodellierung nicht vernünftig, aber leider durchaus praxisnah). Eindeutige Rechnungsnummer, Kostensätze und andere Basisdaten erhalten wir aus einer jahresbezogenen Tabelle für Geschäftsdaten.

---

[2]   Sie können natürlich aus Programmen heraus mengenorientierte SQL-Befehle absetzen, wenn die Zeilen der angesprochenen Tabellen dabei nicht im Programm bearbeitet werden.

Hier nun der Quellcode als Eingabe für den DB2/2-Precompiler:

Bild 6.2:
Quellcode für
Beispiel-
programm
Liegeplatz-
gebühren
kassieren

```
IDENTIFICATION DIVISION.
*********************************************************************
*           MARINA - DEMO-ANWENDUNG
* RECHNUNGSSCHREIBUNG FÜR ALLE YACHTEN, DIE AB HEUTE EINEN LIEGE-
* PLATZ BENUTZEN.
* ALLE RECHTE BEI UNTERNEHMENSBERATUNG PUERNER, DORTMUND
*********************************************************************


PROGRAM-ID.     MARIRECH.
AUTHOR.         PUERNER.

ENVIRONMENT DIVISION.
CONFIGURATION SECTION.

SOURCE-COMPUTER.  OS2-PC.
OBJECT-COMPUTER.  OS2-PC.
SPECIAL-NAMES. DECIMAL-POINT IS COMMA.

INPUT-OUTPUT SECTION.

FILE-CONTROL.
    SELECT AUSGABE ASSIGN TO "RECHNUNG.LST".

DATA DIVISION.
FILE SECTION.
FD  AUSGABE  LABEL RECORDS OMITTED.
01  ZEILE          PIC X(82).
```

```cobol
WORKING-STORAGE SECTION

***********************************************************************
* SQL - DEKLARATIONEN
***********************************************************************

     EXEC SQL
        INCLUDE SQLCA
     END-EXEC.

     EXEC SQL
        BEGIN DECLARE SECTION
     END-EXEC

 01  NAME1                 PIC X(24).
 01  NAME2                 PIC X(24).
 01  ANSCHRIFT1            PIC X(24).
 01  ANSCHRIFT2            PIC X(24).
 01  TELEFON               PIC X(15).
 01  TELEFAX               PIC X(15).
 01  KOSTENSATZ            PIC S99V99    COMP-3.
 01  ZUSCHLAG              PIC S99V99    COMP-3.
 01  ZIND                  PIC S9(4)     COMP-5.
 01  MWST                  PIC S99V9     COMP-3.
 01  RECHNR                PIC S9(9)     COMP-5.
 01  YNAME                 PIC X(24).
 01  LAENGE                PIC S9999V99  COMP-3.
 01  LPNR                  PIC S9(4)     COMP-5.
 01  ZEITRAUM              PIC S9(4)     COMP-5.
 01  STROM                 PIC X(4).
 01  WASSER                PIC X(4).
 01  PNR                   PIC S9(4)     COMP-5.
 01  PNAME                 PIC X(24).
 01  VORNAME               PIC X(24).
 01  NKZ                   PIC X(3).
 01  PLZ                   PIC X(6).
 01  ORT                   PIC X(24).
 01  STRASSE               PIC X(32).
 01  STRIND                PIC S9(4)     COMP-5.
 01  WJAHR                 PIC X(4).
 01  DATUMV                PIC X(10).

     EXEC SQL
        END DECLARE SECTION
     END-EXEC.
```

```
****************************************************************
* SQL - DEKLARATIONEN
****************************************************************

      EXEC SQL
          DECLARE CR001 CURSOR FOR
          SELECT NAME,
          Y.LAENGE,
          B.LPNR,
          DAYS(BIS)-DAYS(VON),
          STROM,
          WASSERANSCHLUSS,
          PNR
          FROM BELEGUNG B, YACHT Y, LIEGEPLATZ L
          WHERE B.LPNR = L.LPNR
              AND  B.YNR  = Y.YNR
              AND  VON     = :DATUMV
          ORDER BY B.LPNR
      END-EXEC.


****************************************************************
*   L O K A L E   V A R I A B L E                             *
****************************************************************

 01  PROGNAME                 PIC X(8)           VALUE "MARIN01".
 01  EOF                      PIC S9(4) COMP-5 VALUE +100.
 01  FEHLER                   PIC --999.
 01  DAT.
     05   TT                  PIC X(2).
     05   FILLER              PIC X.
     05   MM                  PIC X(2).
     05   FILLER              PIC X.
     05   JJ                  PIC X(4).
 01  LGEBUEHR                 PIC 9(6)V99 COMP-3.
 01  MWSTB                    PIC 9(6)V99 COMP-3.
 01  ZUSCHLAG1                PIC 9(6)V99 COMP-3.
 01  ZUSCHLAG2                PIC 9(6)V99 COMP-3.
 01  SUMME1                   PIC 9(6)V99 COMP-3.
 01  SUMME2                   PIC 9(6)V99 COMP-3.
```

```
****************************************************************
*    DRUCKAUSGABE
****************************************************************


01  KOPF1.
    02      FILLER          PIC X(54) VALUE SPACE.
    02      NAME1K          PIC X(24).
01  KOPF2.
    02      FILLER          PIC X(54) VALUE SPACE.
    02      NAME2K          PIC X(24).
01  KOPF3.
    02      FILLER          PIC X(54) VALUE SPACE.
    02      ANSCHRIFT1K     PIC X(24).
01  KOPF4.
    02      FILLER          PIC X(54) VALUE SPACE.
    02      ANSCHRIFT2K     PIC X(24).
01  KOPF5.
    02      FILLER          PIC X(54) VALUE SPACE.
    02      FILLER          PIC X(09) VALUE "Telefon ".
    02      TELEFONK        PIC X(15).
01  KOPF6.
    02      FILLER          PIC X(54) VALUE SPACE.
    02      FILLER          PIC X(09) VALUE "Telefax ".
    02      TELEFAXK        PIC X(15).
01  DATZEILE.
    02      FILLER          PIC X(68) VALUE SPACE.
    02      DATUM.
      05    TT              PIC X(2).
      05    FILLER          PIC X     VALUE ".".
      05    MM              PIC X(2).
      05    FILLER          PIC X     VALUE ".".
      05    JJ              PIC X(4).
```

```
01  BETREFF1.
    02      FILLER              PIC X(8)  VALUE SPACE.
    02      FILLER              PIC X(14)
                                    VALUE "Rechnung Nr.: ".
    02      RECH-NR             PIC ZZZ99.
01  BETREFF2.
    02      FILLER              PIC X(8)  VALUE SPACE.
    02      FILLER              PIC X(16)
                                VALUE "Liegeplatz Nr.: ".
    02      LIEG-NR             PIC ZZ9.
    02      FILLER              PIC X(17)
                                    VALUE " - Schiffslänge: ".
    02      LAENGEA             PIC Z9,9.
    02      FILLER              PIC X(6)  VALUE " Meter".
01  AZEILE1.
    02      FILLER              PIC X(4)  VALUE SPACE.
    02      NAME-VORN           PIC X(50).
01  AZEILE2.
    02      FILLER              PIC X(4)  VALUE SPACE.
    02      STRASSEA            PIC X(24).
01  AZEILE3.
    02      FILLER              PIC X(4)  VALUE SPACE.
    02      NKZA                PIC X(3).
    02      FILLER              PIC XX    VALUE "- ".
    02      PLZA                PIC X(6).
    02      FILLER              PIC X     VALUE SPACE.
    02      ORTA                PIC X(24).
01  RZEILE1.
    02      FILLER              PIC X(8)  VALUE SPACE.
    02      TAGE                PIC ZZZ9.
    02      FILLER              PIC X(14) VALUE " Tage zu DM/m ".
    02      KOSTENSATZA         PIC 99,99.
    02      FILLER              PIC X(25) VALUE SPACE.
    02      LIEGEKOSTEN         PIC ZZZZ99,99.
```

```
01  RZEILE2.
    02      FILLER              PIC X(35)
                VALUE "         Zuschlag für Wasseranschluß".
    02      FILLER              PIC X(21) VALUE SPACE.
    02      WZUSCHLAG           PIC ZZZZ99,99.
01  RZEILE3.
    02      FILLER              PIC X(34)
                VALUE "         Zuschlag für Stromanschluß".
    02      FILLER              PIC X(22) VALUE SPACE.
    02      SZUSCHLAG           PIC ZZZZ99,99.
01  RZEILE4.
    02      FILLER              PIC X(22)
                VALUE "         Summe Gebühren".
    02      FILLER              PIC X(34) VALUE SPACE.
    02      SUMME-1             PIC ZZZZ99,99.
01  RZEILE5.
    02      FILLER              PIC X(23)
                VALUE "         Mehrwertsteuer ".
    02      MWST-SATZ           PIC 99.
    02      FILLER              PIC X       VALUE "%".
    02      FILLER              PIC X(30) VALUE SPACE.
    02      MWST-BETRAG         PIC ZZZZ99,99.
01  RZEILE6.
    02      FILLER              PIC X(19)
                VALUE "         Gesamtsumme".
    02      FILLER              PIC X(37) VALUE SPACE.
    02      SUMME-2             PIC ZZZZ99,99.
01  STZEILE.
    02      FILLER              PIC X(8)  VALUE SPACE.
    02      STRICHE             PIC X(58) VALUE ALL "-".
```

```
*  ...............................................................


 PROCEDURE DIVISION.

 STEUERUNG SECTION.

 **********************************************************************
 *     STANDARD STEUERUNG
 **********************************************************************


       PERFORM VORLAUF
       PERFORM RECHNUNG
       PERFORM NACHLAUF

       .
 Z.    STOP RUN.



 *  ...............................................................


 VORLAUF SECTION.

 **********************************************************************
 * PRUEFEN UEBERGEBENE PARAMETER
 **********************************************************************
 *
 *     RECHNUNGSDATUM ABFRAGEN
 *
       DISPLAY "Bitte Rechnungsdatum (TT.MM.JJJJ) eingeben:"
       ACCEPT DAT
 *     ACCEPT DAT FROM DATE
       MOVE DAT TO DATUMV
       MOVE CORR DAT TO DATUM
 *
 *     ANMELDUNG AN DB2/2
 *
       EXEC SQL
           CONNECT TO MARINA
       END-EXEC
       IF SQLCODE NOT = 0
           PERFORM SQL-FEHLER
       END-IF
```

```
*
*     LESEN BASIS-DATEN
*
      EXEC SQL
          SELECT NAME_1, NAME_2, ANSCHRIFT_1, ANSCHRIFT_2,
                 TELEFON, TELEFAX, W_JAHR,
                 METER_KOST, ZUSCHLAG, MWST_SATZ, RECHNR
            INTO  :NAME1, :NAME2, :ANSCHRIFT1, :ANSCHRIFT2,
                  :TELEFON, :TELEFAX, :WJAHR,
                  :KOSTENSATZ, :ZUSCHLAG:ZIND, :MWST, :RECHNR
            FROM  WIRTJAHR
            WHERE W_JAHR = (SELECT MAX(W_JAHR) FROM WIRTJAHR)
      END-EXEC
      IF SQLCODE NOT = 0
         PERFORM SQL-FEHLER
      END-IF
         MOVE NAME1       TO NAME1K
         MOVE NAME2       TO NAME2K
         MOVE ANSCHRIFT1  TO ANSCHRIFT1K
         MOVE ANSCHRIFT2  TO ANSCHRIFT2K
         MOVE TELEFON     TO TELEFONK
         MOVE TELEFAX     TO TELEFAXK
      IF ZIND = -1
*     ZUSCHLAG IST >NULL<
         MOVE ZERO TO ZUSCHLAG
      END-IF
*
*     CURSOR EROEFFNEN
*
      EXEC SQL
          OPEN CR001
      END-EXEC
      IF SQLCODE NOT = 0
         PERFORM SQL-FEHLER
      END-IF
*
*     AUSGABE EROEFFNEN
*
      OPEN OUTPUT AUSGABE
      .
  Z.  EXIT.
```

```
*  -----------------------------------------------------------

 NACHLAUF SECTION.

 ******************************************************************
 *    NACHARBEITEN
 ******************************************************************

 *    CURSOR SCHLIESSEN

      EXEC SQL CLOSE CR001
      END-EXEC
      EXEC SQL
          UPDATE WIRTJAHR
            SET RECHNR = :RECHNR
            WHERE W_JAHR = :WJAHR
      END-EXEC
      EXEC SQL COMMIT WORK
      END-EXEC

 *    AUSGABE SCHLIESSEN

      CLOSE AUSGABE
        .
 Z.  EXIT.
```

```
*  ...............................................................

 RECHNUNG SECTION.

 ***************************************************************
 * AUSFUEHRUNG DER RECHNUNGSSCHREIBUNG: LESEN DER BELEGUNGEN MIT
 * YACHT- UND LIEGEPLATZDATEN, NACHLESEN DER EIGNERDATEN MIT 1.
 * ANSCHRIFT ALS RECHNUNGSANSCHRIFT
 ***************************************************************
       PERFORM UNTIL SQLCODE = EOF
         EXEC SQL
                FETCH CR001 INTO :YNAME,
                                 :LAENGE,
                                 :LPNR,
                                 :ZEITRAUM,
                                 :STROM,
                                 :WASSER,
                                 :PNR
         END-EXEC
         IF SQLCODE = 0
            PERFORM GET-EIGNER
            PERFORM COMPUTE-GEB
            PERFORM PRINT-RECHNUNG
         ELSE IF SQLCODE NOT = EOF
                 PERFORM SQL-FEHLER
             END-IF
         END-IF
     END-PERFORM
         .
 Z.  EXIT.
```

```
*  ..........................................................

  GET-EIGNER SECTION.

 ***********************************************************
 * EIGNERDATEN ZUR YACHT LESEN (1. ANSCHRIFT = RECHNUNGSANSCHRIFT)
 ***********************************************************

     EXEC SQL
         SELECT NAME,
                VORNAME,
                NKZ,
                POSTLZ,
                ORT,
                STRASSE
           INTO :PNAME,
                :VORNAME,
                :NKZ,
                :PLZ,
                :ORT,
                :STRASSE:STRIND
         FROM PERSON P, ADRESSE A
         WHERE A.PNR = P.PNR
          AND  ADR_NR = (SELECT MIN(ADR_NR) FROM ADRESSE
                          WHERE PNR = :PNR)
     END-EXEC
     IF SQLCODE NOT = 0
        PERFORM SQL-FEHLER
     END-IF
     IF STRIND = -1
     STRASSE IST >NULL<
        MOVE SPACES TO STRASSE
     END-IF

     .
 Z.  EXIT.
```

```
* ...........................................................

  COMPUTE-GEB SECTION.

*****************************************************************
*        GEBÜHREN ERRECHNEN                                     *
*****************************************************************

    MOVE ZERO TO SUMME1, ZUSCHLAG1, ZUSCHLAG2, SUMME2
    COMPUTE LGEBUEHR = ZEITRAUM * KOSTENSATZ * LAENGE
    IF STROM = "JA"
        COMPUTE ZUSCHLAG1 = ZEITRAUM * ZUSCHLAG
    END-IF
    IF WASSER = "JA"
        COMPUTE ZUSCHLAG2 = ZEITRAUM * ZUSCHLAG
    END-IF
    ADD LGEBUEHR, ZUSCHLAG1, ZUSCHLAG2 TO SUMME1
    COMPUTE MWSTB = SUMME1 * MWST / 100
    ADD SUMME1, MWSTB TO SUMME2
    ADD 1 TO RECHNR

    .
Z.  EXIT.
```

```cobol
*  ...........................................................

PRINT-RECHNUNG SECTION.

***************************************************************
*     AUSGABE DER RECHNUNG                                    *
***************************************************************
    MOVE RECHNR      TO RECH-NR
    MOVE LPNR        TO LIEG-NR
    MOVE LAENGE      TO LAENGEA
    MOVE ZEITRAUM    TO TAGE
    STRING PNAME, ", ", VORNAME DELIMITED BY SPACE
                           INTO NAME-VORN
    MOVE STRASSE     TO STRASSEA
    MOVE NKZ         TO NKZA
    MOVE PLZ         TO PLZA
    MOVE ORT         TO ORTA
    MOVE KOSTENSATZ  TO KOSTENSATZA
    MOVE LGEBUEHR    TO LIEGEKOSTEN
    MOVE ZUSCHLAG2   TO WZUSCHLAG
    MOVE ZUSCHLAG1   TO SZUSCHLAG
    MOVE SUMME1      TO SUMME-1
    MOVE SUMME2      TO SUMME-2
    MOVE MWST        TO MWST-SATZ
    MOVE MWSTB       TO MWST-BETRAG
    WRITE ZEILE FROM KOPF1 AFTER PAGE
    WRITE ZEILE FROM KOPF2 AFTER 1
    WRITE ZEILE FROM KOPF3 AFTER 1
    WRITE ZEILE FROM KOPF4 AFTER 1
    WRITE ZEILE FROM KOPF5 AFTER 1
    WRITE ZEILE FROM KOPF6 AFTER 1
    WRITE ZEILE FROM AZEILE1 AFTER 8
    WRITE ZEILE FROM AZEILE2 AFTER 1
    WRITE ZEILE FROM AZEILE3 AFTER 2
    WRITE ZEILE FROM DATZEILE AFTER 4
    WRITE ZEILE FROM BETREFF1 AFTER 4
    WRITE ZEILE FROM BETREFF2 AFTER 2
    WRITE ZEILE FROM STZEILE AFTER 4
    WRITE ZEILE FROM RZEILE1 AFTER 2
    WRITE ZEILE FROM RZEILE2 AFTER 2
    WRITE ZEILE FROM RZEILE3 AFTER 2
    WRITE ZEILE FROM STZEILE AFTER 2
    WRITE ZEILE FROM RZEILE4 AFTER 1
    WRITE ZEILE FROM RZEILE5 AFTER 1
    WRITE ZEILE FROM STZEILE AFTER 1
    WRITE ZEILE FROM RZEILE6 AFTER 1
    .
Z.  EXIT.
```

```
* ...........................................................
  FEHLER  SECTION.


  *************************************************************
  *              BEARBEITEN SQL-FEHLER                        *
  *************************************************************


      MOVE SQLCODE TO FEHLER
      DISPLAY "DATENBANK-FEHLER: ", FEHLER


      EXEC SQL ROLLBACK WORK
      END-EXEC

      .
  Z.  STOP RUN.
```

Wir lesen in dem Programm zunächst die Basisdaten aus der Tabelle WIRTJAHR mit einem einzelsatzorientierten SELECT-Befehl. Dann
lesen wir in einer Schleife über den Cursor CR001 die abzurechnenden Belegungsdaten zusammen mit den rechnungsrelevanten
Daten der Tabellen LIEGEPLATZ und YACHT. Dazu holen wir uns
die Daten zur Eigneranschrift aus den Tabellen PERSON und
ADRESSE. Sind alle Rechnungen erstellt, wird die letzte Rechnungsnummer in der Tabelle WIRTJAHR mit einem UPDATE-Befehl
gesichert.

Bild 6.3:
Tabellen in
MARIRECH

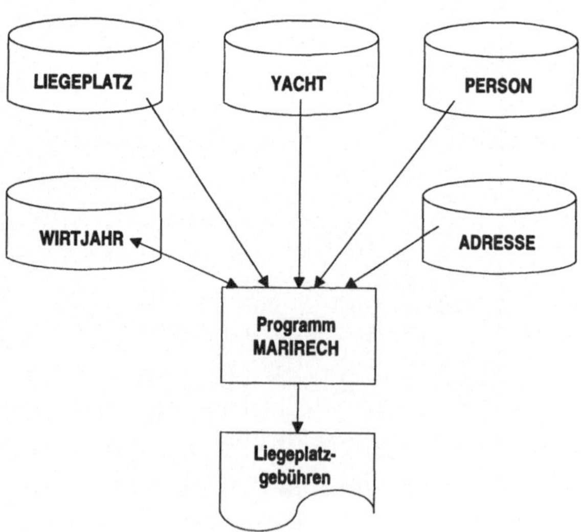

Wir hätten natürlich die Daten der Belegung samt Liegeplatz-, Yacht-, Eigner- und Adreßdaten mit einem Join über fünf Tabellen in einem SELECT lesen können – getreu dem Motto „DB2/2 wird es schon machen". Alternativ hätten wir auch die Tabelle BELEGUNG für sich und die benötigten Stammdaten dazu einzeln getrennt voneinander lesen können, wie man das so gern in den ersten Jahren relationaler Anwendungsentwicklung machte. Beide Extremvarianten erschienen uns nicht optimal. Wir hoffen, mit den beiden SELECTs mit kleineren Joins einen performanten Mittelweg gefunden zu haben. Im Anhang finden Sie die DB2/2-Zugriffe als Ausgabe des EXPLAIN-Programms (siehe auch Abschnitt 7.2 Performance-Analyse, *EXPLAIN-Hilfsprogramm*).

NULL-Wert Ein Problem im Zusammenspiel von relationalen Datenbanken und klassischen Programmiersprachen ist die Behandlung des Wertes NULL: Die Programmiersprachen besitzen keine Möglichkeiten, einen unbestimmten Wert zu bearbeiten. Daher gibt es für die Übergabe von NULL zwischen Datenbank und Programm NULL-Indikatoren. Wird eine solche Indikator-Variable von der Datenbank-Schnittstelle auf -1 gesetzt, so enthält die zugehörige Programm-Variable *keinen* sinnvollen Wert, da der entsprechende Wert in der Tabelle NULL ist. Sonst nimmt die Indikator-Variable den Wert 0 an. Setzen Sie im Programm bei einem Befehl eine Indikator-Variable auf -1, wird in der Datenbank mit NULL statt mit dem Wert der zugehörigen Programm-Variablen gearbeitet.

IBM nutzt die Indikator-Variable nicht nur für den NULL-Wert, sondern auch für andere Angaben, die über den SQL-Standard hinaus gehen! In DB2/2 enthält sie auch die ursprüngliche Länge abgeschnittener Zeichenketten oder die Sekunden von Zeitangaben, die bei der Variablenzuweisung abgeschnitten wurden. Außerdem zeigt sie Fehler bei der Datenkonvertierung an.

In unserem Beispiel kann nur in den Feldern ZUSCHLAG und STRASSE der Wert NULL vorkommen. Dafür haben wir die Indikatoren ZIND und STRIND definiert und auf -1 abgefragt. Generell müssen Sie in allen Tabellenspalten, die nicht mit NOT NULL oder mit NOT NULL WITH DEFAULT definiert wurden, mit NULL-Werten rechnen und für sie eine entsprechende Behandlung mit Indikatoren in Ihren Programmen vorsehen.

Wenn Sie bisher hauptsächlich in der Mainframe-Welt tätig waren, werden Ihnen in dem Beispiel-Programm zwei Dinge aufgefallen sein:

- Der CONNECT-Befehl ist in den überwiegend lokalen DB2/MVS-Anwendungen nicht üblich. Er kann auch bei DB2/2 im Programm entfallen, wenn Sie das implizite CONNECT nutzen. Dazu müssen Sie die Umgebungs-Variable SQLDBDFT in CONFIG.SYS oder per OS/2-Kommando setzen, zum Beispiel SET SQLDBDFT=MARINA.

- Der COBOL-Datentyp COMP-5 ist auch nicht auf Mainframes üblich. Er entspricht auf dem PC der ganzzahligen Binärzahl, INTEGER bzw. SMALLINT in DB2/2. Ihre interne Darstellung weicht auf einigen Hardware-Plattformen insofern von der vertrauten Darstellung ab, daß das linke Byte einer Halb-, Voll- oder Doppelwortzahl die weniger signifikanten Stellen als das rechts davon liegende Byte enthält. Man sagt, daß diese Reihenfolge in erster Linie bei Prozessoren vorkommt, die aus der Acht-Bit-Welt in die 16- und 32-Bit-Welt empor gewachsen sind. Dazu gehören die Intel-Prozessoren der Reihe 80x86 wie auch die VAX-Maschinen von DEC. In der originären 32-Bit-Welt ist es dagegen üblich, daß die höherwertigen Bytes links von den niederwertigen liegen – wie es ja bei den Bits innerhalb der Bytes immer der Fall ist. Zu den Vertretern dieser Technologie gehören neben allen bekannten Mainframes auch z.B. die Prozessoren von Motorola der Reihe 68000.

  Sie kommen also nicht umhin, auf PCs diesen COBOL-Datentyp zu benutzen.

Das Beispiel-Programm wurde wie die gesamte Fallstudie Yachthafen schon zuvor mit ORACLE realisiert. Wir haben uns bei der Codierung des Programms am SQL-Standard von 1986 bzw. 1987 orientiert und haben Erweiterungen individueller SQL-Dialekte nicht berücksichtigt. So nutzen wir in unserem Beispiel auch nicht den SQL-Kommunikationsbereich SQLCA. Dieser hat folgenden Aufbau:

Bild 6.4:
SQL-Kommuni-
kationsbereich
SQLCA

```
* SQL Communication Area - SQLCA
  01 SQLCA SYNC.
     05 SQLCAID  PIC X(8) VALUE "SQLCA   ".
     05 SQLCABC  PIC S9(9) COMP-5 VALUE 136.
     05 SQLCODE  PIC S9(9) COMP-5.
     05 SQLERRM.
        49 SQLERRML PIC S9(4) COMP-5.
        49 SQLERRMC PIC X(70).
     05 SQLERRP  PIC X(8).
     05 SQLERRD OCCURS 6 TIMES PIC S9(9) COMP-5.
     05 SQLWARN.
        10 SQLWARN0 PIC X.
        10 SQLWARN1 PIC X.
        10 SQLWARN2 PIC X.
        10 SQLWARN3 PIC X.
        10 SQLWARN4 PIC X.
        10 SQLWARN5 PIC X.
        10 SQLWARN6 PIC X.
        10 SQLWARN7 PIC X.
        10 SQLWARN8 PIC X.
        10 SQLWARN9 PIC X.
        10 SQLWARNA PIC X.
     05 SQLSTATE PIC X(5).
```

Wer seine Programme nur im Gültigkeitsbereich von IBMs SAA einsetzt, sollte die SQLCA für eine ausführliche Fehlerbehandlung nutzen. Auch die Hersteller anderer relationaler Systeme unterstützen einen solchen Bereich mit sehr ähnlichem Aufbau.

Der DB2/2-Precompiler wurde entsprechend der Herkunft des Programms mit dem Parameter L=1 aufgerufen. Dieser Parameter soll die Kompatibilität mit MIA (Multi-vendor Integrated Architecture) sicherstellen. L=0 als Standardwert sichert dagegen die Kompatibilität mit IBMs SAA (Systems Application Architecture), die nicht völlig mit dem SQL-Standard übereinstimmt. Was immer auch MIA inhaltlich sein mag, wir hätten es vorgezogen, einen Parameter vorzufinden, der expressis verbis die schmale Basis von Standard-SQL nach ANSI und ISO unterstützt. Einen solchen Parameter, STDSQL(86), kennt DB2/MVS schon seit einigen Jahren!

Der Precompiler SQLPREP erwartet, daß die angesprochenen Datenbank-Objekte zur Übersetzungszeit angelegt sind und prüft Programm-Angaben gegen den Katalog. Dies erlaubt es ihm, Fehler zu entdecken, die sonst erst bei den Testläufen offenkundig würden. Denken Sie daran: je früher Fehler entdeckt werden, desto kostengünstiger ist ihre Beseitigung. Im Gegensatz zu DB2/MVS, dessen Precompiler nicht auf den System-Katalog zugreift, kennt

DB2/2 keinen DECLARE TABLE-Befehl, aus dem die Tabellenstruktur ersichtlich ist. Dies erhöht die Datenunabhängigkeit der Programme gegenüber DB2/MVS.

SQLPREP erzeugt neben einigen Meldungen eine Datei für den BIND-Lauf (SQLBIND) und eine Datei mit den vorübersetzten SQL-Befehlen für den COBOL-Compiler. Zur Zeit wird nur der COBOL-Compiler von Micro Focus unterstützt. Leider generiert der Precompiler entsprechenden proprietären Code. Obwohl es sicher leicht gewesen wäre, COBOL nach dem ANSI-Standard von 1985 zu erzeugen, nutzt IBM die proprietären Möglichkeiten des Produktes von Micro Focus aus!

IBM hat einerseits Mühe,

- im Vergleich zu Windows genügend Kunden zu finden und so OS/2 auch als Alternative zum neuen Windows/NT zu etablieren,

- Hersteller von Basis- und Anwendungssoftware dafür zu gewinnen, ihre Produkte auch auf OS/2 zu portieren,

andererseits versucht sie gerade hier auch jede Offenheit für andere Anbieter zu vermeiden. Wir haben daher keinerlei Verständnis für dieses Vorgehen.

Wenn Sie beim Precompiler-Aufruf das Binden nicht unterdrücken (Parameter S), erzeugt SQLPREP sogleich einen Zugriffsplan, (package) in der Datenbank. Löschen Sie dennoch nicht die erstellte Datei mit dem bindefähigen Modul (progname.BND). Änderungen an der Datenbank könnten nämlich ein erneutes Binden notwendig machen. Und dazu sollten Sie nicht jedesmal den Precompiler aufrufen müssen!

Ein Zugriffsplan (package) enthält die Zugriffe, die der Optimizer aufgrund der physischen Gegebenheiten in der Datenbank für die SQL-Befehle eines Programms ausgewählt hat. Ändern sich die physischen Gegebenheiten der Datenbank, z.B. ein neuer Index, andere Statistikwerte (siehe auch Abschnitt 7.2 Performance-Analyse, *RUNSTATS-Hilfsprogramm*), kann ein erneutes Binden der Zugriffspläne notwendig oder sinnvoll sein.

Ein Zugriffsplan unterteilt sich in Abschnitte (Section), die die Zugriffe für einen SQL-Befehl aufnehmen. Je Zugriffsplan wird eine Zeile mit allgemeinen Informationen in der Katalog-Tabelle SYSIBM.SYSPLAN und je Abschnitt mindestens eine Zeile mit den verschlüsselten Zugriffsdaten in der Katalog-Tabelle SYSIBM.SYS-

SECTION gespeichert. Die Abhängigkeiten des Zugriffsplans von Datenbank-Objekten wie Tabellen oder Indizes werden in SYSIBM.SYSPLANDEP festgehalten, Berechtigungen in SYSIBM.SYPLANAUTH. Die zugehörigen SQL-Befehle werden in der Tabelle SYSIBM.SYSSTMT gespeichert.

Die Aufrufe von COBOL-Compiler und Linker (linkage editor) sind abhängig von den Gegebenheiten Ihrer Installation. Wir benutzten folgende Aufrufe:

— für den COBOL-Compiler

```
cobol marirech.cbl /notrunc
```

— für den Linker unter Verwendung der statischen COBOL-Bibliothek

```
link marirech+sqlinit,,,lcobol+doscalls+sqldyn16 /st:64000
```

— für den Linker unter Verwendung der dynamischen COBOL-Bibliothek

```
link marirech+sqlinit,,,coblib+doscalls+sqldyn16 /st:8196
```

Da das COBOL von Micro Focus noch in 16-Bit-Technologie arbeitet, ist mit *sqldyn16* im Link-Lauf die 16-Bit-DB2/2-Bibliothek anzugeben. Die entsprechende 32-Bit-Bibliothek heißt *sql_dyn*.

Das fertige Programm MARIRECH ist, wie Sie sicher schon erkannt haben, kein Programm mit Schnittstellen zum Presentation Manager. Es kann im OS/2-Fenster oder -Gesamtbildschirm aufgerufen werden oder durch Anklicken seines Symbols, wobei sich dann ein OS/2-Fenster für die Eingabe des gewünschten Datums öffnet. Die Rechnungen werden in die Datei RECHNUNG.LST geschrieben und können mit dem PRINT-Befehl ausgedruckt werden.

Hier ein Beispiel einer Liegeplatz-Abrechnung vom 10.1.1993 für einen Dauerlieger:

```
                                    Marina Neuwismar
                                    Der Hafenmeister
                                    Am Yachthafen 1
                                    D-29999 Neuwismar
                                    Telefon  0333/12-0
                                    Telefax  0333/12-556




Blöd,Hein
Im Wrack 1

B  - 100      Bärenklippe



                                                              10.01.1993



Rechnung Nr.:  9336

Liegeplatz Nr.:   3 - Schiffslänge:  5,0 Meter



.........................................................

 355 Tage zu DM/m 02,50                              4437,50

Zuschlag für Wasseranschluß                          00,00

Zuschlag für Stromanschluß                           00,00

.........................................................
Summe Gebühren                                       4437,50
Mehrwertsteuer 15%                                    665,62
.........................................................
Gesamtsumme                                          5103,12
```

6.2 Anwendungsprogrammierung mit REXX

REXX-Programme werden nicht übersetzt, sondern zur Ausführungszeit interpretiert. Daher gibt es für sie auch keinen DB2/2-Precompiler und programmspezifische Zugriffspläne (packages). In REXX können Sie DB2/2-Kommandos und SQL-Befehle über zwei Call-Schnittstellen zur Ausführung bringen: SQLEXEC für SQL-Befehle, SQLDBS für DB2/2-Kommandos.

Die Unterstützung für SQL-Befehle erstreckt sich auf einige Standard-Befehle, die über SQLEXEC direkt aufgerufen werden können, und auf dynamisches SQL, das erst zur Ausführungszeit übersetzt wird.

REXX unterstützt folgende SQL-Befehle direkt:

    CLOSE
    COMMIT
    CONNECT
    CONNECT TO
    CONNECT RESET
    DECLARE
    DESCRIBE
    EXECUTE
    EXECUTE IMMEDIATE
    FETCH
    OPEN
    PREPARE
    ROLLBACK

Alle anderen SQL-Befehle müssen über die dynamischen SQL-Befehle PREPARE und EXECUTE bzw. EXECUTE IMMEDIATE mit SQLEXEC übersetzt und ausgeführt werden.

Es gibt für REXX-Programme drei vorbereitete Zugriffspläne mit unterschiedlicher Benutzertrennung:

- SQLARXCS.BND,

- SQLARXRR.BND,

- SQLARXUR.BND.

Diese werden beim Anlegen einer Datenbank automatisch gebunden. Für die Schnittstelle SQLEXEC ist Benutzertrennung CS (cursor stability) Standard (siehe auch Abschnitt 7.1 Leistungsbestimmende Einflußfaktoren, *Sperren und Benutzertrennung*).

REXX kennt für die beiden Schnittstellen vordefinierte Variable:

RESULT	Return-Code der Funktion mit REXX-Fehler-codes, sonst 0
SQLMSG	Fehlernachricht wenn SQLCA.SQLCODE ungleich 0
SQLISL	Benutzertrennung RR, CS, UR
SQLFWREC	nur für ROLLFORWARD API, wenn Variable fehlt
SQLCA	SQLCA mit SQLCODE
SQLRODA	Input SQLDA für Server via Application Remote Interface
SQLRIDA	Output SQLDA für Server via Application Remote Interface
SQLRDAT	SQLCHAR-Struktur für Server via Application Remote Interface

Als Beispiele für die Programmierung von DB2/2-Anwendugen in REXX haben wir zum einen die Routine TEST_I.CMD zur Erstellung von Testdaten für Performance- und Zugriffs-Analysen und zum anderen die Routine TEST_R.CMD, die diese Daten über einen Cursor liest.

Die Stärken von REXX liegen darin, komplexe Abläufe auf Betriebssystem-Ebene mit Aufrufen von OS/2- oder DB2/2-Kommandos behandeln zu können. Wir benutzen in unseren Beispielen REXX eher als Ersatz für eine herkömmliche Programmiersprache. Zur schnellen Erstellung von Testdaten oder einmaligen Überprüfung von Tabelleninhalten ist dieses sicher sinnvoll. Die Laufzeiten zeigen jedoch deutlich, daß REXX kein Ersatz für die klassische Anwendungsprogrammierung sein kann: In mehreren Testläufen auf größeren Datenbeständen maßen wir gegenüber einem COBOL-Programm mit Embedded SQL einen Laufzeitfaktor von 15 zugunsten von COBOL.

REXX-Prozedur TEST_I.CMD Mit der REXX-Prozedur TEST_I.CMD erstellen wir die Tabellen PERSON und GEHALT:

```
/* REXX Testprogramm zur Erzeugung von Testdaten für die Tabellen */
/* PERSON und GEHALT (für spätere EXPLAIN-Beispiele)              */

stmt1   = 'insert into person values(?,?,?,?,?,?,?)';
stmt2   = 'insert into gehalt values(?,?,?)';
name    = 'Testnameeeeeeeeeee';
vname   = 'Hugo-Egon-Emma';
ort     = 'Ortsnameeeeeee';
beruf   = 'Frühstücksdirektor';
strasse = 'Erika-Vorort-Straße 333';

/* Registriere SQLDBS und SQLEXEC Routinen */
/* Dies muß nur einmal für alle folgenden Sitzungen getan werden */

if rxfuncquery('SQLDBS') <> 0 then do
  rca = rxfuncadd('SQLDBS', 'SQLAR', 'SQLDBS')
  if rca <> 0 then
    say 'Fehler mit RxFuncAdd für SQLDBS: ' rca
end

if rxfuncquery('SQLEXEC') <> 0 then do
  rca = rxfuncadd('SQLEXEC', 'SQLAR', 'SQLEXEC')
  if rca <> 0 then
    say 'Fehler mit RxFuncAdd für SQLEXEC: ' rca
end

/* Verbindung mit Datenbank Test */

call sqlexec connect to test;

/* Zentrale Fehlerbehandlung */
sql_result = check_sql()
```

```
if sql_result = 0 then do

   /* SQL-Befehle übersetzen */
   call sqlexec prepare s1 from ':stmt1'
   sql_result = check_sql()
   if sql_result <> 0 then
    exit
   else do
    call sqlexec prepare s2 from ':stmt2'
    if sql_result = 0 then do

     /* Schleife für INSERT */
     nummer = 1
     say 'Start: ' time()
     do until nummer > 8481
       /* Überetzten Befehl ausführen */
      persnr = nummer * 10
      plz = random(10,90) * 100
      gehalt = random(500,2000) * 18.15
      provis = random(0,800) * 8.2
      call sqlexec execute s1 using ':persnr,:name,:vname,:plz,:ort,',
                                    ':strasse,:beruf'
      sql_result = check_sql()

      if sql_result = 0 then do
        call sqlexec execute s2 using ':persnr,:gehalt,:provis'
        sql_result = check_sql()

        if sql_result = 0 then
          nummer = nummer + 1
        else do
          say 'Fehler bei Satz ' nummer
          nummer = 8482
          call sqlexec rollback
        end       /* do else-Zweig */
       end         /* do äußeres if in Schleife */
     end           /* Ende Schleife */
     say 'Ende: ' time()

     call sqlexec commit
     sql_result = check_sql()

    end            /* do inneres if um Schleife */
   end             /* do else-Zweig um Schleife */
```

```
   call sqlexec connect reset
   sql_result = check_sql()

   /* Lösche SQLDBS und SQLEXEC Funktionen */
   rcy = rxfuncdrop('SQLDBS')
   rcz = rxfuncdrop('SQLEXEC')
end                    /* do äußerstes if */
exit sql_result

/* Fehlerbehandlungsroutine */

check_sql: procedure expose result sqlca. sqlmsg
  if (result <> 0) then do
    sql_result = result
    say 'Fehler = ' result
  end
  else do
    sql_result = sqlca.sqlcode
    if sqlca.sqlcode <> 0 & sqlca.sqlcode <> 100 then
      say sqlmsg
  end
return sql_result
```

Als erstes in dem Programm weisen wir den REXX-Variablen Konstanten zu. Dazu gehören auch die beiden INSERT-Befehle, mit denen wir die Daten in der Datenbank abspeichern. Diese müssen vor Ausführung übersetzt werden (PREPARE) und dürfen daher keine Programm-Variablen enthalten. An die Stelle der Variablen treten Platzhalter (?), die bei der Befehlsausführung (EXECUTE) durch die Werte der dort angegebenen Variablen ersetzt werden.

Danach registrieren wir die Datenbank-Schnittstellen *sqldbs* für DB2/2-Kommandos und *sqlexec* für SQL-Befehle, falls diese noch nicht registriert sind (wir benötigen *sqldbs* hier zwar nicht, wollten Ihnen aber auch dies zeigen). Diese Registrierung ist nur einmal für alle Sitzungen (sessions) nötig.

Anschließend melden wir uns bei der Datenbank TEST an (CONNECT TO) und übersetzen die beiden INSERT-Befehle (PREPARE). In REXX sind *s1* bis *s100* vordefiniert für SQL-Befehlsnamen, ebenso *c1* bis *c100* als Cursornamen (siehe weiter unten TEST_R.CMD). Unter diesen Befehlsnamen werden die Befehle in DB2/2 zwischengespeichert und zur Ausführung aufgerufen.

In der folgenden Schleife werden dann die 8481 Zeilen je Tabelle erzeugt. Die Personalnummer PERSNO wird aus dem Schleifenzähler abgeleitet und aus der Programm-Variablen *persnr* zugewiesen.

PLZ, GEHALT und PROVISION werden mit Hilfe des Zufallszahlen-
generator erzeugt und über die Programm-Variablen *plz*, *gehalt*,
provis zugewiesen.

Die EXECUTE-Befehle in der Schleife führen die übersetzten
INSERT-Anweisungen aus. Mit der USING-Klausel werden die Programm-Variablen angegeben. Ihre Werte ersetzen die Platzhalter bei
der Ausführung.

Nach 8481 Durchläufen beenden wir die Schleife und geben die
neuen Datensätze, alle Sperren und die beiden übersetzten SQL-
Befehle mit COMMIT frei. Abschließend löschen wir die Registrierung von *sqldbs* und *sqlexec* wieder.

Für die Fehlerbehandlung haben wir die Routine *sql_check( )* aus
der EXPLAIN-Prozedur von IBM übernommen.

REXX-Prozedur Die REXX-Prozedur TEST_R.CMD liest von den Daten, die zuvor mit
TEST_R.CMD TEST_I.CMD erstellt wurden, Name, Vorname, Gehalt und Provision
aller Zeilen und gibt diese auf dem Bildschirm aus:

```
/* REXX-Programm liest 8481 Testsätze mit Cursor */
stmt = 'SELECT name, vname, gehalt, provision FROM person p, gehalt g '.
       'WHERE p.persno = g.persno';

/* Registrieren von SQLEXEC */
if rxfuncquery('SQLEXEC') <> 0 then do
  rca = rxfuncadd('SQLEXEC', 'SQLAR', 'SQLEXEC')
  if rca <> 0 then
     say 'Fehler mit RxFuncAdd für SQLEXEC ' rca
end

say
say 'Start Lesetest ' time()
/* Verbindung zu Datenbank Test */
call sqlexec connect to test
sql_result = check_sql()
if sql_result = 0 then do

  /* SQL-Befehl übersetzen */
  call sqlexec 'prepare s11 from :stmt'
  sql_result = check_sql()
  if sql_result = 0 then do
```

```
    /* Declare Cursor für select */
    call sqlexec 'declare c11 cursor for s11'
    sql_result = check_sql()
    if sql_result = 0 then do

      say 'Start Befehlsausführung ' time()

      /* Cursor öffnen = Befehl ausführen */
      call sqlexec open c11
      sql_result = check_sql()

      /* Schleife bis zum Ende oder Fehler */
      do while sql_result = 0

        /* call sqlexec to fetch a row of data */
        call sqlexec fetch c11 into ':name, :vname, :gehalt, :provis'
        sql_result = check_sql()

        /* if successful fetch */
        if sql_result = 0 then do

          /* Verarbeitung hier einsetzen*/
          say name vname gehalt provis

        end
      end

      /* Ende oder Fehler? */
      if sql_result = 100 then do  /* Ende! */
        /* Cursor schließen = Ergebnis freigeben */
        call sqlexec close c11
        sql_result = check_sql()
      end
    end
end

say
say 'Ende Lesetest ' time()

call sqlexec connect reset
sql_result = check_sql()

/* Lösche  SQLEXEC Funktion */
rca = rxfuncdrop('SQLEXEC')
end
exit sql_result
```

```
/* Fehler-Routine */

check_sql: procedure expose result sqlca. sqlmsg
  if (result <> 0) then do
    sql_result = result
    say 'Fehler = ' result
  end
  else do
    sql_result = sqlca.sqlcode
    if sqlca.sqlcode <> 0 & sqlca.sqlcode <> 100 then
      say sqlmsg
  end
return sql_result
```

TEST_R.CMD ist analog zu TEST_I.CMD aufgebaut. Als erstes weisen wir den SELECT-Befehl als Zeichenkette einer REXX-Variablen zu. Dieser SELECT muß mit Hilfe eines Cursor satzweise verarbeitet werden. Daher enthält er keine INTO-Angabe wie ein Einzelsatz-SELECT. Die Zuweisung der Daten zu den Programm-Variablen erfolgt erst im FETCH. Eine mögliche Programm-Variable in der Selektion (WHERE) müßte auch hier durch einen Platzhalter (?) ersetzt werden (siehe auch weiter oben TEST_I.CMD) und würde im OPEN mit USING angegeben.

Danach registrieren wir die Datenbank-Schnittstelle *sqlexec* für SQL-Befehle, falls diese noch nicht registriert ist (wir benötigen *sqldbs* hier nicht). Diese Registrierung ist nur einmal für aller Sitzungen (sessions) nötig.

Anschließend melden wir uns bei der Datenbank *TEST* an (CONNECT TO) und übersetzen den SELECT-Befehl (PREPARE). In REXX sind *s1* bis *s100* vordefiniert für SQL-Befehlsnamen. *c1* bis *c100* sind als Cursornamen vordefiniert, davon *c51* bis *c100* für Cursor mit WITH HOLD-Angabe, die Sperren und übersetzte dynamische SQL-Befehle auch über Transaktionsgrenzen (COMMIT) hinweg festhält. Die Numerierung von Befehls- und Cursornamen muß übereinstimmen, z.B. gehört zu Cursor c12 Befehl s12. Unter dem Befehlsnamen werden die Befehle in DB2/2 zwischengespeichert und zur Ausführung aufgerufen.

Wir deklarieren den Cursor, wobei DB2/2 die Verbindung zwischen übersetztem SELECT und dem Cursor herstellt (ein solcher SELECT kann nicht mit EXECUTE ausgeführt werden). Mit dem anschließenden OPEN auf den Cursor wird der SELECT von DB2/2 ausgeführt.

In der folgenden Lese-Schleife werden dann alle Zeilen (8481) der Ergebnis-Tabelle satzweise gelesen (FETCH) und in Programm-Variable übertragen (INTO).

Am Ende der Schleife wird der Cursor mit CLOSE geschlossen und die Ergebnisse des SELECT freigegeben. Abschließend löschen wir die Registrierung von *sqlexec* wieder.

Für die Fehlerbehandlung haben wir auch hier die Routine *sql_check( )* aus der EXPLAIN-Prozedur von IBM übernommen.

Wir benötigen in diesem Beispiel keine SQLDA, weil wir die Abfrage vorher kennen. Wenn Sie erst zur Laufzeit z.B. den Benutzer entscheiden lassen, welche Tabellen und Spalten er lesen will, so benötigen Sie die SQLDA, um sich zwischen dem PREPARE und dem EXECUTE von DB2/2 die Datentypen der gesuchten Spalten beschreiben zu lassen und den nötigen Speicher für die zu lesenden Daten bereitzustellen.

Um die Tabellen mit 8481 Zeilen zu füllen, benötigte TEST_I.CMD auf einem 486-33 mit 16 MB Hauptspeicher und Local Bus-Kontrollkarten für Platte und Bildschirm ca. 8 Minuten. TEST_R.CMD brauchte ca. vier Minuten für das Lesen der Daten mit einfacher Bildschirmausgabe im OS/2-Fenster. Diese Form der Bildschirmausgabe ist nur Ersatz für eine wie auch immer geartete Verarbeitung der Datensätze. Wer mehr Komfort in der Ausgabe wünscht, kann TEST_R.CMD auch unter der Presentation Manager-Schnittstelle PM/REXX[3] ablaufen lassen (Aufruf PMREXX TEST_R). Die Daten werden dann in einem Fenster PM-gerecht präsentiert und können über die Schieber der Rollbalken auch durchblättert werden. Der Preis für diesen Komfort ist hoch: Die Laufzeiten bei dieser bescheidenen Anzahl von 8481 Sätzen war so hoch, daß wir nach einer Stunde den Lauf abbrachen! Ein Zehntel der Daten (848) wurden unter PMREXX in ca. 4 1/2 Minuten bearbeitet und die Laufzeit steigt mit wachsendem Datenvolumen überproportional. Schreiben Sie dagegen in der Prozedur die Daten in eine Datei und rufen Sie anschließend den System-Editor auf, dauert es nur sieben Minuten, bis die Daten am Bildschirm PM-gerecht angezeigt werden.

Noch ein Wort zu diesen Zeitangaben: Die absoluten Zeitangaben hängen natürlich von der Hardware- und Software-Konfiguration

---

3 PM/REXX verfügt übrigens über eine interaktive Ablaufverfolgung und eignet sich daher sehr gut für den Test neuer Prozeduren.

ab. Sie sind daher nur beschränkt aussagefähig und schon gar nicht dazu geeignet, mit den Ergebnissen anderer Produkte auf anderen Hard- oder Software-Plattformen verglichen zu werden. Interessant sind dagegen die Verhältnisse unserer Zeitangaben: Sie zeigen Ihnen, welchen Einfluß die Auswahl der Anwendungsumgebung auf die Antwortzeiten hat und wo viel Zeit verbraucht wird.

6.3 ESQL-Befehle

Die folgenden SQL-Befehle bzw. -Befehlsformen können nur in Anwendungsprogrammen benutzt werden. Die nicht hier, sondern in Kapitel 5, *Structured Query Language (SQL)*, aufgeführten SQL-Befehle können mit Ausnahme des SELECT auch in Anwendungsprogrammen benutzt werden.

    BEGIN DECLARE SECTION
    END DECLARE SECTION
    INCLUDE
    DECLARE CURSOR
    OPEN
    FETCH
    CLOSE
    DELETE
    INSERT
    UPDATE
    SELECT INTO
    WHENEVER
    DESCRIBE
    PREPARE
    EXECUTE
    EXECUTE IMMEDIATE

BEGIN DECLARE SECTION

```
──── BEGIN DECLARE SECTION        ──────────────────────────────┤
```

Mit BEGIN DECLARE SECTION leiten Sie den Deklarationsteil für die Programm-Variablen ein, die in SQL-Befehlen benutzt werden.

SQL-Befehle sind in der DECLARE SECTION nicht erlaubt.

Die Anweisungen BEGIN DECLARE SECTION und END DECLARE SECTION müssen paarweise verwendet und dürfen nicht ineinander verschachtelt werden.

Die Anweisung darf in Programmen überall dort benutzt werden, wo Variablen-Deklarationen in der jeweiligen Programmiersprache erlaubt sind.

Dieser Befehl wird in REXX nicht unterstützt.

END DECLARE SECTION

Mit END DECLARE SECTION beenden Sie den Deklarationsteil für die Programm-Variablen, die in SQL-Befehlen benutzt werden.

Die Anweisungen BEGIN DECLARE SECTION und END DECLARE SECTION müssen paarweise verwendet und dürfen nicht ineinander verschachtelt werden.

SQL-Befehle sind in der DECLARE SECTION nicht erlaubt.

Die Anweisung darf in Programmen überall dort benutzt werden, wo Variablen-Deklarationen in der jeweiligen Programmiersprache erlaubt sind.

Dieser Befehl wird in REXX nicht unterstützt.

INCLUDE

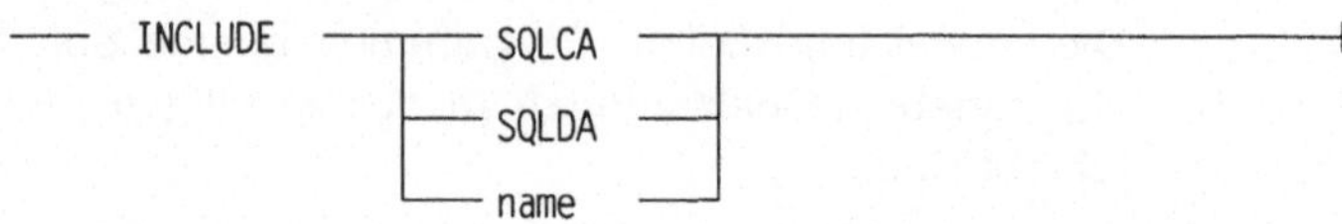

Mit INCLUDE kopieren Sie Deklarationen in ein Quellprogramm. Der Precompiler ersetzt diese Anweisung durch die referenzierten Quellanweisungen.

INCLUDE kann nur an den Stellen des Quellprogramms angegeben werden, wo die eingefügten Quellanweisungen erlaubt sind.

INCLUDE-Anweisungen dürfen ineinander verschachtelt (nested) werden, zyklische Aufrufe sind nicht erlaubt.

Parameter	
SQLCA	Die Beschreibung des SQL-Kommunikationsbereichs SQLCA (SQL Communication Area) wird in das Programm eingefügt.
SQLDA	Die Beschreibung des SQL-Deskriptorbereichs SQLDA (SQL Deskriptor Area) wird in das Programm eingefügt.
name	Der Text in der Datei *name* wird in das Programm eingefügt. *name* kann ein SQL identifier oder eine Textkonstante in Hochkommata (') eingeschlossen sein. Bei einem SQL identifier wird die Dateinamenextension unterstellt, die zum übersetzten Quellprogramm gehört. Der Text in der angegebenen Datei muß den Regeln der verwendeten Programmiersprache gehorchen. Dieser Parameter ist in COBOL-Programmen nicht erlaubt.

Unterschiede DB2/MVS INCLUDE *name* ist unter DB2/MVS für COBOL in der DATA DIVISION oder PROCEDURE DIVISION erlaubt.

DECLARE CURSOR

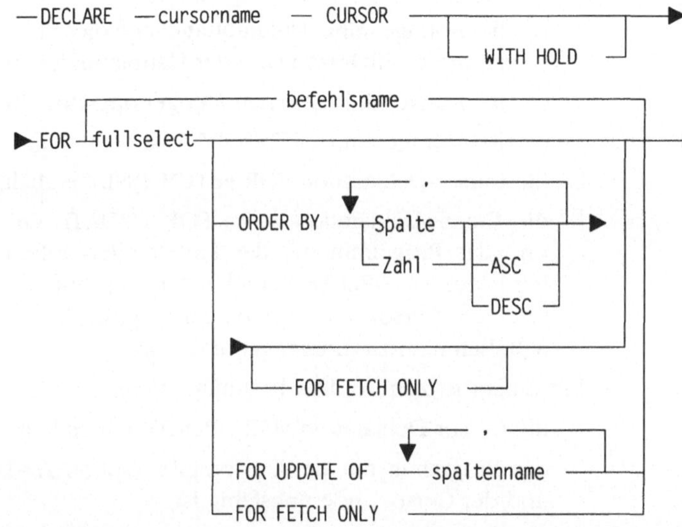

DECLARE CURSOR definiert einen Cursor zur satzweisen Bearbeitung der Ergebnis-Tabelle des darin enthaltenen SELECT-Befehls. Der Cursor referenziert die Ergebnis-Tabelle und zeigt auf eine Zeile darin. Diese Anweisung ist kein ausführbarer Befehl.

Unterprogramme können keine Cursor benutzen, die im aufrufenden Programm definiert wurden.

Der enthaltene SELECT-Befehl wird beim Öffnen des Cursor ausgeführt (siehe *OPEN*, Seite 178). Daher weisen die im SELECT enthaltenen System-Variablen CURRENT DATE, CURRENT TIME oder CURRENT TIMESTAMP denselben Wert bei jedem FETCH-Befehl auf.

Dieser Befehl kann nicht mit PREPARE dynamisch übersetzt werden.

Ein Cursor ist nur zum Lesen bestimmt, wenn

– das Ergebnis des SELECT nicht änderungsfähig ist. Dies ist der Fall, wenn

    o die erste FROM-Angabe mehr als eine Tabelle enthält,

    o die erste FROM-Angabe eine nicht änderungsfähige Sicht enthält,

o   die SELECT-Angabe DISTINCT oder eine Spaltenfunktion
    enthält,

o   die äußere Abfrage GROUP BY oder HAVING enthält,

o   die Abfrage eine Unterabfrage auf dieselbe Tabelle enthält,
    die in der FROM-Angabe der Hauptabfrage enthalten ist,

o   die äußere Abfrage einen Mengenoperator enthält,

o   die Abfrage eine ORDER BY-Angabe enthält,

−   die Cursor-Deklaration FOR FETCH ONLY enthält,

−   die Cursor-Deklaration *keine* FOR UPDATE OF-Angabe enthält
    und das Programm mit der Precompiler-Option /L=0 übersetzt
    wird, keinen DELETE-Befehl mit Bezug auf den Cursor enthält
    und der Cursor nicht in einem Zugriffsplan mit dynamischen
    SQL-Befehlen zusammengebunden ist.

Ein Cursor ist zum Ändern bestimmt, wenn

−   die Cursor-Deklaration FOR UPDATE OF enthält,

−   das Programm mit der Precompiler-Option /L=1 übersetzt wird
    und der Cursor änderungsfähig ist,

−   ein DELETE-Befehl Bezug auf den Cursor nimmt.

Ein Cursor ist zweideutig (ambiguous), wenn keine der vorgenann-
ten Bedingungen zutrifft und das Programm dynamische SQL-Befehle übersetzt und ausführt. Zweideutige Cursor sind nur dann
änderungsfähig, wenn das Programm mit der Precompiler-Option
/K=NONE oder /K=UNAMBIG übersetzt wurde.

Parameter	
cursorname	identifiziert den Cursor und darf nicht mit dem Namen eines anderen Cursor, der im selben Programm definiert wurde, über-einstimmen.

WITH HOLD	erhält benötigte Ressourcen über Transaktionsgrenzen hinweg. Dies bedeutet im Falle eines COMMIT-Befehls, daß – eröffnete Cursor, die mit WITH HOLD definiert wurden, geöffnet bleiben und ihre Positionierung in der Ergebnismenge behalten, – alle übersetzten SQL-Befehle (siehe auch PREPARE), die eröffnete Cursor, die mit WITH HOLD definiert wurden, referenzieren, erhalten bleiben, – alle Sperren freigegeben werden, außer Tabellensperren für eröffnete Cursor, die mit WITH HOLD definiert wurden, – gültige Befehle mit Cursorn, die mit WITH HOLD definiert wurden, unmittelbar nach einem COMMIT sind: FETCH, CLOSE sowie UPDATE und DELETE mit WHERE CURRENT OF cursorname. Dies bedeutet im Falle eines ROLLBACK-Befehls, daß – alle eröffneten Cursor geschlossen werden, – alle Sperren, die in der Transaktion gesetzt wurden, freigegeben werden, – alle übersetzten Befehle gelöscht werden.
befehlsname	verweist auf einen SELECT-Befehl, der unter diesem Namen übersetzt wird, bevor der Cursor geöffnet wird. Der Befehlsname darf nicht mit einem anderen Befehlsnamen übereinstimmen, der im selben Programm in einem anderen DECLARE CURSOR angegeben wurde.
fullselect	darf Programm-Variable enthalten, die zuvor im Quellprogramm als solche deklariert wurden (siehe auch Abschnitt 5.25 *SELECT*).

ORDER BY	sortiert die Ergebnis-Tabelle aufsteigend (ASC) oder absteigend (DESC) nach den angegebenen Spalten. Die Sortierkriterien müssen in der Auswahlliste (siehe Abschnitt 5.25 *SELECT*) enthalten sein. Sie können statt des Spaltennamens auch die relative Position der Spalten in der Liste angeben (nützlich bei arithmetischen Ausdrücken ohne Namen).
FOR UPDATE OF	meldet die Änderungsabsicht an.
FOR FETCH ONLY	definiert den Cursor als reinen Lese-Cursor (read only).

Berechtigungen Für die DECLARE CURSOR-Anweisung brauchen Sie keine Berechtigungen, für die Ausführung des darin enthaltenen SELECT-Befehls mindestens eine der folgenden für jede angegebene Tabelle oder Sicht:

- SYSADM oder DBADM
- CONTROL-Berechtigung
- SELECT-Berechtigung.

OPEN

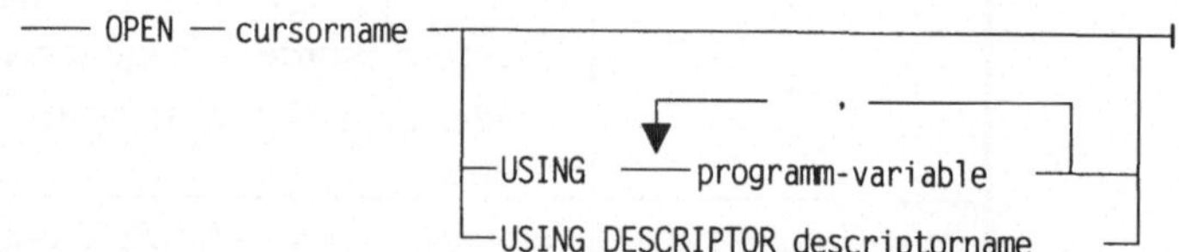

OPEN öffnet einen deklarierten Cursor und führt das zugehörige SELECT aus. Dabei werden die aktuellen Werte der Programm-Variablen benutzt, die im SELECT angeben wurden. Der Cursor wird vor den ersten Satz der Ergebnis-Tabelle positioniert. Ist die Ergebnis-Tabelle leer, verhält sich der Cursor wie nach der letzten gelesenen Zeile.

Für das Lesen der Zeilen aus der Ergebnis-Tabelle müssen Sie FETCH verwenden. Um den SELECT erneut auszuführen, müssen Sie den Cursor schließen (CLOSE) und nochmals öffnen.

DB2/2 entscheidet, ob das Ergebnis in einer temporären Tabelle zwischengespeichert oder dynamisch erstellt wird. In Abhängigkeit davon können ändernde Befehle (INSERT, DELETE, UPDATE) das Ergebnis nicht oder sehr wohl beeinflussen. Eine Beeinflussung der Ergebnis-Tabelle ist **mit** einer temporären Tabelle *nicht möglich*, **ohne** diese temporäre Tabelle *möglich*, aber nicht immer in der Auswirkung eindeutig vorhersehbar.

Die Anweisung darf in Programmen überall dort benutzt werden, wo ausführbare Anweisungen in der jeweiligen Programmiersprache erlaubt sind.

Dieser Befehl kann nicht mit PREPARE dynamisch übersetzt werden.

Parameter	
cursorname	verweist auf den Cursor, der unter diesem Namen mit DECLARE CURSOR zuvor definiert wurde.
USING	leitet eine Liste von Programm-Variablen ein, die bei dynamischen SELECT-Befehlen die Parameter-Platzhalter ersetzen. Die Ersetzung erfolgt nach der Reihenfolge.
USING DESCRIPTOR	verweist auf die SQLDA (SQL dynamic area), die eine Beschreibung der Programm-Variablen enthält. Vor Ausführung des OPEN muß der Benutzer die SQLDA mit den benötigten Angaben versorgen.

Berechtigungen Für die Ausführung des SELECT-Befehls, der mit dem OPEN ausgelöst wird, brauchen Sie mindestens eine der folgenden Berechtigungen für jede angegebene Tabelle oder Sicht:

- SYSADM oder DBADM
- CONTROL-Berechtigung
- SELECT-Berechtigung.

FETCH

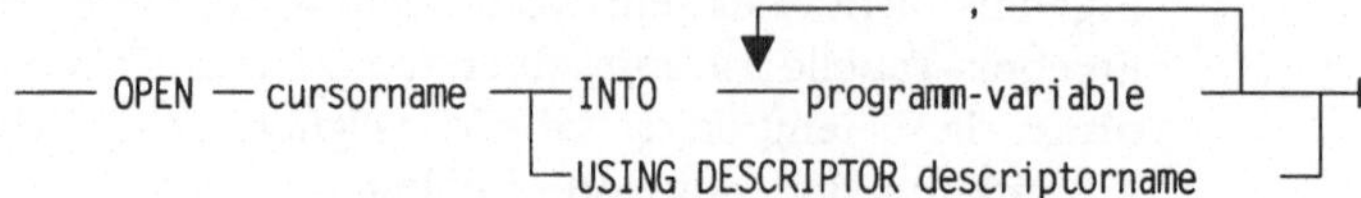

FETCH positioniert den Cursor auf die nächste Zeile der Ergebnis-Tabelle und überträgt deren Inhalt in die angegebenen Programm-Variablen. Der Cursor muß zuvor eröffnet worden sein.

Steht der Cursor bereits auf oder hinter der letzten Zeile, erhalten Sie den Status +100 in der Variablen SQLCODE zurück.

Die Anweisung darf in Programmen überall dort benutzt werden, wo ausführbare in der jeweiligen Programmiersprache erlaubt sind.

Dieser Befehl kann nicht mit PREPARE dynamisch übersetzt werden.

Parameter	
cursorname	verweist auf den Cursor, der unter diesem Namen mit DECLARE CURSOR zuvor definiert wurde.
INTO	leitet eine Liste von Programm-Variablen ein, in die die Spalten der Zeile aus der Ergebnis-Tabelle übertragen werden. Die Zuweisung erfolgt nach der Reihenfolge. Ist die Anzahl der Spalten kleiner als die der angegebenen Variablen, erhalten Sie den Wert 'W' in dem Feld SQLWARN3 der SQLCA zurück. Die Datentypen von Spalten und Programm-Variablen müssen kompatibel sein. Um NULL-Werte der Datenbank erkennen zu können, müssen Sie Indikator-Variablen angeben.
USING DESCRIPTOR	verweist auf die SQLDA (SQL dynamic area), die eine Beschreibung der Programm-Variablen enthält. Vor Ausführung des FETCH muß der Benutzer die SQLDA mit den benötigten Angaben versorgen.

Berechtigungen Für die Ausführung des SELECT-Befehls, der mit dem OPEN ausgelöst wird, brauchen Sie mindestens eine der folgenden Berechtigungen für jede angegebene Tabelle oder Sicht:

- SYSADM oder DBADM
- CONTROL-Berechtigung
- SELECT-Berechtigung.

CLOSE

```
──── CLOSE ── cursorname ──────────────────────────────────┤
```

CLOSE schließt den Cursor und gibt die Ergebnis-Tabelle frei.
Wurde von DB2/2 eine temporäre Tabelle für die Ergebnis-Tabelle
benutzt, wird diese gelöscht.

CLOSE enthält **kein** Transaktionsende (COMMIT oder ROLLBACK).

Die Anweisung darf in Programmen überall dort benutzt werden,
wo ausführbare Anweisungen in der jeweiligen Programmiersprache
erlaubt sind.

Dieser Befehl kann nicht mit PREPARE dynamisch übersetzt werden.

Parameter	
cursorname	verweist auf den Cursor, der unter diesem Namen mit DECLARE CURSOR zuvor definiert wurde.

DELETE

```
──DELETE FROM  ─tabelle ─WHERE CURRENT OF ─cursorname ─┤
```

Diese Form des DELETE löscht die aktuelle Zeile, auf die der angegebene Cursor zeigt. Der Cursor muß auf einer Zeile positioniert
sein. Nach Ausführung des DELETE ist der Cursor vor der nächsten
Zeile der Ergebnis-Tabelle positioniert. Wurde die letzte Zeile
gelöscht, so ist er hinter der letzten Zeile positioniert.

Die Regeln zur Erhaltung der referentiellen Integrität werden entsprechend den Angaben in den Tabellen-Definitionen angewendet (siehe auch Kapitel 3, *Query Manager*).

In SQLERRD(3) der SQLCA (siehe Bild 6.4, Seite 159) sehen Sie die Anzahl der gelöschten Zeilen ohne die Anzahl der Zeilen in anderen Tabellen, die über CASCADE-Regeln gelöscht wurden. Bei diesem Befehl beträgt die Anzahl immer 1. Die von den Regeln der referentiellen Integrität betroffenen Zeilen sehen Sie in SQLERRD(5). Die Anzahl umfaßt Zeilen mit zutreffenden CASCADE- oder SET NULL-Angaben.

Die Anweisung darf in Programmen überall dort benutzt werden, wo ausführbare Anweisungen in der jeweiligen Programmiersprache erlaubt sind.

Parameter	
tabelle	gibt die Tabelle oder Sicht an, aus der die Zeile gelöscht werden soll. Sie muß mit der Tabellen-Angabe im DECLARE CURSOR übereinstimmen.
cursorname	verweist auf den Cursor, der unter diesem Namen mit DECLARE CURSOR zuvor definiert wurde.

Berechtigungen Für die Ausführung dieses DELETE-Befehls brauchen Sie mindestens eine der folgenden Berechtigungen für die angegebene Tabelle oder Sicht:

o SYSADM oder DBADM

o CONTROL-Berechtigung

o DELETE-Berechtigung.

INSERT

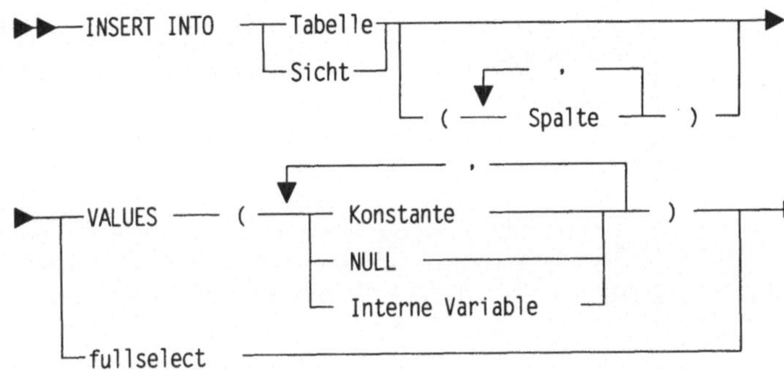

Zur Beschreibung des INSERT-Befehls siehe Abschnitt 5.18, *Insert*.

Die Anweisung darf in Programmen überall dort benutzt werden, wo ausführbare Anweisungen in der jeweiligen Programmiersprache erlaubt sind.

In SQLERRD(3) der SQLCA (siehe Bild 6.4, Seite 159) sehen Sie die Anzahl der eingefügten Zeilen.

UPDATE

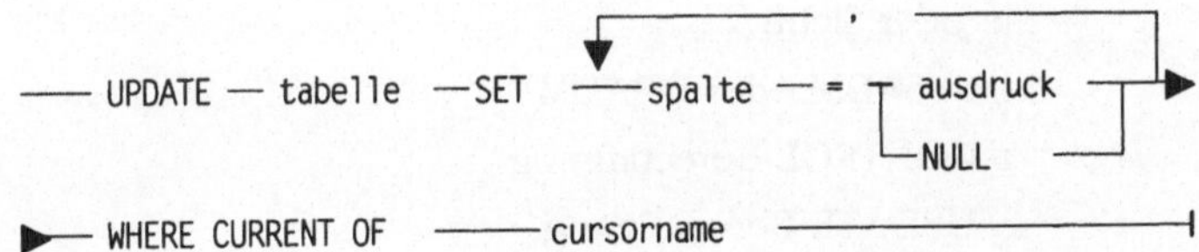

Diese Form des UPDATE-Befehls ändert die aktuelle Zeile, auf die der angegebene Cursor zeigt. Der Cursor muß auf einer Zeile positioniert sein.

Die Integritätsregeln werden entsprechend den Angaben in den Tabellen- oder Sicht-Definitionen angewendet (siehe auch Kapitel 3, *Query Manager*).

Die Anweisung darf in Programmen überall dort benutzt werden, wo ausführbare Anweisungen in der jeweiligen Programmiersprache erlaubt sind.

In SQLERRD(3) der SQLCA (siehe Bild 6.4, Seite 159) sehen Sie die Anzahl der geänderten Zeilen. Bei diesem Befehl beträgt die Anzahl immer 1.

Parameter	
tabelle	gibt die Tabelle oder Sicht an, aus der die Zeile gelöscht werden soll. Sie muß mit der Tabellen-Angabe im DECLARE CURSOR übereinstimmen und änderungsfähig sein.
SET	Wurde die FOR UPDATE-Klausel nicht spezifiziert, aber das Programm mit Precompiler-Option /L=1 übersetzt, können in der Zuweisungsliste beliebige Spalten der Tabelle oder Sicht angegeben werden. Wurde die FOR UPDATE-Klausel nicht spezifiziert, und das Programm mit Precompiler-Option /L=0 übersetzt, dürfen keine Spalten verändert werden.
cursorname	verweist auf den Cursor, der unter diesem Namen mit DECLARE CURSOR zuvor definiert wurde.

Berechtigungen Für die Ausführung dieses UPDATE-Befehls brauchen Sie mindestens eine der folgenden Berechtigungen für die angegebene Tabelle oder Sicht:

o SYSADM oder DBADM

o CONTROL-Berechtigung

o UPDATE-Berechtigung.

SELECT INTO

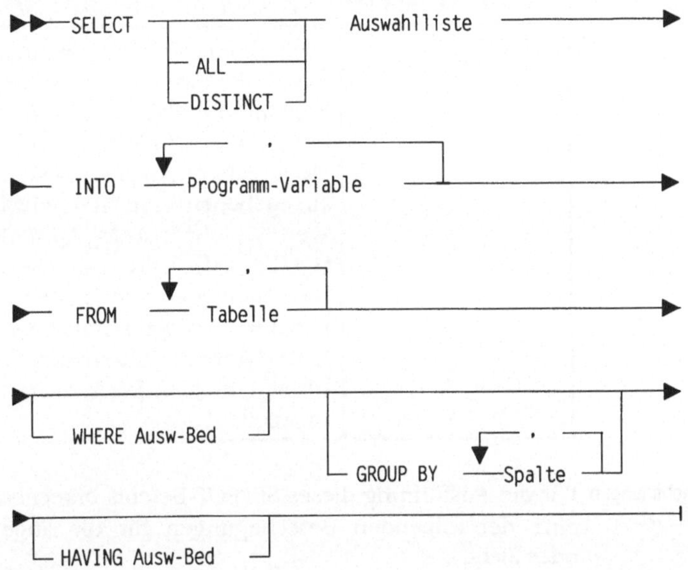

SELECT INTO führt eine Abfrage aus und weist das Ergebnis den angegebenen Programm-Variablen zu. Das Ergebnis der Abfrage darf nur aus einer Zeile bestehen. Ist die Ergebnis-Tabelle leer, wird der SQLCODE +100 gesetzt.

Besteht das Ergebnis der Abfrage aus mehr als einer Zeile, erhalten Sie einen Fehlercode. Die Programm-Variablen können dann Werte enthalten. Es ist aber nicht definiert, zu welcher Zeile diese gehören.

Dieser Befehl wird nicht in REXX unterstützt. Er kann nicht mit PREPARE dynamisch übersetzt werden.

Parameter	
Zur Beschreibung der Klauseln SELECT, FROM, WHERE, GROUP BY und HAVING siehe Abschnitt 5.25, *SELECT.*	
INTO	leitet eine Liste von Programm-Variablen ein, in die die Spalten der Zeile aus der Ergebnis-Tabelle übertragen werden. Die Zuweisung erfolgt nach der Reihenfolge. Ist die Anzahl der Spalten kleiner als die der angegebenen Variablen, erhalten Sie den Wert 'W' in dem Feld SQLWARN3 der SQLCA (siehe Bild 6.4, Seite 159) zurück. Die Datentypen von Spalten und Programm-Variablen müssen kompatibel sein. Um NULL-Werte der Datenbank erkennen zu können, müssen Sie Indikator-Variablen angeben.

Berechtigungen Für die Ausführung dieses SELECT-Befehls brauchen Sie mindestens eine der folgenden Berechtigungen für die angegebene Tabelle oder Sicht:

o SYSADM oder DBADM

o CONTROL-Berechtigung

o SELECT-Berechtigung.

Unterschiede zu DB2/MVS Die Klauseln GROUP BY und HAVING werden unter DB2/MVS nicht unterstützt.

WHENEVER

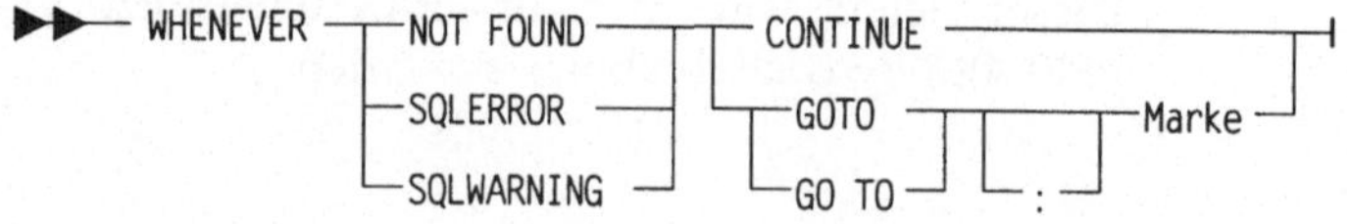

WHENEVER gibt die Aktion vor, die beim Auftreten von Ausnahmezuständen (exceptions conditions) durchgeführt werden soll.

Diese Anweisung ist kein ausführbarer Befehl, sondern eine Anweisung an den Precompiler, der die ausführbaren Befehle zur Durchführung der Aktion generiert. Von der Anweisung betroffen sind daher alle ausführbaren SQL-Befehle in der Reihenfolge ihres Erscheinens im Quellcode nach WHENEVER, nicht aber in der Reihenfolge ihrer Ausführung.

Ein folgendes WHENEVER ändert ein vorheriges WHENEVER zur gleichen Ausnahmebedingung ab seinem Platz im Quellcode.

Geben Sie kein WHENEVER an, so gilt für alle Ausnahmezustände CONTINUE.

Dieser Befehl wird in REXX nicht unterstützt.

Parameter	
NOT FOUND	bedeutet SQLCODE = +100 oder SQLSTATE = '02000'.
SQLERROR	bedeutet SQLCODE < 0.
SQLWARNING	bedeutet SQLCODE > 0 aber <> +100 oder SQLWARN0 = 'W'.
CONTINUE	bringt den nächsten Befehl im Quellcode zur Ausführung.
GOTO oder GO TO	springt die angegebene Marke an.

DESCRIBE

```
—— DESCRIBE — befehlsname  —INTO —deskriptor  ————————|
```

DESCRIBE stellt Informationen über den übersetzten SQL-Befehl *befehlsname* in den Bereich *deskriptor*.

Dieser Befehl kann nicht mit PREPARE dynamisch übersetzt werden.

Vor dem Aufruf von DESCRIBE muß folgender Parameter gesetzt werden:

SQLN	Anzahl der Variablen, die der Bereich SQLVAR enthält.

DB2/2 versorgt folgende Variablen bei Befehlsausführung:

SQLDAID	Inhalt 'SQLDA'
SQLDABC	Länge der SQLDA
SQLD	Anzahl der Spalten bei einem übersetzten SELECT-Befehl, sonst 0. Ist SQLD 0 oder größer als SQLN, enthält der Bereich SQLVAR keine Daten.
SQLVAR	Für 0 < SQLD <= SQLN enthält SQLVAR die Beschreibungen der Spalten der Ergebnistabelle in der Reihenfolge dieser Tabelle. Die Anzahl der Einträge ist SQLD. Die Beschreibung besteht jeweils aus SQLTYPE, SQLLEN und SQLNAME.
SQLTYPE	Codierter Datentyp für die Spalte, Wertebereich 384 bis 501, wobei gerade Zahlen angeben, daß NULL erlaubt ist, ungerade, daß NULL nicht erlaubt ist.
SQLLEN	Länge in Abhängigkeit vom Datentyp der Spalte
SQLNAME	Unqualifizierter Spaltenname

Parameter	
befehlsname	verweist auf einen Befehl, der unter diesem Namen zuvor übersetzt wurde.
INTO *deskriptor*	verweist auf die SQLDA, die unter *deskriptor* angelegt wurde.

Bild 6.5:
SQLDA als
COBOL-COPY

Die SQLDA hat folgenden Aufbau:

```
**************************************************************************
*
*  Module Name   = SQLDA.CBL
*
*  Descriptive Name = SQLDA Copy File
*
*  Copyright = 5622-044 (C) Copyright IBM Corp. 1987, 1993
*           Licensed Material - Program Property of IBM
*           Refer to Copyright Instructions Form Number G120-3083
*
*  Function = Copy File defining
*           SQLDA
*
*  Operating System = OS/2 2.0
*
**************************************************************************
*   SQL Descriptor Area - Variable descriptor
*                                       SQL Descriptor Area - SQLDA
     01 SQLDA sync.
        05 SQLDAID pic X(8) value SQLDA ".
*                                       Eye catcher = 'SQLDA   '
        05 SQLDABC PIC S9(9) COMP-5.
*                                       SQLDA size in bytes = 16+44*SQLN
        05 SQLN PIC S9(4) COMP-5.
*                                       Number of SQLVAR elements
        05 SQLD PIC S9(4) COMP-5.
*                                       # of used SQLVAR elements
        05 SQLVAR occurs 0 to 1489 times depending on SQLD.
           10 SQLTYPE PIC S9(4) COMP-5.
*                                       Variable data type
           10 SQLLEN PIC S9(4) COMP-5.
*                                       Variable data length
           10 SQLDATA usage pointer.
*                                       Pointer to variable data value
           10 SQLIND usage pointer.
*                                       Pointer to Null indicator
           10 SQLNAME.
*                                       Variable Name
              15 SQLNAMEL PIC S9(4) COMP-5.
*                                       Name length varies from 1 to 30
              15 SQLNAMEC pic X(30).
*                                       Variable or Column name
```

Berechtigungen Zur Ausführung dieses Befehls benötigen Sie keine Berechtigungen.

Unterschiede zu DB2/MVS DB2/2 unterstützt keine USING-Angabe in der INTO *deskriptor*-Klausel zur Steuerung des Inhalts von SQLNAME. Die Codes für die Datentyp-Angabe in SQLTYPE stimmen überein, wobei DB2/2 mit 460/461 für die mit Binär-Null beendete Zeichenkette zwei weitere kennt.

PREPARE

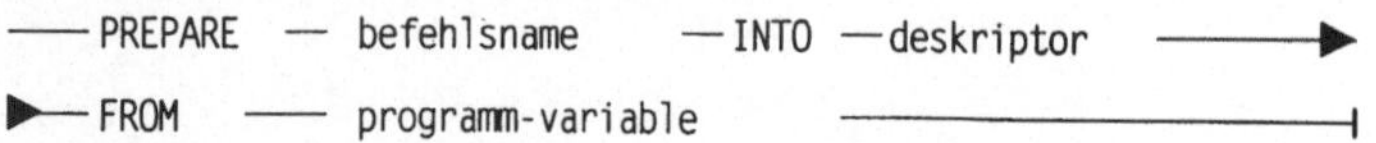

PREPARE übersetzt in einem Anwendungsprogramm zu dessen Ausführungszeit einen SQL-Befehl, der als Zeichenkette vorliegt, und
speichert ihn. Enthält der SQL-Befehl als Zeichenkette Fehler, wird
er nicht in übersetzter Form abgelegt; die SQLCA (siehe Bild 6.4,
Seite 159) enthält dann den Fehlercode.

Übersetzte Befehle können mit EXECUTE beliebig oft ausgeführt
werden, wenn sie keine SELECT sind. SELECT-Befehle müssen als
Cursor deklariert und mit OPEN ausgeführt werden. Wenn Befehle
nur einmal ausgeführt werden sollen, ist es effizienter, EXECUTE
IMMEDIATE zu benutzen.

Übersetzte Befehle bleiben bis zur Transaktionsgrenze erhalten, es
sei denn, sie beziehen sich auf Cursor, die mit WITH HOLD definiert wurden.

PREPARE selbst kann nicht mit PREPARE dynamisch übersetzt werden.

Parameter	
befehlsname	benennt den übersetzten Befehl. Wenn der Name bereits einen übersetzten Befehl identifiziert, wird dieser zerstört. Der Name darf keinen übersetzten SELECT-Befehl identifizieren, dessen Cursor geöffnet ist.
INTO *deskriptor*	verweist auf die SQLDA, die unter *deskriptor* angelegt wurde. Der DESCRIBE-Befehl kann stattdessen verwendet werden.

FROM *programm-variable*	verweist auf zuvor als solche deklarierte Programm-Variable, die den SQL-Befehl als Zeichenkette enthält. Die Variable muß einen der folgenden SQL-Befehle enthalten:
	ALTER TABLE, COMMENT ON, COMMIT, CREATE INDEX, CREATE TABLE, CREATE VIEW, DELETE, DROP, GRANT, INSERT, LOCK TABLE, REVOKE, ROLLBACK, SELECT, UPDATE.
	Die Zeichenkette darf nicht enthalten:
	– SELECT INTO
	– EXEC SQL und Befehlsbegrenzer wie END-EXEC oder ;
	– Referenzen auf Programm-Variablen
	– Kommentare.
	Statt der Programm-Variablen kann die Zeichenkette Parameter-Platzhalter '?' enthalten. Diese werden durch die Werte von Programm-Variablen ersetzt, wenn der Befehl ausgeführt wird.

Berechtigungen Bei Ausführung des Befehls werden für DML-Befehle die Berechtigungen geprüft. Sie müssen über die notwendigen Berechtigungen für die Ausführung des zu übersetzenden Befehls verfügen. Bei anderen Befehlen (DDL, DCL) werden die Berechtigungen zu deren Ausführung erst zur Ausführungszeit geprüft. Dann benötigen Sie keine Berechtigungen, um PREPARE aufzurufen.

Unterschiede zu DB2/MVS DB2/2 unterstützt keine USING-Angabe in der INTO *deskriptor*-Klausel.

EXECUTE

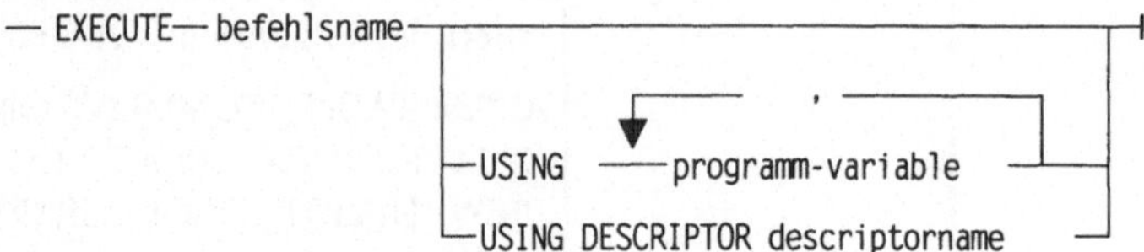

EXECUTE führt einen zuvor übersetzten SQL-Befehl aus.

Dieser Befehl kann nicht mit PREPARE dynamisch übersetzt werden.

Parameter	
befehlsname	verweist auf den SQL-Befehl, der unter diesem Namen mit PREPARE zuvor in derselben Transaktion übersetzt wurde. Der Befehl darf kein SELECT sein.
USING	leitet eine Liste von Programm-Variablen ein, die bei dynamischen SELECT-Befehlen die Parameter-Platzhalter ersetzen. Die Ersetzung erfolgt nach der Reihenfolge.
USING DESCRIPTOR	verweist auf die SQLDA (SQL dynamic area), die eine Beschreibung der Programm-Variablen enthält. Vor Ausführung des OPEN muß der Benutzer die SQLDA mit den benötigten Angaben versorgen.

Berechtigungen Für Befehle, bei denen zur Ausführungszeit die Berechtigung geprüft wird, müssen Sie über die Berechtigungen verfügen, die zur Ausführung des auszuführenden Befehls notwendig sind. Für Befehle, bei denen die Berechtigung bereits bei der Übersetzung geprüft wurde, benötigen Sie keine Berechtigungen, um EXECUTE aufzurufen.

EXECUTE IMMEDIATE

```
— EXECUTE IMMEDIATE  ┝— programm-variable  ——————————┥
```

EXECUTE IMMEDIATE übersetzt in einem Anwendungsprogramm zu dessen Ausführungszeit einen SQL-Befehl, der als Zeichenkette vorliegt, führt ihn aus und zerstört sein ausführbares Format sogleich. Enthält der SQL-Befehl als Zeichenkette Fehler, wird er nicht ausgeführt; die SQLCA (siehe Bild 6.4, Seite 159) enthält dann den Fehlercode.

Führen Sie denselben Befehl mehrmals aus, ist es effizienter, ihn mit PREPARE einmal zu übersetzen und dann mit EXECUTE mehrmals auszuführen.

Parameter	
programm-variable	verweist auf zuvor als solche deklarierte Programm-Variable, die den SQL-Befehl als Zeichenkette enthält. Die Variable muß einen der folgenden SQL-Befehle enthalten:
	ALTER TABLE, COMMENT ON, COMMIT, CREATE INDEX, CREATE TABLE, CREATE VIEW, DELETE, DROP, GRANT, INSERT, LOCK TABLE, REVOKE, ROLLBACK, SELECT, UPDATE.
	Die Zeichenkette darf nicht enthalten:
	– SELECT INTO
	– EXEC SQL und Befehlsbegrenzer wie END-EXEC oder ;
	– Parameter-Platzhalter oder Referenzen auf Programm-Variablen
	– Kommentare.
	Statt Programm-Variablen kann die Zeichenkette Parameter-Platzhalter '?' enthalten. Diese werden durch die Werte von Programm-Variablen ersetzt, wenn der Befehl ausgeführt wird.

Dieser Befehl kann nicht mit PREPARE dynamisch übersetzt werden.

Berechtigungen Zur Ausführung dieses Befehls müssen Sie über die Berechtigungen verfügen, die Sie zur Ausführung des angegebenen SQL-Befehls benötigen.

6.4   Dienstprogramme

SQLBIND

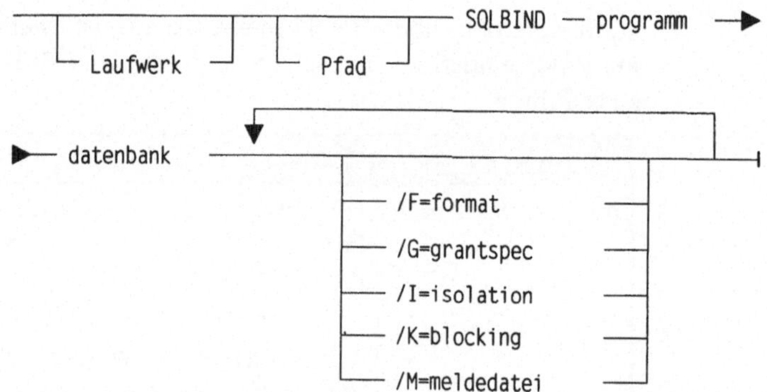

SQLBIND setzt die Ausgabe des Precompilers mit den SQL-Befehlen um in einen Zugriffsplan (package), der im DB2/2-Katalog in den Tabellen SYSIBM.SYSPLAN und SYSIBM.SYSSECTION gespeichert wird.

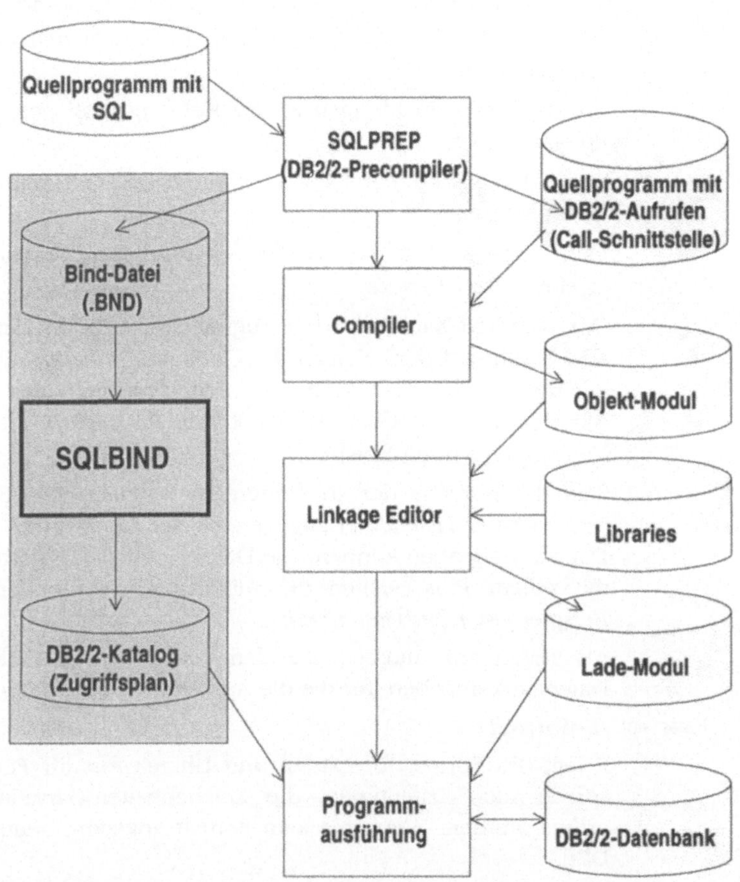

Ein Zugriffsplan unterteilt sich je SQL-Befehl in Abschnitte (sections). Er kann maximal 400 Abschnitte besitzen.

SQLBIND meldet sich automatisch bei der Datenbank an (CONNECT) und meldet sich automatisch nach dem Binden wieder ab. Wenn Sie bereits bei einer Datenbank angemeldet sind, arbeitet SQLBIND unter der Transaktion, die Sie bereits gestartet haben, und beendet diese nach dem Binden durch COMMIT oder ROLLBACK.

SQLBIND bricht die Verarbeitung ab, wenn ein schwerer Fehler (fatal error) oder mehr als 100 Fehler aufgetreten sind. Die Fehlermeldungen werden in der Reihenfolge ihres Auftretens in die Meldungsdatei geschrieben.

Tritt ein schwerer Fehler auf, bricht SQLBIND die Verarbeitung ab, versucht, alle Dateien zu schließen, und löscht den Zugriffsplan in der Datenbank.

Wurden keine Meldungen in die Meldungsdatei geschrieben, wird diese gelöscht.

Statt SQLBIND können Sie auch von der DB2/2-Kommandozeile aus BIND benutzen.

Der Precompiler kann ebenfalls den Binde-Lauf durchführen, wenn er eine Datei übersetzt.

Der Standard-Name für den Zugriffsplan steht in der .BND-Datei und beruht auf dem Namen der Quelldatei, aus der die .BND-Datei erzeugt wurde. Die Namen der .BND-Datei und des Zugriffsplans können Sie beim Übersetzen mit den Parametern /B und /P des Precompilers überschreiben.

Statt des Namens der zu bindenden Datei können Sie auch den Namen einer Listendatei angeben, in der Sie mehrere zu bindende Dateien benennen können. Die Dateinamen der Aufzählung müssen mit einem Plus-Zeichen (+) miteinander verbunden sein, zum Beispiel *test_r.bnd+test_i.bnd*.

Als Datenbank müssen Sie den Namen oder Alias-Namen der Datenbank angeben, für die die Anwendung gebunden werden soll.

Parameter **/F=format**

F legt das Format für Datum und Uhrzeit fest für Felder der entsprechenden Datentypen, die Zeichenketten-Darstellungen zugeordnet werden. Wenn Sie kein Format angeben, benutzt SQLBIND DEF.

Gültige Formatangaben sind:

DEF	Format, das zum Ländercode der Datenbank gehört.
USA	USA-Format nach IBM Standard Datum: mm/tt/jjjj Uhrzeit:hh:mm AM oder PM
EUR	Europa-Format nach IBM-Standard Datum: tt.mm.jjjj Uhrzeit:hh.mm.ss

ISO	International genormtes Format Datum: jjjj-mm-tt Uhrzeit:hh.mm.ss
JIS	Japanischer Industriestandard Datum: jjjj-mm-tt Uhrzeit:hh:mm:ss
LOC	Spezielles Format in Abhängigkeit vom Ländercode der Datenbank

/G=grantspec

Mit G vergeben Sie EXECUTE- und BIND-Berechtigung an die angegebene Benutzer- oder Gruppen-Identifikation oder an PUBLIC.

/I=isolation

Mit I legen Sie die Ebene der Benutzertrennung fest. Gültige Angaben sind:

- CS für Cursor Stability
- RR für Repeatable Read
- UR für Uncommitted Read.

Der Standard für die Benutzertrennung ist die Angabe beim Aufruf des Precompilers. CS ist Standard, wenn auch dort nichts explizit vorgegeben wurde. RR ist Standard für .BND-Dateien, die mit dem Precompiler der Vorläuferversion übersetzt wurden, die diesen Parameter noch nicht unterstützte.

/K=blocking

K gibt die Art der Satzblockung für die Behandlung mehrdeutiger (ambiguous) Cursor vor.

- Mit /K=ALL blocken Sie:
    - o reine Fetch-Cursor,
    - o Cursor, die nicht mit FOR UPDATE OF definiert wurden,
    - o Cursor, für die keine statischen DELETE WHERE CURRENT OF -Befehle ausgeführt werden.

Mehrdeutige (Ambiguous) Cursor werden als fetch-only behandelt.

– Mit /K=UNAMBIG blocken Sie:

o   reine Fetch-Cursor,

o   Cursor, die nicht mit FOR UPDATE OF definiert wurden,

o   Cursor, für die keine statischen DELETE WHERE CURRENT OF-Befehle ausgeführt werden,

o   Cursor, zu denen keine dynamischen SQL-Befehle existieren.

Mehrdeutige (ambiguous) Cursor werden als änderbar behandelt.

– Mit /K=NO blocken Sie keinen Cursor.

Mehrdeutige Cursor werden als änderbar behandelt.

Wenn Sie keine Blockart vorgeben, benutzt SQLBIND die Blockart, die beim Aufruf des Precompilers vorgegeben wurde. Binden Sie eine .BND-Datei, die von einer Vorläuferversion erstellt wurde, die diesen Parameter nicht unterstützte, so benutzt SQLBIND UNAMBIG als Standard.

/M=msgfile

Mit M geben Sie an, wohin die Fehler- und Warnmeldungen ausgegeben werden sollen. Sie können eine Datei, ein Standardgerät, z.B. LPT1 für den Drucker, oder CON für den Bildschirm (console) angeben.

Sie können Meldungen mit Ausnahme der Beendigungsmeldung (completion status message) unterdrücken, wenn Sie /M=NUL angeben.

Die Standard-Meldungsdatei ist das Standard-Ausgabegerät.

Die Beendigungsmeldung (completion status message) kann nicht in die Meldungsdatei umgeleitet werden.

Berechtigungen Um einen Binde-Lauf durchführen zu können, benötigen Sie mindestens eine der folgenden Berechtigungen:

– SYSADM oder DBADM

– BINDADD

– BIND.

SQLPREP

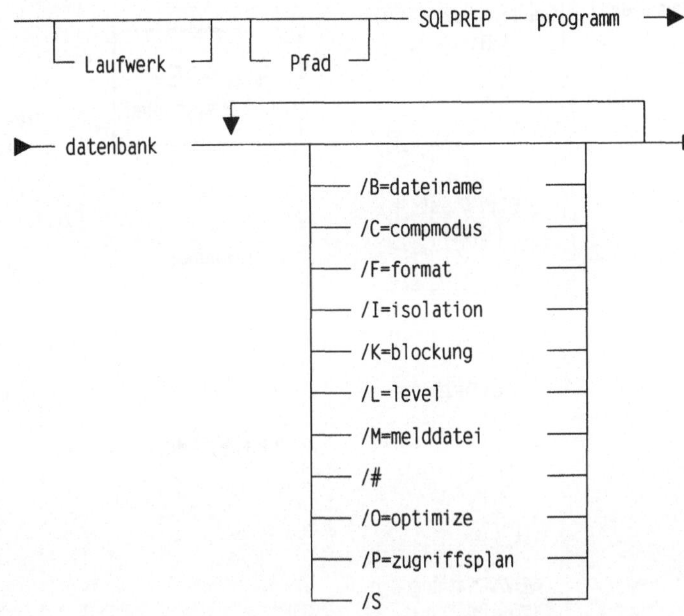

SQLPREP übersetzt die Quelldatei eines Anwendungsprogramms in eine erweiterte Quelldatei und erzeugt eine .BND-Datei, die für den Binde-Lauf benötigt wird.

Bild 6.8:
Quellprogramm
mit SQLPREP
vorübersetzen

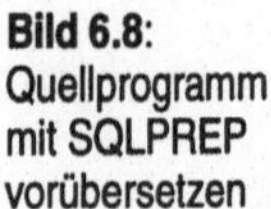

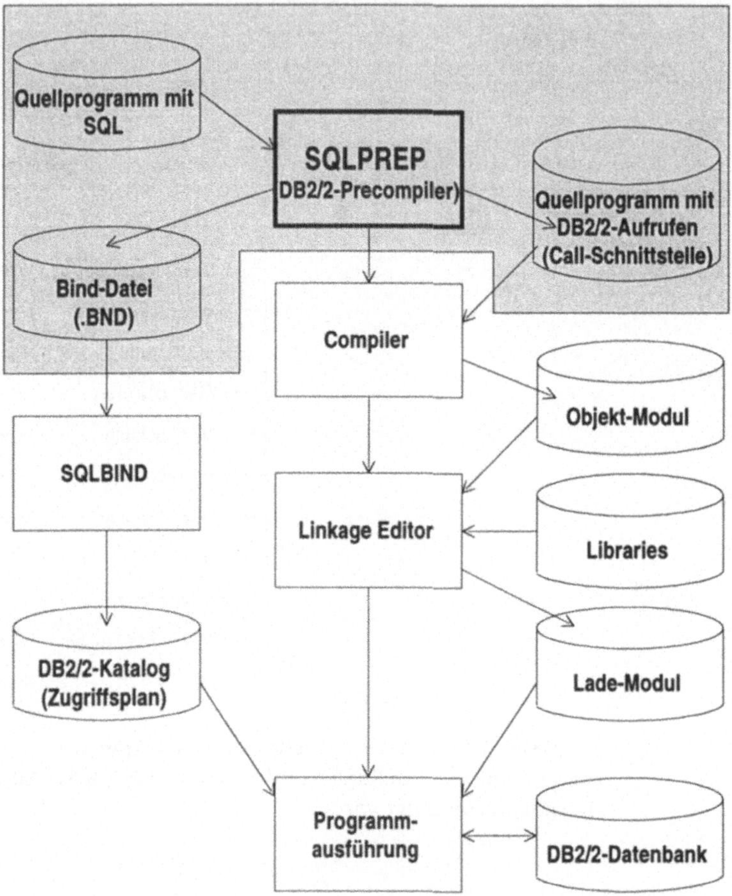

Beim Binden werden die SQL-Befehle, die in der .BND-Datei enthalten sind, in einen Zugriffsplan (package) umgesetzt und in den Tabellen SYSIBM.SYSPLAN und SYSIBM.SYSSECTION im DB2/2-Katalog gespeichert. Das Binden kann von SQLPREP übernommen oder abgetrennt und als eigenständiger Schritt mit SQLBIND oder BIND-Kommando durchgeführt werden.

Ein Zugriffsplan unterteilt sich je SQL-Befehl in Abschnitte (sections). Er kann maximal 400 Abschnitte besitzen.

SQLPREP meldet sich automatisch bei der Datenbank an (CONNECT) und meldet sich automatisch nach Übersetzen und Binden wieder ab. Wenn Sie bereits bei einer Datenbank angemeldet sind, arbeitet SQLPREP unter der Transaktion, die Sie bereits gestartet haben, und beendet diese durch COMMIT oder ROLLBACK.

Der BIND wird abgebrochen, wenn ein schwerer Fehler (fatal error) oder mehr als 100 Fehler aufgetreten sind. Die Fehlermeldungen werden in der Reihenfolge ihres Auftretens ausgeben.

Tritt ein schwerer Fehler auf, so wird der Binde-Lauf abgebrochen.

Sie müssen mindestens den Namen des zu übersetzenden Programms und die zugehörige Datenbank angeben.

Das Programm muß in einer unterstützten Programmiersprache geschrieben sein. Unterstützt werden zur Zeit C, COBOL und FORTRAN[4].

Das Programm wird vorübersetzt und mit der Datenbank gebunden. Ergebnis des SQLPREP-Laufs sind eine erweiterte Quelldatei als Eingabe für den Compiler und eine .BND-Datei mit den SQL-Befehlen und zusätzlichen Angaben für DB2/2.

SQLPREP entnimmt der Erweiterung (extension) des Dateinamens die Programmiersprache. Gültige Erweiterungen sind:

.SQC für C

.SQB für COBOL

.SQF für FORTRAN

Wenn Sie keine weiteren Angaben machen, unterstellt SQLPREP folgende Standards:

- Für die ausgegebene erweiterte Quelldatei:

  o Programm-Name.C für C-Programme

  o Programm-Name.CBL für COBOL-Programme

  o Programm-Name.FOR für FORTRAN-Programme

- Für den Zugriffsplan den Namen des Programms (ohne Erweiterung (extension))

- Für die Binde-Datei[5] Programm-Name.BND. Eine existierende Datei wird überschrieben.

SQLPREP speichert die erweiterte Quelldatei und die .BND-Datei in demselben Verzeichnis wie das Programm, wenn Sie kein anderes Laufwerk und keinen anderen Pfad angeben.

---

4 REXX-Programme werden nicht übersetzt.
5 Bei DB2/MVS heißt diese Datei DBRM (DataBase Resource Module)

Parameter **/B=dateiname**

B erzeugt eine Binde-Datei mit dem angegebenen Namen. Geben Sie keinen Namen an, wird eine Datei mit dem Namen programm.BND erzeugt. Machen Sie keine vollständige Pfadangabe, benutzt SQLPREP das aktuelle Verzeichnis und das Laufwerk, auf dem DB2/2 installiert ist, für fehlende Angaben im Pfad.

/C=compmodus

C bestimmt, ob der erweiterte Quellcode kompatibel ist zu den Standards der SAA CPI[6] Database Reference. Gültige Angaben sind NONE oder SAA. Nur für FORTRAN-Anwendungen, SAA ist Standard, NONE kann zu Performance-Vorteilen führen.

/F=format

F legt das Format für Datum und Uhrzeit fest für Felder der entsprechenden Datentypen, die Zeichenketten-Darstellungen zugeordnet werden. Wenn Sie kein Format angeben, benutzt SQLPREP DEF.

Gültige Formatangaben sind:

DEF	Format, das zum Ländercode der Datenbank gehört.
USA	USA-Format nach IBM Standard Datum: mm/tt/jjjj Uhrzeit:hh:mm AM oder PM
EUR	Europa-Format nach IBM-Standard Datum: tt.mm.jjjj Uhrzeit:hh.mm.ss
ISO	International genormtes Format Datum: jjjj-mm-tt Uhrzeit:hh.mm.ss

---

6   CPI - Common Programming Interface

JIS	Japanischer Industriestandard Datum: jjjj-mm-tt Uhrzeit:hh:mm:ss
LOC	Spezielles Format in Abhängigkeit vom Ländercode der Datenbank

/I=isolation

Mit I legen Sie die Ebene der Benutzertrennung fest. Gültige Angaben sind:

- CS für Cursor Stability
- RR für Repeatable Read
- UR für Uncommitted Read.

CS ist Standard, wenn Sie nichts explizit vorgeben.

/L=level

L gibt die Ebene der Kompatibilität vor:

0	erfordert Kompatibilität mit SAA Level 1 Database CPI. Dies bedeutet, daß für änderbare Cursor die FOR UPDATE OF-Angabe für alle veränderten Spalten erwartet wird und daß abgeschnittene Zeichenketten in C nicht mit ASCII-0 beendet werden. 0 ist Standard.
1	verlangt Kompatibilität mit MIA (Multi-vendor Integrated Architecture). Dies bedeutet, daß die FOR UPDATE OF-Angabe in Cursor-Deklarationen optional ist und daß Zeichenketten in C immer, auch abgeschnittene, mit ASCII-0 beendet werden.

/M=msgfile

Mit M geben Sie an, wohin die Fehler- und Warnmeldungen ausgegeben werden sollen. Sie können eine Datei, ein Standardgerät, z.B. LPT1 für den Drucker, oder CON für den Bildschirm (console) angeben.

Sie können Meldungen mit Ausnahme der Beendigungsmeldung (completion status message) unterdrücken, wenn Sie /M=NUL angeben.

Die Standard-Meldungsdatei ist das Standard-Ausgabegerät.

Die Beendigungsmeldung (completion status message) kann nicht in die Meldungsdatei umgeleitet werden.

/#

unterdrückt die Erzeugung von #-Makros in der Ausgabedatei *programm.C.* Dies ist nützlich, wenn die Datei mit Entwicklungswerkzeugen bearbeitet wird, die Zeileninformationen des Quellcodes benötigen, wie Debugger oder Cross-Reference-Dienstprogramme.

Standard ist die Erzeugung von #-Makros, so daß Compiler-Meldungen auf die Originaldatei *programm.SQC* Bezug nehmen. Dies gilt nur für C-Programme.

/O=optimize

Mit O geben Sie vor, die Initialisierung der SQLDA für SQL-Befehle mit Programm-Variablen zu optimieren. Verwenden Sie diesen Parameter nicht, wenn die Programm-Variablen temporär sind oder auf Datenbereiche zeigen, deren Adresse sich zwischen den Befehlsaufrufen ändern kann.

/O=I ist die einzige zulässige Angabe für SQLPREP.

/P=package

Mit P erstellen Sie einen Zugriffsplan unter dem angegebenen Namen. Geben Sie keinen Namen vor, übernimmt SQLPREP den Namen der Quelldatei.

/P überschreibt die Parameter S und B.

/S

S unterdrückt die Erzeugung von .BND-Datei und Zugriffsplan. Sie können so eine Syntaxprüfung durchführen, ohne bestehende .BND-Dateien oder Zugriffspläne zu überschreiben.

Geben Sie /S nicht an, wird von SQLPREP automatisch auch ein Zugriffsplan erzeugt.

Geben Sie /S zusammen mit /B an, so erzeugt SQLPREP eine .BND-Datei, aber kein Zugriffsplan.

Berechtigungen Um ein Anwendungsprogramm vorübersetzen zu können, müssen Sie SYSADM- oder DBADM-Berechtigung besitzen.

6.5   Kommandos

BIND

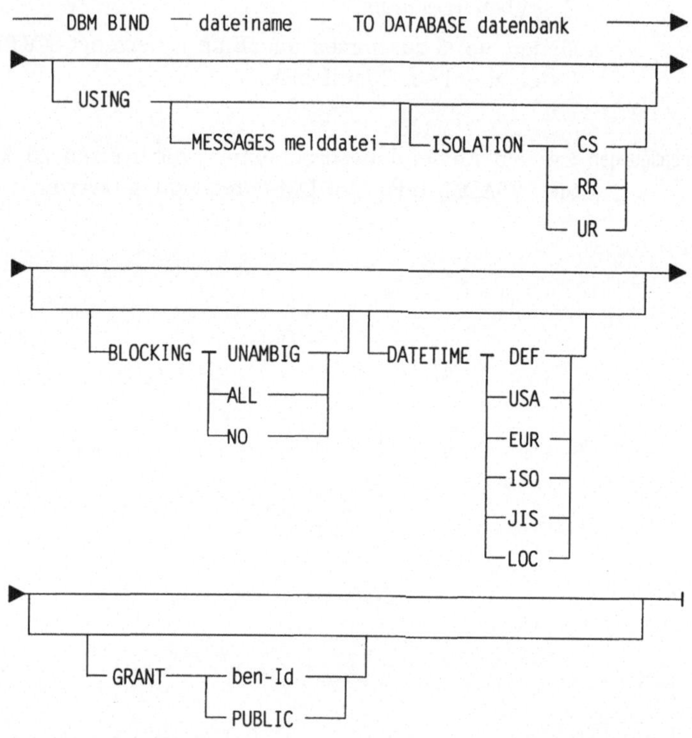

BIND setzt die Ausgabe des Precompilers mit den SQL-Befehlen um
in einen Zugriffsplan (package), der im DB2/2-Katalog in den
Tabellen SYSIBM.SYSPLAN und SYSIBM.SYSSECTION gespeichert
wird.

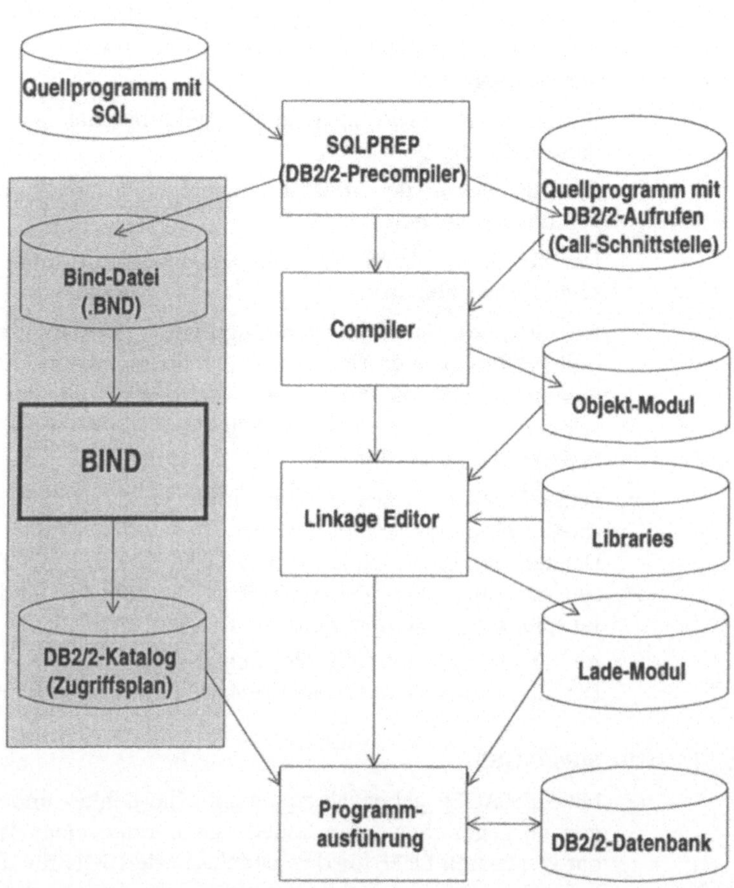

Ein Zugriffsplan unterteilt sich je SQL-Befehl in Abschnitte (sections). Er kann maximal 400 Abschnitte besitzen.

BIND meldet sich automatisch bei der Datenbank an (CONNECT) und meldet sich automatisch nach dem Binden wieder ab. Wenn Sie bereits bei einer Datenbank angemeldet sind, arbeitet BIND unter der Transaktion, die Sie bereits gestartet haben, und beendet diese nach dem Binden durch COMMIT oder ROLLBACK.

BIND bricht die Verarbeitung ab, wenn ein schwerer Fehler (fatal error) oder mehr als 100 Fehler aufgetreten sind. Die Fehlermeldungen werden in der Reihenfolge ihres Auftretens in die Meldungsdatei geschrieben.

Tritt ein schwerer Fehler auf, so bricht BIND die Verarbeitung ab, versucht, alle Dateien zu schließen, und löscht den Zugriffsplan in der Datenbank.

Wurden keine Meldungen in die Meldungsdatei geschrieben, wird diese gelöscht.

Statt BIND von der DB2/2-Kommandozeile aus können Sie auch SQLBIND benutzen.

Der Precompiler kann ebenfalls den Binde-Lauf durchführen, wenn er eine Datei übersetzt.

Der Standard-Name für den Zugriffsplan steht in der .BND-Datei und beruht auf dem Namen der Quelldatei, aus der die .BND-Datei erzeugt wurde. Die Namen der .BND-Datei und des Zugriffsplans können Sie beim Übersetzen mit den Parametern /B und /P des Precompilers überschreiben.

Statt des Namens der zu bindenden Datei können Sie auch den Namen einer Listendatei angeben, in der Sie mehrere zu bindende Dateien benennen können. Die Dateinamen der Aufzählung müssen mit einem Plus-Zeichen (+) miteinander verbunden sein, zum Beispiel *test_r.bnd+test_i.bnd*.

Als Datenbank müssen Sie den Namen oder Alias-Namen der Datenbank angeben, für die die Anwendung gebunden werden soll.

Parameter **MESSAGES**

Mit MESSAGES geben Sie an, wohin die Fehler- und Warnmeldungen ausgegeben werden sollen. Sie können eine Datei, ein Standardgerät, z.B. LPT1 für den Drucker, oder CON für den Bildschirm (console) angeben.

Sie können Meldungen mit Ausnahme der Beendigungsmeldung (completion status message) unterdrücken, wenn Sie NUL angeben.

Die Standard-Meldungsdatei ist das Standard-Ausgabegerät.

Die Beendigungsmeldung kann nicht in die Meldungsdatei umgeleitet werden.

ISOLATION

Mit ISOLATION bestimmen Sie die Ebene der Benutzertrennung. Gültige Angabe sind:

- CS für Cursor Stability
- RR für Repeatable Read
- UR für Uncommitted Read

Der Standard für die Benutzertrennung ist die Angabe beim Aufruf des Precompilers. CS ist Standard, wenn auch dort nichts explizit vorgegeben wurde. RR ist Standard für .BND-Dateien, die mit dem Precompiler der Vorläuferversion übersetzt wurden, die diesen Parameter noch nicht unterstützte.

BLOCKING

BLOCKING gibt die Art der Satzblockung für die Behandlung mehrdeutiger (ambiguous) Cursor vor.

- Mit /K=ALL blocken Sie:

  o reine Fetch-Cursor,

  o Cursor, die nicht mit FOR UPDATE OF definiert wurden,

  o Cursor, für die keine statischen DELETE WHERE CURRENT OF -Befehle ausgeführt werden.

  Mehrdeutige (Ambiguous) Cursor werden als fetch-only behandelt.

- Mit /K=UNAMBIG blocken Sie:

  o reine Fetch-Cursor,

  o Cursor, die nicht mit FOR UPDATE OF definiert wurden,

  o Cursor, für die keine statischen DELETE WHERE CURRENT OF-Befehle ausgeführt werden,

  o Cursor, zu denen keine dynamischen SQL-Befehle existieren.

  Mehrdeutige (ambiguous) Cursor werden als änderbar behandelt.

- Mit /K=NO blocken Sie keinen Cursor.

  Mehrdeutige Cursor werden als änderbar behandelt.

Wenn Sie keine Blockart vorgeben, benutzt BIND die Blockart, die beim Aufruf des Precompilers vorgegeben wurde. Binden Sie eine .BND-Datei, die von einer Vorläuferversion erstellt wurde, die diesen Parameter nicht unterstützte, so benutzt BIND UNAMBIG als Standard.

DATETIME

DATETIME legt das Format für Datum und Uhrzeit fest für Felder der entsprechenden Datentypen, die Zeichenketten-Darstellungen zugeordnet werden. Wenn Sie kein Format angeben, benutzt BIND DEF.

Gültige Formatangaben sind:

DEF	Format, das zum Ländercode der Datenbank gehört.
USA	USA-Format nach IBM Standard Datum: mm/tt/jjjj Uhrzeit:hh:mm AM oder PM
EUR	Europa-Format nach IBM-Standard Datum: tt.mm.jjjj Uhrzeit:hh.mm.ss
ISO	International genormtes Format Datum: jjjj-mm-tt Uhrzeit:hh.mm.ss
JIS	Japanischer Industriestandard Datum: jjjj-mm-tt Uhrzeit:hh:mm:ss
LOC	Spezielles Format in Abhängigkeit vom Ländercode der Datenbank

GRANT

Mit GRANT vergeben Sie EXECUTE- und BIND-Berechtigung an die angegebene Benutzer- oder Gruppen-Identifikation oder an PUBLIC.

Berechtigungen Um einen Binde-Lauf durchführen zu können, benötigen Sie mindestens eine der folgenden Berechtigungen:

- SYSADM oder DBADM

- BINDADD

- BIND.

6.6   Vergleich zu DB2/MVS:

Wer Anwendungen, die bisher auf dem Mainframe liefen, auf OS/2 umstellen oder Anwendungen für den Mainframe unter OS/2 entwickeln will, wird einige Unterschiede vorfinden, die die IBM hoffentlich im Laufe der nächsten Zeit angleichen wird.

Der Precompiler zu DB2/MVS kennt mehr Optionen als SQLPREP von DB2/2. Er kann daher vielfältiger gesteuert werden als sein Pendant unter OS/2. Allein drei Parameter steuern sein Verhalten gegenüber dem SQL-Dialekt des Programms.

SQL(DB2 | ALL)	gibt an, ob Befehle nach den DB2-Syntax-Regeln oder nach denen von DRDA[7] akzeptiert werden.
SQLFLAG(SAA | 86)	gibt an, ob die Syntax-Prüfung nach SAA Stufe 2 oder ISO/ANSI 89 mit den Integritätsergänzungen von ANSI 86 erfolgt. Außerdem kann noch festgelegt werden, ob für die semantischen Prüfungen auf einen DB2-Katalog zugegriffen werden soll.
STDSQL(NO | 86)	gibt an, ob die SQL-Befehle des Programms dem ISO/ANSI 89-Standard folgen oder den Regeln von DB2.

DB2/2 kennt dagegen nur einen entsprechenden Parameter für den Precompiler.

/L= 0 | 1	gibt die Ebene der Kompatibilität vor: 0 verlangt Kompatibilität mit SAA Stufe 1, 1 mit MIA (Multi-vendor Integrated Architecture).

Es wäre sicher im Interesse des Anwenders, wenn die Precompiler-Optionen einander angeglichen würden und ein Parameter zum Beispiel einheitlich die Kompatibilität über alle DB2-Plattformen, ein

---

7   DRDA - Distributed Relational Database Architecture

anderer die strenge Einhaltung von ISO/ANSI 89 bzw. ANSI 86 prüfen würde.

Bis Version 2.2 kannte DB2/MVS Zugriffspläne (plans), die auf der Stufe der Hauptprogramme gebunden wurden. Mit Version 2.3 wurde zusätzlich der Zugriffsplan eingeführt, wobei ein DBRM als Ausgabe aus einem Precompiler-Lauf zu einem Zugriffsplan wird. Sie werden daher für DB2/MVS ein komplexeres Handling von Plänen und Zugriffspläne vorfinden als bei DB2/2. Weitere Informationen dazu entnehmen Sie bitte der Fachliteratur zu DB2/MVS, da diese den Rahmen eines kompakten DB2/2-Buches sprengen würden.

Unterschiede zwischen Mainframe- und OS/2-Anwendungen können auch aus den Abweichungen der Compiler bzw. der Sprach-Implementierungen resultieren. Es ist durchaus möglich, daß daher in Einzelfällen die Programm-Variablen unterschiedlichen Beschränkungen unterliegen.

Neben einigen Abweichungen zwischen DB2/MVS und DB2/2 bei den SQL-Befehlen finden Sie im Deklarationsteil der Anwendungsprogramme folgende Unterschiede:

Üblicherweise werden die Tabellen-Definitionen in DB2/MVS-Anwendungsprogrammen als DECLARE TABLE dokumentiert. Das Dienstprogramm DCLGEN generiert aus dem Katalog heraus die Tabellen-Definition und die zugehörigen Programm-Variablen als COPY- bzw. INCLUDE-Modul (Member). Der DB2/MVS-Precompiler nutzt den DECLARE TABLE zur Kompatibilitätsprüfung der Programm-Variablen.

In DB2/2 gibt es einen DECLARE TABLE nicht, weil der Precompiler stets auf die Datenbank zugreift, um solche Prüfungen durchzuführen.

Auch auf dem Mainframe brauchen Sie keinen DECLARE TABLE anzugeben, müssen dafür in der Regel auf die Prüfungen des Precompilers verzichten. Die meisten Mainframe-Anwendungen, die wir kennen, enthalten den DECLARE TABLE, so daß bei einer Portierung auf DB2/2 diese in Kommentare umgewandelt werden müssen.

BEGIN DECLARE SECTION und END DECLARE SECTION sind unter DB2/MVS nur für C-Programme Pflicht. Bei Programmen in anderen

Sprachen können diese fehlen und tun dies wahrscheinlich in vielen älteren Programmen auch.

Ein weiteres Problem liegt im Verhalten von online-Programmen:

Fast alle Dialog-Anwendungen auf einem Mainframe laufen unter der Steuerung eines Transaktionsmonitors (TP-Monitor). Die Art der Dialogtechnik ist dabei eine andere als mancher von Ihnen auf PCs oder Unix-Rechnern kennt: Die Programme bearbeiten in der Regel nur einen Dialogschritt, Transaktion genannt, von einer Benutzereingabe bis zur darauf folgenden Bildschirm-Ausgabe und nicht eine größere Folge von Benutzereingaben und Programmausgaben.

IBM bietet auch für OS/2 eine Version seines TP-Monitors CICS an[8]. Wir können hier leider nicht ausführlich auf einen Vergleich dieser Version mit den Mainframe-Versionen unter MVS oder VSE eingehen. Daher nur eine pauschale Aussage dazu: Unserer Erfahrung nach dürfte die Portierung einer durchschnittlichen CICS-Anwendung auf OS/2 problemlos durchzuführen sein.

Ein Problem ist aber die bisher fehlende Synchronisation von CICS und DB2 unter OS/2. Auf dem Mainframe übernimmt CICS die Transaktionssteuerung auch für DB2: Ein Transaktionsende wird ausschließlich CICS mitgeteilt, das dann wiederum in DB2 einen COMMIT oder ROLLBACK auslöst. Dieses findet aber zur Zeit nicht unter OS/2 statt. Hier müssen Sie zwei Aufrufe absetzen, einen SQL-Befehl (COMMIT oder ROLLBACK) an DB2/2 und einen an CICS. D.h. also, daß Sie

— beim Portieren von online-Anwendungen des Mainframes auf OS/2 jeweils einen SQL-Befehl hinzufügen müssen und

— beim Portieren von OS/2-Anwendungen auf den Mainframe einen SQL-Befehl entfernen müssen.

Unterschiedlich ist unter CICS auch das Verhalten von Cursorn, die mit WITH HOLD definiert wurden. Bisher gilt diese Option bei DB2/MVS (Version 2.3) nicht für TP-Programme. Unter CICS-Steuerung wird diese Angabe schlicht ignoriert. Für DB2/2 ist eine solche Beschränkung nicht bekannt. Sie müssen also in Mainframe-

---

8 Unserer Kenntnis nach gibt es bisher keine OS/2-Version von IMS/DC. Mit IMS-Emulatoren für PCs anderer Hersteller haben wir keine Erfahrung und können dazu keine Aussagen machen.

Anwendungen davon ausgehen, daß Cursor grundsätzlich bei Transaktionsende geschlossen werden. Und Sie müssen daher sogar das Vorwärtsblättern (Rückwärtsblättern sowieso, weil ein Cursor bisher nur vorwärts gelesen werden kann) so lösen, daß Sie jedesmal den Cursor eröffnen und erneut positionieren. Mit DB2/2 könnten Sie dagegen einen WITH HOLD-Cursor nutzen und einfach weiterlesen – wenn Sie nicht auf die Portabilität achten müßten.

Es gibt also, wie wir gesehen haben, noch einige Punkte, in denen IBM Verbesserungen machen muß, damit die versprochene Kompatibilität den Standard erreicht, der von uns Anwendern erwartet werden kann.

Gerade Syntaxgleichheit und gleiches Verhalten von CICS-DB2-COBOL-Anwendungen können wir verlangen. Wer nämlich reine OS/2-Anwendungen entwickeln will, wird in der Regel zu anderen als diesen typischen Mainframe-Werkzeugen wie COBOL und CICS greifen. Von diesen Entwicklungs-Werkzeugen gibt es auch für OS/2 eine ganze Reihe, die es Ihnen natürlich auch erleichtern, die Benutzer-Schnittstellen Ihrer Applikation PM-gerecht zu gestalten.

Kurze Durchlaufzeiten von Programmen und schnelle Antwortzeiten am Bildschirm sind für die Benutzer die auffälligsten Kennzeichen guter Systemleistungen. Diese nicht nur zufällig zu erreichen und über einen längeren Zeitraum auch zu erhalten, ist das Ergebnis vieler Maßnahmen vom korrekten logischen und guten physischen Datenbank-Entwurf über die saubere Anwendungsprogrammierung bis zur richtigen Wahl von Datenbank- und System-Parametern. Mit diesen Maßnahmen wollen wir uns in diesem Kapitel beschäftigen.

Voraussetzung für das Einsetzen der richtigen Maßnahmen sind

– einerseits das Verstehen, wie sich DB2/2 verhält und

– andererseits die sorgfältige Analyse der auftretenden Probleme.

7.1   Leistungsbestimmende Einflußfaktoren

Optimizer

Herzstück eines jeden relationalen Datenbank-Verwaltungssystems ist der sogenannte Optimizer. Um die realen Fähigkeiten dieser Software wird meist ein großes Geheimnis gemacht. Über die „Intelligenz" des Optimizers erzählt so mancher Vertriebsmann wahre Wunder. Was ist also seine Aufgabe?

prozedurales Vorgehen   In den klassischen Datenbank-Verwaltungssystemen in der guten, alten Zeit der EDV gab der Programmierer an, wie er einen Datensatz finden wollte. In den komplexen Netzwerk-Strukturen, die man mit diesen Systemen definieren konnte, mußte er sich hindurch „navigieren", um seine Datensätze zu finden. Der Programmierer gab also den Weg vor, wie das DBMS die gewünschten Sätze zu finden hätte. Dieses wird als prozedural bezeichnet.

nicht-prozedurales Vorgehen   Ein RDBMS ist dagegen nicht-prozedural, d.h. es läßt sich vom Programmierer nicht vorschreiben, wie es Datensätze (Tabellenzeilen) sucht und ob es dazu einen Index benutzt oder nicht. Es gibt nämlich darin Programme, die für die Ermittlung der optimalen Zugriffe zuständig sind. Diese Programme sind der Optimizer.

Füllungsgrad der Datenbank Ein Optimizer ermittelt aus einem SQL-Befehl nach vorprogrammiertem Muster zusammen mit Informationen über die Datenbank einen optimalen Zugriffsweg zu den Daten. Zu den Informationen über die Datenbank gehören die Datenbank-Struktur mit ihren Indizes sowie Zustand und Füllungsgrad der Datenbank. Die letzteren Informationen werden von einem Hilfsprogramm namens RUN-STATS ermittelt und im System-Katalog abgelegt. Der Zugriffsweg wird beim BIND des SQL-Befehls ermittelt und im Zugriffsplan (package) für die Ausführung bereitgehalten. Änderungen an der Datenbank-Struktur wie zum Beispiel das nachträgliche Erstellen eines Index haben Auswirkungen auf die Programme: Um diesen Index nutzen zu können, müssen die in Frage kommenden Programme nochmals gebunden werden.

Formulierung des SQL-Befehls Ein anderer Einflußfaktor für den Optimizer ist die Formulierung des SQL-Befehls. Im anzustrebenden Idealfall hat die Formulierung keinen Einfluß, in der Realität aber doch. Je schlechter der Optimizer, um so leichter ist er durch Formulierungsänderungen zu beeinflussen. Ist zum Beispiel die Reihenfolge, in der Tabellen im SELECT genannt werden, für ihre Behandlung in der Join-Verarbeitung ausschlaggebend, so ist der Optimizer so schlecht, daß er seinen Namen nicht verdient.

Die Schilderung, daß ein Join zweier Tabellen so ausgeführt wird, daß

— zuerst alle Zeilen der ersten Tabelle mit allen Zeilen der zweiten verknüpft werden (kartesisches Produkt),

— dann alle Zeilen, die die Selektionsbedingungen (WHERE) nicht erfüllen, in diesem Zwischenergebnis gelöscht,

— danach die Gruppierungen (GROUP BY) und Gruppenselektionen (HAVING) durchgeführt,

— schließlich die gewünschten Spalten (Projektion) extrahiert werden und

— abschließend die verbliebene Tabelle sortiert wird (ORDER BY),

sollte heute mit der Realität in unserem RDBMS nicht mehr allzuviel zu tun haben.

Schwieriger sind da schon die Fälle, in der unterschiedliche SELECT-Formulierungen, einmal mit Join, einmal mit Unter-SELECT, zum selben Ergebnis führen. Ein guter Optimizer ermittelt hier unabhängig von der Formulierung den gleichen Zugriffsweg und erzielt damit gleiches Antwortzeitverhalten. Es gibt sogar Optimizer, die korrelierte Unterabfragen weg-„optimieren" können.

korrelierte Unterabfragen Die Optimizer von IBM gehören sicher zur besseren Klasse, behandeln aber korrelierte Unterabfragen grundsätzlich prozedural, d.h. für jede Zeile aus dem Haupt-SELECT wird die korrelierte Unterabfrage neu ausgeführt.

Ein guter Optimizer muß von der Befehlsformulierung unabhängig sein und die kürzesten Zugriffswege in der optimalen Reihenfolge zusammenstellen.

Bekanntlich gibt es eine Reihe von Experten, die durch Tests herausgefunden haben, wie sich Optimizer bestimmter Versionen und Releases durch Formulierungen beeinflussen lassen. Vor deren Wissen sei erst einmal gewarnt! Die Optimizer werden von Version zu Version verbessert. So mancher Trick, der früher erfolgreich war, wirkt sich nach dem Release-Wechsel plötzlich nicht mehr oder nachteilig aus. Wer sich also auf solche, manchmal ja ganz hilfreiche Kniffe einläßt, sollte ihre möglichen Folgen bedenken.

Andererseits ist das muntere Drauflos-Formulieren von SQL-Befehlen nach dem Motto „DB2 wird 's schon richten" doch noch etwas naiv. Wer nicht durch schlechte Antwortzeiten auf großen Produktionsdatenbeständen überrascht werden möchte, sollte sich nicht darauf beschränken, den Befehl mit ein paar Testdaten auf ein korrektes Ergebnis zu prüfen[1], sondern ihn mit einem großen Datenbestand im Rücken übersetzen, ausführen und analysieren (siehe Abschnitt *7.2 Performance-Analyse, RUNSTATS-Hilfsprogramm*, ab Seite 228). Ein EXPLAIN-Hilfsprogramm für die Analyse wird mit DB2/2 von der IBM mitgeliefert.

Zugriffstechniken

Ein Optimizer kann natürlich nur die Zugriffstechniken auswählen, die ihm im Datenbank-Verwaltungssystem zur Verfügung stehen. DB2/2 kennt zwei:

- das physisch-sequentielle Lesen einer Tabelle (relation scan) und

- die Benutzung eines Index (index scan).

---

[1] Achtung bei komplexen Abfragen: Nicht alle syntaktisch korrekten SQL-Befehle erzeugen wirklich das Ergebnis, das man sich beim Formulieren vorstellte.

relation scan Beim *relation scan* wird die Tabelle, die ja ungeordnet in genau einer Datei abgelegt ist, Block (page) für Block, Zeile für Zeile sequentiell gelesen. Dieser Zugriff ist immer dann notwendig, wenn kein Index existiert, der im konkreten Fall benutzt werden kann. Er ist auch dann günstiger als ein *index scan*, wenn

- die Tabelle sehr klein ist,

- das Übereinstimmungsverhältnis[2] zwischen Index und Daten sehr klein ist,

- fast die gesamte Tabelle gelesen werden muß.

index scan Beim *index scan* wird zuerst auf einen Index zugegriffen, bevor auf die Tabellenzeilen über die gefundenen Zeilen-IDs zugegriffen wird. Voraussetzung ist natürlich, daß ein brauchbarer Index existiert. Ein *index scan* wird von DB2/2 benutzt, um

- die Anzahl der gesuchten Zeilen, auf die zugegriffen werden muß, einzuschränken,

- die Ausgabe zu ordnen,

- die gewünschten Daten zu lesen.

Falls alle gewünschten Daten in einem Index enthalten sind, erfolgt kein Zugriff auf die Tabellenzeilen.

Auswahlkriterien zur Benutzbarkeit eines Index:

- Gleichheitsbedingung in der Selektion (WHERE)

  Die Indexspalte wird gegen eine Konstante, eine Variable, einen Ausdruck, der eine Konstante errechnet, NULL oder eine nicht korrelierte Unterabfrage, die einen Wert ermittelt, auf Gleichheit getestet. Indexspalten können allerdings nur dann genutzt werden, wenn sie entweder an erster Stelle im Index stehen oder alle vor ihnen stehenden ebenfalls nach oben stehenden Kriterien benutzbar sind.

- Ungleichheitsbedingungen in der Selektion (WHERE)

  Die Indexspalte wird gegen eine Konstante, eine Variable, einen Ausdruck, der eine Konstante errechnet, oder eine nicht korrelierte Unterabfrage, die einen Wert ermittelt, auf Ungleichheit

---

[2] IBM verwendet hier den Begriff *Index Clustering*, obwohl im DB2/2 ein Clustering à la DB2/MVS nicht existiert, bei dem der Cluster-Index die Reihenfolge der Tabellenzeilen erzwingt. Im DB2/2 wird unter *Index Clustering* nur das statistische Verhältnis der tatsächlichen Zeilenreihenfolge zu einer Index-Folge verstanden. Das Verhältnis wird von RUNSTATS ermittelt.

getestet. Es kann je Index nur eine Spalte auf Ungleichheit getestet werden, dabei sind mehrere Vergleiche für dieselbe Spalte erlaubt. Erlaubte Operatoren sind <, >, <=, >=, BETWEEN, LIKE – sofern Vergleichsoperand nicht mit Jokerzeichen (% oder _) beginnt.

– Ordnungskriterien

Die Spalten der Ordnungskriterien stimmen in ihrer Reihenfolge mit den Indexspalten von der ersten beginnend überein. Ordnungskriterien werden vorgegeben durch ORDER BY, DISTINCT, GROUP BY, INTERSECT, EXCEPT, UNION, Unterabfragen mit = ANY oder <> ALL und *merge joins* (siehe weiter unten, Seite 220). Werden voranstehende Indexspalten in einfachen Gleichheitstests mit Konstanten verglichen, können nachfolgende Indexspalten in Ordnungskriterien noch zur diesbezüglichen Indexbenutzung führen.

Prädikate Der Optimizer teilt Prädikate, d.h. Selektionsbedingungen oder Projektionen, in vier Klassen ein:

– *bereichsbegrenzende* Prädikate

Diese Prädikate begrenzen den Bereich einer Index-Suche beiderseitig durch Anfangs- und Ende-Kriterium ein.

– *index sargable* Prädikate

Diese Prädikate begrenzen zwar nicht die Indexsuche beiderseitig, können aber über einen Index evaluiert werden.

– *sargable* Prädikate

Diese Prädikate können nicht durch einen Index evaluiert werden, sondern verlangen den Zugriff auf die Tabellenzeilen.

– *residual* Prädikate:

Diese Prädikate erfordern zusätzliche Zugriffe auf andere Tabellen bzw. in andere Dateien. Dazu gehören korrelierte Unterabfragen, mengenorientierte Unterabfragen (zum Beispiel mit ANY, ALL, SOME, IN) und Zugriffe auf Spalten des Datentyps LONG VARCHAR.

Aus Performance-Gründen sollten *residual* Prädikate möglichst vermieden werden.

Tabellen verknüpfen Neben den Zugriffstechniken auf einzelne Tabellen(zeilen) sind die Techniken zum Verknüpfen mehrerer Tabellen miteinander (Verbund oder Join) entscheidend für gute Reaktionszeiten. DB2/2 kennt zwei Techniken: *merge join* und *nested loop*.

Bei Verknüpfen zweier Tabellen wird eine als die *äußere* und die andere als die *innere* benutzt. Die äußere Tabelle ist führend, d.h. sie ist die erste, die bearbeitet wird, und wird nur einmal durchlaufen. Die innere kann je nach SQL-Befehl, Join- und Selektions-Kriterien und Join-Technik mehrfach bearbeitet werden. Schon die Auswahl der äußeren Tabelle durch den Optimizer hat großen Einfluß auf die Laufzeit der Join-Operation.

merge join Die Technik des merge join setzt die Formulierung eines Equi-Join, Tab_1.Sp_a = Tab_2.Sp_b, voraus. Außerdem verlangt sie, daß die Tabellen nach den Join-Bedingungen geordnet werden, sei es durch geeignete Indizes, sei es durch Sortierung. Für die Sortierung gilt die Begrenzung, daß nur die ersten 255 Bytes einer Spalte als Sortierschlüssel genutzt werden können. Daher dürfen die Join-Bedingungen nicht größer 255 Bytes sein.

Die Tabellen werden beim merge join parallel abgearbeitet. Die äußere Tabelle wird nur einmal durchlaufen. Bei n:1- oder n:m-Beziehungen zwischen äußerer und innerer Tabelle wird die innere gruppenweise mehrfach durchlaufen, da sich die Join-Bedingungen der äußeren Tabelle mehrfach wiederholen.

DB2/2 wählt die äußere Tabelle danach aus, daß wiederholtes Lesen der inneren Tabelle möglichst vermieden wird. Die Tabelle mit den Join-Bedingungen, bei denen sich die Werte am wenigsten wiederholen, ist die bessere Wahl für die äußere. Zur Bestimmung wird die Anzahl unterschiedlicher Werte (in SYSCOLUMNS.COLCARD) mit der Anzahl der Tabellenzeilen (in SYSTABLES.COLCOUNT) verglichen.

nested loop Liegt kein Equi-Join vor, benutzt DB2/2 die Technik des *nested loop*. Für jede Zeile der äußeren Tabelle wird in der inneren Tabelle nach den zugehörigen Zeilen gesucht. Im ungünstigen Fall muß dabei die innere Tabelle sequentiell durchlaufen werden. Im günstigeren Fall existiert ein geeigneter Index für den Zugriff auf die innere Tabelle. Dies kann aber auch nur dann der Fall sein, wenn – neben der Existenz eines Index mit den Join-Spalten – der Join-Operator <, <=, > oder >= ist.

Die Tabelle, für deren Zugriff ein Index benutzt werden kann, ist Kandidatin für die innere Tabelle. Gibt es für keine einen geeigneten Index, ist die kleinere Tabelle Kandidatin für die innere, wenn DB2/2 dabei Vorteile über die Nutzung der Puffer ziehen kann. Dies ist u.a. abhängig von der Tabellengröße und der Größe des Pufferbereichs (buffer pool).

Nach einer Änderung der Größe des Pufferbereichs (siehe Parameter *buffpage*, Seite 255) kann es daher sinnvoll sein, die BIND-Läufe Ihrer Anwendungen zu wiederholen.

Darüber hinaus gehen noch andere Randbedingungen in die Auswahl von äußerer und innerer Tabelle ein. So kann zum Beispiel eine Join-Bedingung auch Sortierschlüssel (ORDER BY) sein. In diesem Fall kann es sinnvoll sein, die Tabelle mit dieser Sortier- und Join-Bedingung zur äußeren zu wählen, um zusätzliche Sortierläufe zu vermeiden.

Joins von mehr als zwei Tabellen werden als Folge von Joins mit zwei Tabellen bearbeitet.

Sortierläufe können immer dann notwendig sein, wenn Tabellenzeilen geordnet werden müssen (ORDER BY, DISTINCT, GROUP BY, INTERSECT, EXCEPT, UNION, Unterabfragen mit = ANY oder <> ALL und *merge joins*) und kein Index dazu verfügbar oder der Indexzugriff aufwendiger als ein Sort ist. Im günstigsten Fall passen die zu ordnenden Tabellenzeilen in den Sortierbereich und müssen auch nicht zur Rückgabe zwischengespeichert werden. Dann ist kein I/O notwendig. Passen sie aber nicht in den Sortierbereich des Hauptspeichers, werden sie in mehreren Schritten sortiert, wobei jeweils eine Untermenge geordnet wird. Die Untermengen werden jeweils auf Platte zwischengespeichert. Die Sortierzeiten hängen also von der Größe der zu ordnenden Tabelle und der Größe des Sortierbereichs im Hauptspeicher (siehe Parameter *sortheap*, Seite 258) ab.

Sperren und Benutzertrennung

Im vorigen Abschnitt wurden die Gesichtspunkte besprochen, die für die schnelle Durchführung von Datenbank-Operationen und damit von Programmen als Summe der Operationen ausschlaggebend sind. In einem Mehrbenutzer-Umfeld können sich aber parallel laufende Programme und Benutzer-Dialoge gegenseitig behindern und somit die Lauf- oder Antwortzeiten verschlechtern. In diesem Abschnitt wollen wir nun diese Aspekte für die Datenbank-Zugriffe diskutieren.

Sperren Daß konkurrierende Programme nicht beliebig frei zugreifen und sich gegenseitig Daten überschreiben oder löschen dürfen, ist selbstverständlich. Daher werden benutzte Ressourcen gegen fremden Zugriff gesperrt. Programme, die auf benutzte also gesperrte Ressourcen zugreifen wollen, müssen solange warten, bis diese freigegeben werden. Die Größe der gegenseitigen Behinderung durch das Sperren hängt nun davon ab,

– wie umfangreich die Sperre ist,

– gegen welche Zugriffsarten sie wirksam ist,

– wie lange sie aufrecht erhalten wird.

DB2/2 kennt folgende Arten von Sperren:

IN (intent none)	keine Sperren beabsichtigt
IS (intent share)	nur Lesesperren (S) beabsichtigt
S (share)	zum Lesen
IX (intent exclusive)	exklusives Sperren beabsichtigt
SIX (share intent exclusive)	die Tabelle ist mit S gesperrt, geänderte Zeilen werden exklusiv gesperrt
U (update)	in der Absicht einer Änderung
X (exclusive)	nach Einfügung, Änderung, Löschung
Z (super exclusive)	nur bei reinem Tabellensperren für DROP / ALTER TABLE und CREATE / DROP INDEX

IN, IS, IX und SIX werden auf Tabellenebene angemeldet, wenn die eigentlichen Sperren S, U, X auf Zeilenebene angefordert werden sollen. Z kann nur auf Tabellenebene angefordert werden. Z gibt es übrigens unter DB2/MVS nicht.

Verträglichkeit
von Sperren

Die folgende Matrix zeigt ihre Verträglichkeit untereinander:

Sperr-Art gehalten:	IN	IS	S	IX	SIX	U	X	Z
angefordert								
IN	+	+	+	+	+	+	+	-
IS	+	+	+	+	+	+	-	-
S	+	+	+	-	-	+	-	-
IX	+	+	-	+	-	-	-	-
SIX	+	+	-	-	-	-	-	-
U	+	+	+	-	-	-	-	-
X	+	-	-	-	-	-	-	-
Z	-	-	-	-	-	-	-	-

+   die Sperre erfolgt unabhängig davon, ob ein anderes Programm bereits auf die Ressource wartet oder nicht.

-    der Anfordernde muß solange warten, bis alle unverträglichen Sperren zu dieser Ressource aufgehoben wurden. DB2/2 kennt keine Alternative zum Warten wie zum Beispiel eine Rückkehr zum Aufrufenden mit Fehlercode.

Benutzer-
trennung

Neben den eigentlichen Sperren kennt DB2/2 drei Philosophien der Benutzertrennung, auch *isolation level* genannt:

– cursor stability (CS)

– repeatable read (RR)

– uncommitted read (UR).

cursor stability

Mit *cursor stability* wird die aktuelle Tabellenzeile, die zu einem Zeitpunkt im Zugriff ist, gesperrt. Sie wird beim Lesen der nächsten Zeile freigegeben, wenn an ihr keine Änderung vorgenommen wurde. Wurde sie geändert, bleibt sie bis zum nächsten COMMIT oder ROLLBACK gesperrt. Wird eine Zeile von einem Programm zweimal gelesen, könnte sie zwischenzeitlich verändert worden sein. Dennoch ist diese Technik der beste Kompromiß zwischen guter Benutzertrennung und geringer Behinderung. Zeilen, die von anderen Benutzern nach Änderung gesperrt wurden, können nicht gelesen werden. *cursor stability* ist die Standard-Technik in DB2/2.

repeatable read Mit *repeatable read* wird eine gelesene Tabellenzeile bis zum nächsten COMMIT bzw. ROLLBACK gesperrt. Tabellenzeilen können so mehrfach gelesen werden, ohne daß ein anderer sie zwischenzeitlich ändern oder löschen könnte. Zeilen, die von anderen Benutzern nach Änderung gesperrt wurden, können nicht gelesen werden.

uncommitted read *uncommitted read* ist nur für lesende SQL-Befehle möglich, für andere gilt *cursor stability.* Tabellenzeilen werden dann unabhängig davon gelesen, ob sie nach Änderungen noch gesperrt sind oder nicht. Da ohne jedes Warten auf die Aufhebung irgendwelcher Sperren gelesen wird, ist diese Technik die schnellste. Dafür lesen Sie auch Daten, deren Veränderungen noch nicht konsistent durchgeführt wurden oder im nächsten Augenblick wieder zurückgesetzt wurden! In DB2/MVS ist UR bisher nicht implementiert.

Beim BIND-Lauf eines Programms können Sie die Technik der Benutzertrennung explizit wählen.

Sperren können für Zeilen oder ganze Tabellen verhängt werden. Der Optimizer entscheidet über diese Sperrgröße aufgrund

– der gewählten Benutzertrennung (isolation level),

– der Zugriffswege (via Index oder sequentiell),

– der Selektionsbedingungen (wenige Zeilen oder ganze Tabelle).

Der Optimizer wählt Sperren auf Zeilenebene für

– Benutzertrennung CS

– Benutzertrennung RR bei Zugriff über Index.

Er benutzt Sperren auf Tabellenebene für

– Benutzertrennung RR bei sequentiellem Zugriff

– LOCK TABLE

– DROP / ALTER TABLE oder CREATE / DROP INDEX.

Sperren auf Zeilenebene werden in DB2/2 dynamisch zu Sperren auf Tabellenebene eskaliert, wenn zu viele Sperren auf Zeilenebene bereits angefordert wurden. Wenn die Schwelle erreicht wird, löst das Programm, das als nächstes eine Sperre anfordert, die *Sperr-Eskalation* aus. Dabei werden Zeilensperren einer Tabelle in eine Sperre auf Tabellenebene gewandelt. Dieser Prozeß wiederholt sich, bis genügend Sperr-Einträge wieder frei gemacht wurden. DB2/2 sucht dazu die Tabellen mit den meisten Zeilensperren aus. Diese Prozesse laufen intern ab; sie werden dann allerdings erkennbar, wenn ein Programm seine Sperren nicht eskalieren kann und seinen SQL-Befehl mit einem Fehlercode beendet.

Die Anzahl möglicher Sperr-Einträge wird durch den Konfigurations-Parameter *locklist* bestimmt.

In den IBM-Handbüchern ist der Vorgang der Sperr-Eskalation unterschiedlich beschrieben. Wir haben daher für Sie bei der IBM angefragt.

deadlock Ein Programm, das auf eine Sperre warten muß, kann natürlich selber auch Sperren halten, die es solange nicht freigibt, wie es warten muß. Daher ist es möglich, daß sich auch einmal Programme gegenseitig blockieren: Sie warten jeweils auf eine Sperre, die das andere Programm hält. Man nennt diese Situation *deadlock*. Ein *deadlock* kann nur von einer dritten Instanz, am besten dem DBMS, aufgelöst werden. DB2/2 besitzt einen *deadlock detector*, der periodisch die Sperren auf solche Situationen überprüft. Entdeckt er ein blockiertes Programm, löst er für dieses einen ROLLBACK aus, durch den die vorgenommenen Veränderungen zurückgesetzt und die Sperren aufgehoben werden.

Das Ruhe-Intervall für den *deadlock detector* wird mit dem Konfigurations-Parameter *dlchktime* vorgegeben.

7.2 Performance-Analyse

Erfahrungsgemäß wird die Frage der Performance-Analyse häufig erst dann aktuell, wenn Anwort- oder Laufzeiten nicht befriedigend erscheinen. Die vorausschauende Analyse dessen, was gerade in Entwicklung ist, ist leider eher die Ausnahme, obwohl sie viel Ärger und Frust durch unsachgemäßen Einsatz von SQL-Befehlen oder unglückliches Datenbank-Design verhindern könnte.

Liegt also erst einmal der Eindruck vor, die Zeiten seien zu schlecht, müssen Sie als erstes herausfinden wann dies auftritt:

– Immer, unabhängig von anderen Benutzern und Programmen?

– Immer, wenn eine bestimmte System-Umgebung (durch Benutzer, hohe Last) zutrifft?

– Manchmal, eher zufällig?

Außerdem müssen Sie herausfinden, ob diese Verzögerungen in DB2/2 entstehen oder andere dafür verantwortlich sind. Dazu sollten Sie die Verweilzeiten in DB2/2 für jeden Befehl der Anwendung, die CPU-Belastung und die Anzahl der I/O-Operationen bestimmen.

Liegen die Ursachen in DB2/2, so müssen Sie sich ansehen, welche Zugriffstechniken der Optimizer für die Ausführung der Befehle gewählt hat und ob diese verbessert werden können.

Außerdem müssen Sie den Zustand der Datenbank daraufhin überprüfen, ob nicht durch Reorganisationsmaßnahmen Verbesserungen erzielt werden können.

Performance-Messungen

Als erstes sollten Sie also das interne Verhalten von DB2/2 messen. Wenn Sie messen, so sollten Sie dies unter den charakteristischen Randbedingungen des echten Einsatzes tun und das Umfeld während der Messung abgesichert haben, damit keine überraschende Systemlast die Ergebnisse verfälscht. Es ist am besten, die Messung mehrfach unter gleichen Bedingungen zu wiederholen und die Meßergebnisse zu mitteln.

Die einzige Unterstützung, die DB2/2 zur Analyse des Datenbank-Geschehens bietet, ist folgendes DBM-Kommando:

```
GET USER STATUS FOR DATABASE datenbank
```

Je Benutzer erhalten Sie folgende Angaben:

- Anzahl der Transaktionen seit CONNECT
- Anzahl der Befehle/Aufrufe seit CONNECT
- Anzahl der Befehle/Aufrufe in aktueller Transaktion
- Zeit in Sekunden seit CONNECT
- Zeit in Sekunden seit Beginn der aktuellen Transaktion
- Benutzer-Identifikation
- Knotenname der Workstation des Benutzers, falls nicht lokal
- Berechtigungen des Benutzers als Dezimalzahl, deren Bitmuster von links nach rechts den Besitz (= 1) folgender Berechtigungen ausweist:

```
CONNECT
BINDADD
CREATETAB
DBADM
SYSADM
```

– Transaktionsstatus mit

S	gestartet, keine Lese- oder Änderungsoperationen
R	bisher nur Leseoperationen
C	Änderungsoperationen

– Sperrstatus mit

W	Wartend auf Freigabe einer Sperre
N	Nicht wartend

Diese Angaben helfen zwar, den Betrieb einer Datenbank zu überwachen und den globalen Zeitverbrauch und den Status von Benutzern zu kontrollieren; sie helfen aber keineswegs, Performance-Probleme mit Datenbank-Anwendungen oder einzelnen Zugriffen zu untersuchen.

Auch das OS/2-Programm *Puls*, das die prozentuale System-Auslastung in einer Grafik anzeigt, hilft nicht. Zwar ist die Anzeige recht putzig anzusehen, aber ohne ausreichende Aussagekraft.

IBM empfiehlt den Einsatz seines Produktes SPM/2 zur exakten Messung der System-Aktivitäten.

Die Verweilzeiten der SQL-Befehle in DB2/2 können einfach dadurch ermittelt werden, daß die Zeit vor und nach dem SQL-Aufruf genommen wird, zum Beispiel mit TIME('E') in REXX. Aber CPU-Zeit und I/Os erhalten Sie damit nicht.

Messen Sie Ihre Anwendungen unter realistischen Bedingungen, testen Sie auch einmal verschiedene Varianten eines Befehls und vergleichen Sie die Ergebnisse.

Wir haben unsere Beispiele, die wir Ihnen in den Erläuterungen zu EXPLAIN vorstellen, auch gemessen (siehe unten Abschnitt *EXPLAIN-Hilfsprogramm*, Seite 230). Wir nennen aber hier bewußt keine Ergebnisse, weil diese doch nur im Zusammenhang mit der Gesamtkonfiguration von Hardware und Software und der Systemlast zu verstehen und zu vergleichen sind. Mehr besagt da ein vorsichtig formulierter Gesamteindruck: Schlecht sind die Antwortzeiten nicht.

Ärgerlich langsam ist nur das Vorwärtsblättern in den Query Manager-Berichten. Hier besteht noch Verbesserungsbedarf!

RUNSTATS-Hilfsprogramm

RUNSTATS aktualisiert im System-Katalog die statistischen Daten einer Tabelle und ihrer Indizes. Diese Daten benötigt der Optimizer zur Auswahl der besten Zugriffswege.

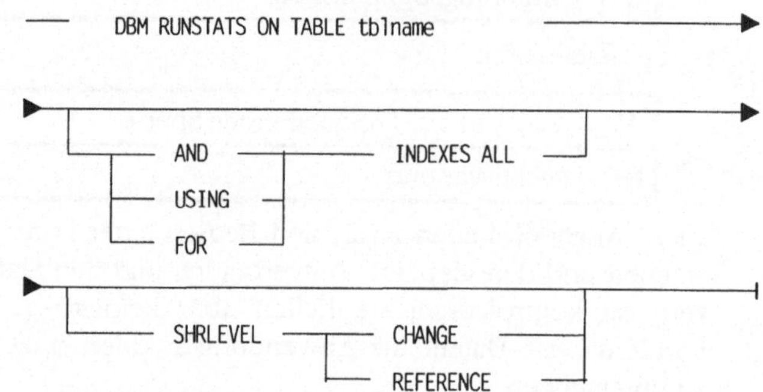

Die Standardform des Befehls ist:
RUNSTATS ON TABLE tblname USING INDEXES ALL SHRLEVEL CHANGE

Es bedeuten:

- AND INDEXES ALL

  Statistik über Tabelle und Indizes

- USING INDEXES ALL

  Statistik nur über Tabelle

- FOR INDEXES ALL

  Statistik nur für die Indizes. Besaß die Tabelle aber bisher keine Statistikdaten, so werden sie dann auch ermittelt.

- SHRLEVEL CHANGE

  Während des RUNSTATS-Laufs sind Änderungen an der Tabelle erlaubt.

- SHRLEVEL REFERENCE

  Während des RUNSTATS-Laufs sind nur Lesezugriffe auf die Tabelle erlaubt.

Voraussetzung für den Aufruf ist, daß Sie einen CONNECT zur Datenbank bereits abgesetzt haben.

Sie sollten RUNSTATS aufrufen, wenn

- die Tabelle viel durch Zeilenänderungen, Löschungen oder Neuzugänge geändert wurde,
- die Tabelle reorganisiert wurde (REORG TABLE),
- neue Indizes eingerichtet wurden (CREATE INDEX).

Sie können neue Zugriffswege nach dem RUNSTATS-Lauf nutzen, wenn Sie die Programm-Zugriffspläne (packages) mit BIND erneut binden.

Zur Ausführung des Kommandos müssen Sie mindestens eine der folgenden Berechtigungen besitzen:

- SYSADM oder DBADM
- CONTROL-Berechtigung für die Tabelle.

Sie können RUNSTATS auch im Query Manager in der Tabellen-Auswahl aufrufen. Der Query Manager führt Sie dann durch die Parameter-Auswahl. Sie können dort auch einzelne Indizes angeben, ALL gibt es dafür nicht.

RUNSTATS ermittelt folgende Daten:

in Tabelle SYSIBM.SYSCOLUMNS	
COLCARD	Anzahl unterschiedlicher Werte in der Spalte
HIGH2KEY	zweithöchster Wert der Spalte
LOW2KEY	zweitniedrigster Wert der Spalte
AVGCOLLEN	durchschnittliche Länge der Spaltenwerte
in Tabelle SYSIBM.SYSINDEXES	
NLEAF	Anzahl der Leaf Pages
NLEVELS	Anzahl der Index-Stufen
FIRSTKEYCARD	Anzahl verschiedener Werte für erste Indexspalte
FULLKEYCARD	Anzahl verschiedener Werte für alle Indexspalten
CLUSTERRATIO	Verhältnis Indexordnung zu Reihenfolge der Tabellenzeilen als Prozentzahl

in Tabelle SYSIBM.SYSTABLES	
CARD	Anzahl der Tabellenzeilen
NPAGES	Anzahl der Dateiblöcke (pages) mit Tabellenzeilen
FPAGES	Anzahl der Blöcke (pages) der Datei
OVERFLOW	Anzahl der Overflow-Zeilen der Tabelle (Zeilen, die nicht mehr in ihrem ursprünglichen Block (page) stehen)

Wurden von RUNSTATS noch keine Werte gesammelt, so stehen die
numerischen Felder auf -1. -1 ersetzt hier also den NULL-Wert!

EXPLAIN-Hilfsprogramm

Zur Erläuterung der Zugriffe, die für einen SQL-Befehl zum Einsatz
kommen, können Sie auf dem Mainframe EXPLAIN benutzen. Auch
für DB2/2 liefert die IBM eine EXPLAIN-Hilfe, die allerdings nicht
integraler Bestandteil des Produkts ist, sondern eine „Zugabe" ohne
jegliche Gewährleistung des Herstellers. Das Programm liest die
Tabellen SYSIBM.SYSPLAN, SYSIBM.SYSSECTION und SYSIBM.SYS-
PLANAUTH des Katalogs und erstellt einen Bericht zu jedem
Abschnitt (section) eines Zugriffsplans. Ein Abschnitt enthält dabei
einen SQL-Befehl, der einen Zugriff auf Daten der Datenbank
ausführt. Im Gegensatz zu den Mainframe-Systemen werden keine
„geschätzten Kosten" des Zugriffs ermittelt. Hinter der Kostenschätzung auf den Mainframes steckt ein Kostenmodell, das den
Aufwand des SQL-Befehls bewerten und in eine Kennzahl umsetzen
soll. Die auch recht umstrittene Kostenschätzung ist keine voraus-
gesagte Antwortzeit, erlaubt aber den schnellen Vergleich verschiedener Formen einer Abfrage. Leider gibt es diese Kennzahl für
DB2/2 nicht.

Programm-
aufruf
EXPLAIN

Das Programm fragt dann:

```
Enter Database Name                         (z.B. sample)
Executing Start Using Database.
Start Using Database Successful.
Enter up to 8 character program name        (z.B. db2_test)
Enter up to 8 character program qualifier   (z.B. axel)
```

```
Enter section number (0 for all)            0
Enter outfile name. <ENTER> for default progname.EXP==>
Processing....
    :

    :
```

Wer die Zugriffe aller Programme einer Datenbank ausgedruckt bekommen möchte, kann die REXX-Prozedur EXP.CMD aufrufen. Sie fragt nur nach der Datenbank

```
Database Name
(Name der gewünschten Datenbank)
```

und erzeugt für jedes Programm eine .EXP-Datei mit den erläuterten Datenbank-Zugriffen.

Im folgenden stellen wir die Ausgabe von EXPLAIN vor und erläutern an einigen Beispielen Entscheidungen des Optimizer. Grundlage unseres Tests sind zwei Tabellen PERSON und GEHALT mit jeweils 8481 Zeilen.

Tabelle PERSON PERSON enthält allgemeine personenbezogene Angaben wie Namen oder Adresse. Schlüssel ist die eindeutige Personen-Nummer PERSNO. Zur Tabelle gehören zwei Indizes, I_PERS_M über PERSNO, I_PERS_1 über PLZ, die (alte) Postleitzahl in der Adresse.

Tabelle GEHALT GEHALT enthält die vertraulichen Angaben über das Jahresgehalt und eine mögliche Provision. Schlüssel ist auch hier PERSNO. Zur Tabelle gehören ebenfalls zwei Indizes, I_GEHA_M über PERSNO, I_GEHA_1 über GEHALT.

Beide Tabellen wurden nach PERSNO sortiert geladen und nicht verändert.

Hier die SELECT-Befehle und die Zugriffswege aus der EXPLAIN-Liste:

Test 1

```
Explain Version 1.4 04G1047 (c) Copyright IBM Corp. 1989 1993
Licensed Material - Program Property of IBM
IBM DATABASE 2 OS/2 Explain Function


Plan Name = AXEL.DB2_TEST
Section = 1


SQL Statement:
  SELECT *
  FROM PERSON
  WHERE PLZ = 6000 AND PERSNO < 999999


Access Table Name = AXEL.PERSON  ID = 22  #Columns = 7
  Scan Direction  = Forward
  Index Scan:  Name = AXEL.I_PERS_1  ID = 2  #Key Columns = 1
  Lock Intent Exclusive with U row locks
  Sargable Predicate
```

Erläuterung Der Zugriff erfolgt auf Tabelle AXEL.PERSON, interne Identifikation 22, alle 7 Spalten werden benutzt. Die Lese-Richtung kann nur vorwärts sein, da ein *index scan* über Index AXEL.I_PERS_1 mit 1 Spalte benutzt wird. Als Sperren sind auf Tabellenebene IX und auf Zeilenebene U geplant. Ein Prädikat wird als *sargable* eingestuft, weil es nur durch Zugriff auf die Zeile ausgewertet werden kann. Leider wird nicht geschrieben, welches gemeint ist, doch hier kann es sich nur um PERSNO < 999999 handeln.

Kommentar DB2/2 erkennt richtig, daß der Index über PLZ günstiger ist als über PERSNO.

Test 2

```
Plan Name = AXEL.DB2_TEST
Section = 2

SQL Statement:

  SELECT *
  FROM PERSON
  WHERE PLZ = 8000 OR PERSNO = 1100

Access Table Name = AXEL.PERSON  ID = 22  #Columns = 1
  Scan Direction  = Forward
  Index Scan:  Name = AXEL.I_PERS_M  ID = 1  #Key Columns = 1
  Lock Intent Exclusive
Create/Insert Into Sorted Temp Table  ID = t1
  Sort  #Columns = 1
  Piped
Access Table Name = AXEL.PERSON  ID = 22  #Columns = 1
  Scan Direction  = Forward
  Index Scan:  Name = AXEL.I_PERS_1  ID = 2  #Key Columns = 1
  Lock Intent Exclusive
Insert Into Sorted Temp Table  ID = t1
Index OR Filter
Access Table Name = AXEL.PERSON  ID = 22  #Columns = 7
  Scan Direction  = Forward
  Relation Scan
  Lock Intent Exclusive with U row locks
  Residual Predicate
```

Erläuterung Der Zugriff erfolgt zuerst auf Tabelle AXEL.PERSON, interne Identifikation 22, 1 Spalte wird benutzt. Die Lese-Richtung kann nur vorwärts sein, da ein *index scan* über Index AXEL.I_PERS_M mit 1 Spalte benutzt wird. Als Sperre ist dabei IX geplant. Das Ergebnis wird in einer temporären, sortierten Tabelle t1[3] zwischengespeichert. Die Sortierung erfolgt über 1 Spalte und ist *piped*, d.h. ihre Ausgabe muß nicht in einer eigenen temporären Tabelle zwischengespeichert werden.

Der Zugriff erfolgt dann wieder auf Tabelle AXEL.PERSON, 1 Spalte wird benutzt. Die Lese-Richtung kann nur vorwärts sein, da ein *index scan* über Index AXEL.I_PERS_1 mit 1 Spalte benutzt wird. Als Sperre ist dabei IX geplant. Das Ergebnis wird in der temporären, sortierten Tabelle t1 zwischengespeichert, die im Schritt zuvor schon angelegt worden ist.

---

3   Die Bezeichnungen für temporäre Tabellen werden vom EXPLAIN-Programm eingesetzt.

Nach diesen beiden Index-Zugriffen wird ein *OR Filter* durchgeführt, bei dem doppelte Zeilen entfernt werden.

Abschließend erfolgt der Zugriff auf Tabelle AXEL.PERSON unter
Benutzung aller 7 Spalten. Die Lese-Richtung ist vorwärts. Es wird
ein *relation scan* benutzt, d.h. die Datei mit der Tabelle wird
sequentiell gelesen. Als Sperren sind auf Tabellenebene IX und auf
Zeilenebene U geplant. Die Auswahl der Zeilen erfolgt mit Hilfe der
temporären Tabelle, daher wird das Prädikat als *residual* eingestuft.

Kommentar Eine kleine Änderung in der Auswahl (OR statt AND) mit großen
Auswirkungen. Erstaunlich ist doch, daß die Tabelle sequentiell
gelesen werden muß, um 67 von 8481 Zeilen zu ermitteln.

Test 3

```
Plan Name = AXEL.DB2_TEST
Section = 3



SQL Statement:


 SELECT *
 FROM PERSON
 WHERE PLZ = 2000 OR PERSNO < 999999


Access Table Name = AXEL.PERSON   ID = 22  #Columns = 7
 Scan Direction  = Forward
 Relation Scan
 Lock Intent Exclusive with U row locks
 Sargable Predicate
```

Erläuterung Der Zugriff erfolgt auf Tabelle AXEL.PERSON, interne Identifikation
22, alle 7 Spalten werden benutzt. Die Lese-Richtung ist vorwärts. Es
wird ein *relation scan* benutzt, d.h. die Datei mit der Tabelle wird
sequentiell gelesen. Als Sperren sind auf Tabellenebene IX und auf
Zeilenebene U geplant. Die Prädikate werden als *sargable* eingestuft, weil sie nur durch Zugriff auf die Zeilen ausgewertet werden
können.

Kommentar DB2/2 erkennt richtig, daß die OR-Bedingung fast den gesamten
Bestand auswählt. Daher ist ein *relation scan* die beste Lösung.

Test 4

```
Plan Name = AXEL.DB2_TEST
Section = 4


SQL Statement:

  SELECT *
  FROM PERSON
  WHERE PERSNO > 10000
  ORDER BY PLZ



Access Table Name = AXEL.PERSON  ID = 22  #Columns = 7
  Scan Direction  = Forward
  Index Scan:  Name = AXEL.I_PERS_1  ID = 2  #Key Columns = 0
  Lock Intent Share
  Sargable Predicate
```

Erläuterung Der Zugriff erfolgt auf Tabelle AXEL.PERSON, interne Identifikation 22, alle 7 Spalten werden benutzt. Die Lese-Richtung kann nur vorwärts sein, da ein *index scan* über Index AXEL.I_PERS_1 benutzt wird. Als Sperre ist IS geplant. Das Prädikat wird als *sargable* eingestuft, weil es nur durch Zugriff auf die Zeile ausgewertet werden kann.

Kommentar Der Index über PLZ erspart den Sortierlauf.

Test 5

```
Plan Name = AXEL.DB2_TEST
Section = 5


SQL Statement:

  SELECT COUNT(*), PLZ
  FROM PERSON
  GROUP BY PLZ
  HAVING COUNT(*) > 11



Access Table Name = AXEL.PERSON  ID = 22  #Columns = 1
  Scan Direction  = Forward
  Index Scan:  Name = AXEL.I_PERS_1  ID = 2  #Key Columns = 0
  Lock Intent Share
Aggregation
  Group By
  Column Function(s)
  Having
```

Erläuterung Der Zugriff erfolgt auf Tabelle AXEL.PERSON, interne Identifikation 22, 1 Spalte wird benutzt. Die Lese-Richtung kann nur vorwärts sein, da ein *index scan* über Index AXEL.I_PERS_1 benutzt wird. Als Sperre ist IS geplant. Die Daten werden anschließend verdichtet, die Funktion COUNT errechnet, und die HAVING-Auswahl durchgeführt.

Kommentar Der Index über PLZ erspart den Sortierlauf für die GROUP BY-Klausel.

Test 6

```
Plan Name = AXEL.DB2_TEST
Section = 6


SQL Statement:

  SELECT A.PERSNO, B.ORT
  FROM PERSON A, PERSON B
  WHERE A.PERSNO = B.PERSNO AND A.ORT LIKE 'Do%'



Access Table Name = AXEL.PERSON  ID = 22  #Columns = 2
  Scan Direction  = Forward
  Relation Scan
  Lock Intent Share
  Sargable Predicate
Nested Loop Join
  Access Table Name = AXEL.PERSON  ID = 22  #Columns = 2
    Scan Direction  = Forward
    Index Scan:  Name = AXEL.I_PERS_M  ID = 1  #Key Columns = 1
    Lock Intent Share
```

Erläuterung Der Zugriff erfolgt zuerst auf Tabelle AXEL.PERSON, interne Identifikation 22, 2 Spalten werden benutzt. Die Lese-Richtung ist vorwärts. Es wird ein *relation scan* benutzt, d.h. die Datei mit der Tabelle wird sequentiell gelesen. Als Sperre ist IS vorgesehen. Das Prädikat wird als *sargable* eingestuft, weil es nur durch Zugriff auf die Zeilen ausgewertet werden kann.

Der Join wird als *nested loop* ausgeführt. Die äußere Tabelle ist die zuvor genannte, die innere die folgende. Der Zugriff auf die innere Tabelle erfolgt über den Index AXEL.I_PERS_M.

Kommentar Für die Auswahl nach ORT gibt es keinen Index, daher ein *relation scan*. Für einen Merge Scan-Join müßten die angesprochenen Spalten beider Tabellen erst sortiert werden. Daher erscheint ein *nested loop* mit Index Zugriff auf die innere Tabelle günstiger.

Test 7

```
Plan Name = AXEL.DB2_TEST
Section = 7


SQL Statement:

 SELECT A.PERSNO, B.ORT
 FROM PERSON A, PERSON B
 WHERE A.PERSNO = B.PERSNO AND A.PLZ = 3000


Access Table Name = AXEL.PERSON   ID = 22  #Columns = 2
  Scan Direction  = Forward
  Index Scan:  Name = AXEL.I_PERS_1  ID = 2  #Key Columns = 1
  Lock Intent Share
Nested Loop Join
  Access Table Name = AXEL.PERSON   ID = 22  #Columns = 2
    Scan Direction  = Forward
    Index Scan:  Name = AXEL.I_PERS_M  ID = 1  #Key Columns = 1
    Lock Intent Share
```

Erläuterung Der Zugriff erfolgt zuerst auf Tabelle AXEL.PERSON, interne Identifikation 22, 2 Spalten werden benutzt. Die Lese-Richtung ist vorwärts. Es wird ein *index scan* über AXEL.I_PERS_1 benutzt. Als Sperre ist IS vorgesehen.

Der Join wird als *nested loop* ausgeführt. Die äußere Tabelle ist die zuvor genannte, die innere die folgende. Der Zugriff auf die innere Tabelle erfolgt über den Index AXEL.I_PERS_M.

Kommentar Für die Auswahl nach PLZ kann DB2/2 einen Index benutzen, der allerdings nicht für die Join-Bedingung herangezogen werden kann.

Test 8

```
Plan Name = AXEL.DB2_TEST
Section = 8


SQL Statement:

  SELECT VNAME, NAME
  FROM PERSON P, GEHALT G
  WHERE P.PERSNO = G.PERSNO AND GEHALT = 18006


Access Table Name = AXEL.GEHALT  ID = 20  #Columns = 2
  Scan Direction  = Forward
  Index Scan:  Name = AXEL.I_GEHA_1  ID = 2  #Key Columns = 1
  Lock Intent Share
Nested Loop Join
  Access Table Name = AXEL.PERSON  ID = 22  #Columns = 3
    Scan Direction  = Forward
    Index Scan:  Name = AXEL.I_PERS_M  ID = 1  #Key Columns = 1
    Lock Intent Share
```

Erläuterung Der Zugriff erfolgt zuerst auf Tabelle AXEL.GEHALT, interne Identifikation 20, 2 Spalten werden benutzt. Die Lese-Richtung ist vorwärts. Es wird ein *index scan* über AXEL.I_GEHA_1 benutzt. Als Sperre ist IS vorgesehen.

Der Join wird als *nested loop* ausgeführt. Die äußere Tabelle ist die zuvor genannte, die innere die folgende. Der Zugriff auf die innere Tabelle erfolgt über den Index AXEL.I_PERS_M. Es werden 3 Spalten benutzt.

Kommentar Die Tabelle GEHALT ist die äußere Join-Tabelle, weil über den Index eine gute Vorauswahl getroffen werden kann.

Test 9

```
Plan Name = AXEL.DB2_TEST
Section = 9

SQL Statement:

 SELECT VNAME, NAME
 FROM PERSON
 WHERE PERSNO IN (
     SELECT PERSNO
     FROM GEHALT
     WHERE GEHALT = 18006)


Access Table Name = AXEL.GEHALT  ID = 20  #Columns = 2
  Scan Direction  = Forward
  Index Scan:  Name = AXEL.I_GEHA_1  ID = 2  #Key Columns = 1
  Lock Intent Share
Create/Insert Into Sorted Temp Table  ID = t2
  Sort  #Columns = 1
  Not Piped
Access Temp Table  ID = t2  #Columns = 1
  Scan Direction  = Forward
  Relation Scan
Create/Insert Into Temp Table  ID = t3
Access Table Name = AXEL.PERSON  ID = 22  #Columns = 0
  Scan Direction  = Forward
  Index Scan:  Name = AXEL.I_PERS_1  ID = 2  #Key Columns = 0
  Lock Intent Exclusive
Create/Insert Into Sorted Temp Table  ID = t4
  Sort  #Columns = 1
  Piped
Index OR Filter
Access Table Name = AXEL.PERSON  ID = 22  #Columns = 7
  Scan Direction  = Forward
  Relation Scan
  Lock Intent Exclusive with U row locks
  Residual Predicate
   ANY Ordered
     Access Temp Table  ID = t3  #Columns = 1
       Scan Direction  = Forward
        Relation Scan
```

Erläuterung Der Zugriff erfolgt zuerst auf Tabelle AXEL.GEHALT, über Index AXEL.I_GEHA_1, 2 Spalten werden benutzt. Ausgabe erfolgt in die sortierte temporäre Tabelle t2, Sortierung über 1 Spalte. Lesen von t2, Ausgabe in t3.

Der Zugriff auf AXEL.PERSON über Index I_PERS_1 (0 Spalten werden benutzt) kann nur mit einer besonderen Werteverteilung des

Index I_PERS_1 erklärt werden. Die Ausgabe erfolgt in die sortierte temporäre Tabelle t4. Index OR Filter.

Zugriff auf AXEL.PERSON sequentiell, 7 Spalten werden benutzt. Prädikat *residual*, geordnetes ANY. Dazu Zugriff auf t3 sequentiell.

Kommentar Die Abfrage führt zum gleichen Ergebnis wie Test 8. Der Optimizer von DB2/2 erkennt nicht, daß die Unterabfrage durch einen Join ersetzt werden könnte, sondern setzt die Unterabfrage eigenständig und aufwendig um. IN und = ANY sind dabei austauschbar. (Der Zugriff über Index I_PERS_1 (PLZ) macht keinen Sinn! Das Lesen von Tabelle AXEL.PERSON mit 7 Spalten erscheint unsinnig, da 3 – PERSNO, NAME, VNAME – ausreichen.)

Test 10

```
Plan Name = AXEL.DB2_TEST
Section = 10


SQL Statement:

  SELECT VNAME, NAME
  FROM PERSON P
  WHERE 18006 = (
      SELECT GEHALT
      FROM GEHALT
      WHERE PERSNO = P.PERSNO)



Access Table Name = AXEL.PERSON  ID = 22  #Columns = 0
  Scan Direction  = Forward
  Index Scan:  Name = AXEL.I_PERS_1  ID = 2  #Key Columns = 0
  Lock Intent Exclusive
Create/Insert Into Sorted Temp Table  ID = t5
  Sort  #Columns = 1
  Piped
Index OR Filter
Access Table Name = AXEL.PERSON  ID = 22  #Columns = 7
  Scan Direction  = Forward
  Relation Scan
  Lock Intent Exclusive with U row locks
  Residual Predicate
    Access Table Name = AXEL.GEHALT  ID = 20  #Columns = 2
      Scan Direction  = Forward
      Index Scan:  Name = AXEL.I_GEHA_M  ID = 1 #Key Columns = 1
      Lock Intent Share
```

Erläuterung Der Zugriff erfolgt zuerst auf Tabelle AXEL.PERSON, über Index AXEL.I_PERS_1, 0 Spalten werden benutzt. Ausgabe erfolgt in die sortierte temporäre Tabelle t5, Sortierung über 1 Spalte. Index OR Filter.

Zugriff auf AXEL.PERSON sequentiell, 7 Spalten werden benutzt. Prädikat *residual.* Dazu Zugriff auf AXEL.GEHALT über Index I_GEHA_M (PERSNO).

Kommentar Auch diese Abfrage führt zum gleichen Ergebnis wie Test 8. Die Formulierung ist sicher nicht anwendergerecht, führt aber zu einem interessanten Ergebnis: Der Aufwand erscheint geringer als in Test 9 mit einer gegenüber zwei Sortierungen und einer gegenüber drei temporären Tabellen. (Der Zugriff über Index I_PERS_1 (PLZ) als erstes macht keinen Sinn!)

Test 11

```
Plan Name = AXEL.DB2_TEST
Section = 11


SQL Statement:

  SELECT VNAME, NAME
  FROM PERSON P
  WHERE EXISTS (
     SELECT *
     FROM GEHALT
     WHERE GEHALT = 16808.30 AND PERSNO = P.PERSNO)


Access Table Name = AXEL.PERSON  ID = 22  #Columns = 0
  Scan Direction  = Forward
  Index Scan:  Name = AXEL.I_PERS_1  ID = 2  #Key Columns = 0
  Lock Intent Exclusive
Create/Insert Into Sorted Temp Table  ID = t10
  Sort  #Columns = 1
  Piped
Index OR Filter
Access Table Name = AXEL.PERSON  ID = 22  #Columns = 7
  Scan Direction  = Forward
  Relation Scan
  Lock Intent Exclusive with U row locks
  Residual Predicate
    Access Table Name = AXEL.GEHALT  ID = 20  #Columns = 2
      Scan Direction  = Forward
      Index Scan:  Name = AXEL.I_GEHA_M  ID = 1 #Key Columns = 1
      Lock Intent Share
      Sargable Predicate
```

Erläuterung siehe Test 10

Kommentar Die Abfrage ist mit klassischer korrelierter Unterabfage mit EXISTS formuliert und führt zum gleichen Ergebnis wie Test 8. (Der Zugriff über Index I_PERS_1 (PLZ) macht keinen Sinn!)

Test 12

```
Plan Name = AXEL.DB2_TEST
Section = 12


SQL Statement:

  SELECT VNAME, NAME
  FROM PERSON P
  WHERE 0 < (
     SELECT COUNT(*)
     FROM GEHALT
     WHERE GEHALT = 18357.50 AND PERSNO = P.PERSNO)


Access Table Name = AXEL.PERSON  ID = 22  #Columns = 0
  Scan Direction  = Forward
  Index Scan:  Name = AXEL.I_PERS_1  ID = 2  #Key Columns = 0
  Lock Intent Exclusive
Create/Insert Into Sorted Temp Table  ID = t11
  Sort  #Columns = 1
  Piped
Index OR Filter
Access Table Name = AXEL.PERSON  ID = 22  #Columns = 7
  Scan Direction  = Forward
  Relation Scan
  Lock Intent Exclusive with U row locks
  Residual Predicate
    Access Table Name = AXEL.GEHALT  ID = 20  #Columns = 2
      Scan Direction  = Forward
      Index Scan:  Name = AXEL.I_GEHA_M  ID = 1 #Key Columns = 1
      Lock Intent Share
      Sargable Predicate
    Aggregation
      Column Function(s)
```

Erläuterung Der Zugriff erfolgt zuerst auf Tabelle AXEL.PERSON, über Index AXEL.I_PERS_1, 0 Spalten werden benutzt. Ausgabe erfolgt in die sortierte temporäre Tabelle t11, Sortierung über 1 Spalte. Index OR Filter.

Zugriff auf AXEL.PERSON sequentiell, 7 Spalten werden benutzt. Prädikat *residual.* Dazu Zugriff auf AXEL.GEHALT über Index I_GEHA_M (PERSNO) mit Ermittlung der Funktion COUNT.

Kommentar Die Abfrage führt zum gleichen Ergebnis wie Test 8. Die Formulierung ist nicht praxisgerecht. Die COUNT-Funktion verwirrt den Optimizer nicht. (Der Zugriff über Index I_PERS_1 (PLZ) macht keinen Sinn!)

Test 13

```
Plan Name = AXEL.DB2_TEST
Section = 13


SQL Statement:

  SELECT SUM(PLZ) INTO :PLZSUM
  FROM PERSON


Access Table Name = AXEL.PERSON  ID = 22  #Columns = 1
  Scan Direction  = Forward
  Index Scan:  Name = AXEL.I_PERS_1  ID = 2  #Key Columns = 0
  Lock Intent Share
Aggregation
  Column Function(s)
```

Kommentar Die Summenfunktion ist zwar inhaltlich unsinnig, kann bereits über den *index scan* abgedeckt werden.

Test 14

```
Plan Name = AXEL.DB2_TEST
Section = 14


SQL Statement:

  SELECT SUM(GEHALT) INTO :GEHSUM
  FROM GEHALT


Access Table Name = AXEL.GEHALT  ID = 20  #Columns = 1
  Scan Direction  = Forward
  Relation Scan
  Lock Intent Share
Aggregation
  Column Function(s)
```

Kommentar Die Summenfunktion ist hier zwar sinnvoll, doch DB2/2 nutzt den vorhanden Index nicht, weil die Daten offensichtlich besonders ungünstig verteilt oder über die Tabelle verstreut sind. Anders verteilte Daten führten in einem zweiten Versuch zu einer Nutzung des passenden Index.

Test 15

```
Plan Name = AXEL.DB2_TEST
Section = 15


SQL Statement:

  SELECT *
  FROM PERSON
  WHERE PLZ = 2000 OR PLZ = 4000 OR PLZ = 5000


Access Table Name = AXEL.PERSON  ID = 22  #Columns = 1
  Scan Direction  = Forward
  Index Scan:  Name = AXEL.I_PERS_1  ID = 2  #Key Columns = 1
  Lock Intent Exclusive
Create/Insert Into Sorted Temp Table  ID = t1
  Sort  #Columns = 1
  Piped
Access Table Name = AXEL.PERSON  ID = 22  #Columns = 1
  Scan Direction  = Forward
  Index Scan:  Name = AXEL.I_PERS_1  ID = 2  #Key Columns = 1
  Lock Intent Exclusive
Insert Into Sorted Temp Table  ID = t1
Access Table Name = AXEL.PERSON  ID = 22  #Columns = 1
  Scan Direction  = Forward
  Index Scan:  Name = AXEL.I_PERS_1  ID = 2  #Key Columns = 1
  Lock Intent Exclusive
Insert Into Sorted Temp Table  ID = t1
Index OR Filter
Access Table Name = AXEL.PERSON  ID = 22  #Columns = 7
  Scan Direction  = Forward
  Relation Scan
  Lock Intent Exclusive with U row locks
  Residual Predicate
```

Erläuterung Der Zugriff erfolgt zuerst auf Tabelle AXEL.PERSON, über Index AXEL.I_PERS_1, 1 Spalte wird benutzt. Ausgabe erfolgt in die sortierte temporäre Tabelle t1, Sortierung über 1 Spalte (1. Auswahlbedingung).

Der Zugriff erfolgt dann auf Tabelle AXEL.PERSON, über Index AXEL.I_PERS_1, 1 Spalte wird benutzt. Ausgabe erfolgt in die existierende, sortierte temporäre Tabelle t1 (2. Auswahlbedingung).

Der Zugriff erfolgt nochmals auf Tabelle AXEL.PERSON, über Index AXEL.I_PERS_1, 1 Spalte wird benutzt. Ausgabe erfolgt in die existierende, sortierte temporäre Tabelle t1 (3. Auswahlbedingung).

Nach diesen drei Index-Zugriffen wird ein *OR Filter* durchgeführt, bei dem doppelte Zeilen entfernt werden.

Anschließend sequentieller Zugriff auf die Tabelle AXEL.PERSON, 7 Spalten werden benutzt. Die Auswahl der Zeilen erfolgt mit Hilfe der temporären Tabelle, daher wird das Prädikat als *residual* eingestuft.

Kommentar Die Tabelle wird sequentiell gelesen, um 1507 von 8481 Zeilen zu ermitteln.

Test16

```
Plan Name = AXEL.DB2_TEST
Section = 16


SQL Statement:

  SELECT *
  FROM PERSON
  WHERE PLZ = 2000
  UNION ALL
  SELECT *
  FROM PERSON
  WHERE PLZ = 4000
  UNION ALL
  SELECT *
  FROM PERSON
  WHERE PLZ = 5000


(
  Access Table Name = AXEL.PERSON  ID = 22  #Columns = 7
    Scan Direction  = Forward
    Index Scan:  Name = AXEL.I_PERS_1  ID = 2  #Key Columns = 1
    Lock Intent Share
UNION
  Access Table Name = AXEL.PERSON  ID = 22  #Columns = 7
    Scan Direction  = Forward
    Index Scan:  Name = AXEL.I_PERS_1  ID = 2  #Key Columns = 1
    Lock Intent Share
UNION
  Access Table Name = AXEL.PERSON  ID = 22  #Columns = 7
    Scan Direction  = Forward
    Index Scan:  Name = AXEL.I_PERS_1  ID = 2  #Key Columns = 1
    Lock Intent Share
)
```

Kommentar Dieser Test erzielt das gleiche Ergebnis wie Test 17. Die Zugriffe sehen hier auf dem Papier nicht nur schneller als in Test 17 aus, sie waren es auch im Test. Machen Sie selbst die Probe!

Test 17

```
Plan Name = AXEL.DB2_TEST
Section = 17


SQL Statement:
  SELECT PERSNO
  FROM PERSON
  WHERE PERSNO <> 60000


Access Table Name = AXEL.PERSON   ID = 22  #Columns = 7
  Scan Direction  = Forward
  Relation Scan
  Lock Intent Exclusive with U row locks
  Sargable Predicate
```

Kommentar Obwohl die Abfrage allein über den Index I_PERS_M bearbeitet werden könnte, benutzt DB2/2 einen *relation scan*!

Test 18

```
Plan Name = AXEL.DB2_TEST
Section = 18


SQL Statement:

  SELECT *
  FROM PERSON EXCEPT
    (SELECT *
     FROM PERSON
     WHERE PLZ = 6000)



(
  Access Table Name = AXEL.PERSON  ID = 22  #Columns = 7
    Scan Direction  = Forward
    Index Scan:  Name = AXEL.I_PERS_M  ID = 1  #Key Columns = 0
    Lock Intent Share
EXCEPT
  Access Table Name = AXEL.PERSON  ID = 22  #Columns = 7
    Scan Direction  = Forward
    Index Scan:  Name = AXEL.I_PERS_1  ID = 2  #Key Columns = 1
    Lock Intent Share
  Create/Insert Into Sorted Temp Table  ID = t1
    Sort  #Columns = 1
    Not Piped
  Access Temp Table  ID = t1  #Columns = 7
    Scan Direction  = Forward
    Relation Scan
)
```

Kommentar Die Abfrage könnte auch

```
SELECT * FROM PERSON WHERE PLZ <> 6000
```

lauten. Durch die komplizierte Formulierung mit EXCEPT wählt DB2/2 andere Zugriffe als den *relation scan* (siehe auch Test 17).

Wie die aufgeführten Beispiele zeigen, lassen sich die Zugriffswege von DB2/2 nicht immer voraussagen. Die Kenntnisse der Statistikdaten sind absolut notwendig, um das Zugriffsverhalten abschätzen zu können (siehe weiter oben *RUNSTATS-Hilfsprogramm*, ab Seite 228). Lassen Sie sich also lieber einen SQL-Befehl zuviel als einen zuwenig mit EXPLAIN erklären, wenn Sie auf gute Performance achten müssen!

7.3 Tuning

Konfigurations-Parameter

Es gibt änderbare Konfigurations-Parameter und informative, die Sie nicht ändern können. Es gibt Konfigurations-Parameter, die auf Systemebene definiert sind, und solche, die auf Datenbankebene gelten.

Die Konfigurations-Parameter können über das *Configuration Tool* oder die DB2/2-Kommandos UPDATE DATABASE MANAGER CONFIGURATION bzw. UPDATE DATABASE CONFIGURATION verändert werden. Dazu benötigen Sie die Systemverwalter-Berechtigung (SYSADM).

Welche Parameter auf DB2/2-Systemebene Ihnen zur Veränderung zur Verfügung stehen, hängt davon ab, wie Sie den Database Manager auf Ihrer Workstation konfiguriert haben – als Datenbank-Server, als reinen Datenbank-Client, als Client mit lokaler Datenbank oder Einzelsystem. Sie können ändern

– bei einem Datenbank-Server:

  o *comheapsz*

  o *indexrec*

  o *nname*

  o *numdb*

  o *numrc*

  o *rqrioblk*

  o *rsheapsz*

  o *sheapthres*

  o *sqlenseg*

  o *svrioblk*

- bei einem Datenbank-Client:

  o *comheapsz*

  o *indexrec*

  o *nname*

  o *numrc*

  o *rqrioblk*

  o *rsheapsz*

- bei einem Datenbank-Client mit lokaler Datenbank:

  o *comheapsz*

  o *indexrec*

  o *nname*

  o *numdb*

  o *numrc*

  o *rqrioblk*

  o *rsheapsz*

  o *sheapthres*

  o *sqlenseg*

- bei einem Einzelsystem:

  o *indexrec*

  o *numdb*

  o *sheapthres*

  o *sqlenseg*

Im einzelnen bedeuten:

- *comheapsz* – Communication heap size

  Größe des reservierten Kommunikationsbereichs in Anzahl Segmenten[4], in dem I/O-Blöcke angelegt werden, maximal 255. Zu jedem Anwendungsprogramm werden zwei Bereiche, einer im Client, einer im Server angelegt. Für jeden geblockten Cursor des

---

[4] IBM schweigt sich darüber aus, wie groß ein Segment ist (64KB)!

Programms wird darin angelegt (siehe auch Parameter *rqrioblk*, Seite 253). Sie können sich die benötigte Größe wie folgt errechnen:

comheapsz >= (*rqrioblk* * m + 65535) / 64K

mit m = Anzahl gleichzeitig geöffneter Cursor je Programm.

— *indexrec* – Index re-creation time

Sie bestimmen hiermit, wann ein beschädigter Index wieder erstellt wird:

1. *during index access*

   Erstellung erst, wenn auf die zugehörige Tabelle erstmals wieder zugegriffen wird

2. *during database restart*

   Erstellung beim Wiederanlauf der Datenbank

Die Einstellung 1 erlaubt zwar einen schnelleren Datenbank-Wiederanlauf, behindert aber den Tabellenzugriff erheblich, wenn sie zur Ausführung gelangt. 2 ist Standard, 1 wohl nur zur Kompatibilität mit der Vorläuferversion des Database Manager zu empfehlen.

— *nname* – Node (workstation) name

Name der Workstation bzw. des Netzwerk-Knotens, unter dem die Clients auf den Server zugreifen.

Eine Änderung wirkt sich also auf alle Datenbank-Clients aus!

— *numdb* – Number of maximum concurrently active databases

Die Anzahl gleichzeitig aktiver lokaler Datenbanken, maximal 8.

— *numrc* – Number of estimated remote connections

Die vermutete Anzahl von Verbindungen zu anderen Work-stations reserviert shared Segmente im Communication Heap zur Satzblockung bei der Datenübertragung, 1 - 255.

— *rqrioblk* – Requester I/O block

Größe des I/O-Blocks eines Client in Bytes. Der I/O-Block dient der Kommunikation mit dem Server und wird für die Dauer der Verbindung genutzt.

I/O-Blöcke dieser Größe werden auch zur Satzblockung benutzt: Setzt ein Anwendungsprogramm einen *request* ab, wird ein Block auf dem Datenbank-Knoten und einer am Knoten des

Anwendungsprogramms angelegt, um Sätze zwischenzuspeichern. Auf dem Datenbank-Knoten werden die gelesenen Tabellenzeilen gespeichert, auf dem Knoten des Anwendungsprogramms die übertragenen Zeilen, die noch nicht vom Programm abgerufen wurden.

– *rsheapsz* – Remote Data Services heap sizesegments

Speicherbereich auf dem Client für jedes Anwendungsprogramm, 1 - 255 Segmente bzw. 0 für Einzelsysteme.

– *sheapthres* – Sort heap threshold

Schwellwert in 4K-pages, bei dessen Erreichen durch aktive Sortierungen die Speicherzuteilung an neue Sortierläufe reduziert wird, bis der Wert wieder unterschritten wird (siehe Parameter *sortheap*, Seite 258), 250 - 524288 pages bzw. 0.

– *sqlenseg* – Maximum shared segments

Anzahl von *shared* Segmenten im Hauptspeicher, die von DB2/2 benutzt werden (Verbindungsaktivitäten ausgenommen) 8 - 8192 bzw. 1. Die erste aktive Datenbank benutzt nach Standardeinstellungen (siehe auch Parameter *buffpage* (Seite 255), *dbheap* (Seite 256) und *locklist* (Seite 256)) acht Segmente, jede weitere mindestens sieben. Die Formel zur Neuberechnung lautet:

```
sqlenseg >=
1+(numdb-1)*7+(3+dbheap)+(locklist+15)/16+(buffpage+15)/16
```

– *svrioblk* – Maximum server I/O block bytes

Größe des I/O-Blocks des Server in Bytes, 4096 - 65535 bzw. 0. Der I/O-Block dient der Kommunikation mit dem Client und wird für die Dauer der Verbindung genutzt.

IBM empfiehlt, die Parameter *numrc, rqrioblk, rsheapsz* und *svrioblk* **nicht** zu verändern.

Nicht veränderbare Parameter Nicht verändert werden können diese Parameter:

– *nodetype*

Die Art des Knotens wird bei der Installation festgelegt. Eine Änderungen, zum Beispiel vom Client zum Server oder Einzelsystem, bedarf einer Neuinstallation.

– *release*

Release-Nummer von DB2/2

Durchsatz und Hauptspeicherbedarf je Datenbank

Je Datenbank stehen Ihnen eine Reihe von Parametern zur Verfügung, mit denen Sie Durchsatz und Hauptspeicherbedarf je Datenbank beeinflussen können[5]:

- *agentheap* – Application agent heap size

  Privater temporärer Arbeitsbereich auf dem Server für entfernte Anwendungen, 2 - 85 Segmente. Er sollte alle Felder in maximaler Länge aufnehmen können, auf die von einer SQL-Operation zugegriffen wird – plus ein weiteres Segment.

- *applheapsz* – Application program heap size

  Privater Arbeitsbereich für jedes aktive Anwendungsprogramm, 2 - 20 Segmente. Reicht der Arbeitsbereich nicht aus, erhält die Anwendung SQLCODE -954.

- *autorestart* – Automatic restart database

  Automatischer Wiederanlauf der Datenbank, falls nötig, Standard: ON. OFF sollte nur aus Kompatibilitätsgründen zum Vorgänger benutzt werden, wenn dies unumgänglich ist.

- *buffpage* – Buffer pool size

  Größe des Pufferbereichs in 4K-pages, 2 - 32.767. Der Puffer dient der Speicherung gelesener oder geänderter Tabellenzeilen und Index-Einträge auf Block(page)-Basis. Ein großer Puffer erspart I/O-Operationen und verbessert die Reaktionszeiten. Vergrößern Sie den Puffer, sollten Sie *dbheap* daran anpassen, da dort die Verwaltungsstrukturen dazu gehalten werden. Bitte beachten Sie aber das Verhältnis von DB2/2-Puffer, realem Hauptspeicher und anderen Speicheranforderungen im OS/2.

  Es gilt folgende Formel zur Berechnung:

  ```
  buffpage > 2 * maxappls
  ```

  Der Optimizer bezieht die Puffergröße in seine Entscheidungen über Zugriffswege ein. Nach einer Änderung von *buffpage* sollten daher die Anwendungen mit BIND erneut gebunden werden.

- *copyprotect* – Copy protection

  Kopierschutz, Standard: ON

---

[5] Parameter zur Benutzung von Roll-forward Recovery werden hier nicht erläutert.

- *dbheap* – Database heap size

  Speicherbereich je Datenbank gemeinsam für alle aktiven Anwendungen in Segmenten, 2 - 255. Er enthält primär Kontrollblöcke für Cursor. Reicht der Arbeitsbereich nicht aus, erhält die Anwendung SQLCODE -956.

- *dlchktime* – deadlock checking time

  Intervall für *deadlock*-Prüfung in Millisekunden, Standardwert 10.000 ms. Ein zu kurzes Intervall kann zu zusätzlicher Systembelastung führen, ein langes zu entsprechenden Wartezeiten, bis *deadlocks* aufgelöst werden.

- *indexrec* – Index re-creation time

  Der Parameter bestimmt, wann ein beschädigter Index wiederhergestellt wird. Er überschreibt den Parameter auf Systemebene:

  1. *during index access*

     Erstellung erst, wenn auf die zugehörige Tabelle erstmals wieder zugegriffen wird

  2. *during database restart*

     Erstellung beim Wiederanlauf der Datenbank

  3. *use system setting*

     Übernahme des Wertes auf Systemebene

- *locklist* – Maximum size of lock list

  Maximale Größe der Sperrliste in 4K-pages, 2 - 250. Diese Größe teilen sich alle aktiven Programme mit ihren Sperren zu jeweils 25 Bytes. Der Anteil in Prozent eines Anwendungsprogramms wird durch *maxlocks* bestimmt. Wird dieser Wert von einer Anwendung erreicht – oder ist nur noch wenig Platz in der Liste, kommt es zur Eskalationen von Sperren, d.h. Zeilensperren werden in Tabellensperren gewandelt. Diese Eskalation kostet selbst Zeit und behindert dann den Durchsatz. Ist die Liste voll, erhält die Anwendung SQLCODE -912.

- *logfilsiz* – Log file size

  Größe einer Log-Datei in 4K-pages, 4 - 4095. Die Standardgröße von 32 für Einzelsysteme oder Clients mit lokaler Datenbank ist nach unseren Erfahrungen knapp bemessen.

- *logprimary* – Number of primary log files

  Anzahl primärer Log-Dateien, 2 - 63. Der Standard von drei kann für selten genutzte Datenbanken auf zwei verringert werden.

- *logsecond* – Number of secondary log files

Anzahl zusätzlicher Log-Dateien, 0 - 61. Diese werden angelegt, wenn die primären voll sind. Für sporadisch laufende Programme mit vielen Änderungen oder Neuzugängen sollte hierüber ausreichender Platz für das Logging bereitgestellt werden. Die sekundären Log-Dateien werden beim Schließen der Datenbank wieder gelöscht. Die Anzahl primärer und sekundärer Log-Dateien darf 63 nicht überschreiten.

- *maxappls* – Maximum number of active applications

Maximale Anzahl aktiver Anwendungen, die gleichzeitig aktiv sein können, 1 - 256. Der Parameter sollte größer 1 sein, da einige Hilfsprogramme mindestens 2 benötigen. Ist der eingestellte Wert erreicht, erhält ein Programm beim CONNECT den SQLCODE -1040.

- *maxfilop* – Maximum number of database file opened

Maximale Anzahl der für einen Prozeß geöffneten Datenbank-Dateien, 2 - 235, Standard 20. DB2/2 öffnet und schließt Dateien nach Bedarf. Je größer diese Zahl ist, desto weniger häufig müssen Dateien geöffnet und geschlossen werden. Diese Datei-Operationen sollten sich nicht allzu kritisch auf die Performance auswirken.

Wahrscheinlich ist es besser, den OS/2-Parameter BUFFER in CONFIG.SYS ausreichend zu dimensionieren.

- *maxlocks* – Percent of lock list per application

Anteil einer Anwendung an der Sperrliste als Prozentzahl, 1 - 100. Erreicht ein Anwendungsprogramm diesen Wert, eskaliert DB2/2 die Sperren, d.h. es wandelt Zeilensperren in Tabellensperren um. DB2/2 achtet darauf, daß

```
maxlocks >= 100 / maxappls
```

ist, und paßt *maxlocks* gegebenenfalls bei einer Änderung von *maxappls* an.

Bei einer Vergrößerung von *maxppls* wird *maxlocks* aber **nicht** automatisch verkleinert!

- *maxtotfilop* – Maximum total number of files opened

  Maximale Anzahl der geöffneten Dateien je Prozeß, 25 - 32.700, Standard 255. Es ist zu beachten, daß

  ```
  maxtotfilop >= maxfilop + 20
  ```

  ist.

- *newlogpath* – new path to log

  Neue Pfadangabe für Log-Dateien, ermöglicht die Verlagerung auf ein anderes Laufwerk. Der Parameter *logpath* ist nicht direkt änderbar, da er den aktuellen Pfad enthält. Er wird mit *newlogpath* überschrieben, sobald die Datenbank in konsistentem Zustand eröffnet wird.

- *sortheap* – Number of RAM segments for sorting

  Größe des Bereichs je Sortierlauf im Hauptspeicher in Segmenten, 1 - 100. Die Größe dieses Parameters darf *sheapthres* nicht überschreiten. Wird *sheapthres* im Betrieb durch Sortierläufe (Summe der *sortheaps*) in den verschiedenen Datenbanken überschritten, erhalten die folgenden Sortierungen kleinere Bereiche zugeordnet.

  sortheap wird in Segmenten, *sheapthres* in Blöcken (pages) angegeben!

  Im Gegensatz zu Vorläuferversionen enthält der Sortierbereich von DB2/2 jetzt sowohl die zu sortierenden Daten als auch die Kontrollstrukturen dazu.

- *stmtheap* – Size of SQL statement heap

  Größe des Bereichs zur Übersetzung von SQL-Befehlen in Segmenten, 8 - 255, Standard 64. Dieser Parameter bestimmt die Größe des Arbeitsbereichs des SQL-Compiler. Wenn Sie dynamisches SQL benutzen, wird dieser Arbeitsbereich bei der Programmausführung benutzt. Der Bereich sollte für den umfangreicheren Einsatz von dynamischer SQL größer definiert werden.

Nicht veränderbare Parameter Nicht verändert werden können u.a. diese Parameter:

- *codepage*

  Für Deutschland 850

- *country*

  Für Deutschland 49

- *database_consistent*

  Indikator zeigt an, daß Datenbank im konsistenten Zustand ist.

- *release*

  Release-Nummer von DB2/2

Tips und Tricks

Hier eine Liste mit Empfehlungen, worauf Sie achten sollten. Wir können allerdings keinerlei Garantie dafür übernehmen, daß Sie bei Ihrem individuellen Problem **die** Lösung sind oder daß sie auch noch für die zukünftigen Versionen von DB2/2 gelten werden.

- Trennen Sie den DB2/2-Server von anderen Server-Funktionen (Kommunikations- oder Datei-Servern) und geben Sie ihm eine ausreichend dimensionierte eigene Hardware

- Dimensionieren Sie den Datenbank-Puffer (Parameter *buffpage*) großzügig: Je mehr Index- und Datenblöcke im Hauptspeicher gehalten werden können, desto weniger I/O-Operationen sind notwendig.

- Wichtig für einen guten Durchsatz ist die reichliche Definition der Parameter *locklist* und *sortheap* (mit entsprechendem *sheapthres*).

- Definieren Sie Indizes

  o für Fremdschlüssel, für Join-Bedingungen

  o für häufig benutzte, eingrenzende Auswahlbedingungen

  o für häufig benutzte Sortier-Kriterien in ORDER BY-, GROUP BY- oder DISTINCT-Klauseln.

- Wählen Sie bei Mehrspalten-Indizes die Spalte als erste aus, die die höchste Wertestreuung hat – sofern Sie die freie Wahl haben.

- Unterstützen Sie die Indexverarbeitung durch ein günstiges Streuungsverhältnis zwischen Index und Tabellenzeilen. Wählen Sie einen Index als *Clustered Index* – auch wenn DB2/2 dies nicht voll unterstützt: Laden Sie die Tabelle entsprechend sortiert und reorganisieren Sie sie regelmäßig mit Angabe des Index.

- Bedenken Sie, daß Indizes gepflegt werden. Zu viele Indizes auf änderungsintensiven Tabellen beeinträchtigen die Performance.

- Indizes auf kleinen Tabellen sind nutzlos. Tabellen mit weniger als sechs Blöcken (pages) brauchen keine, außer für Primärschlüssel und andere Spalten mit UNIQUE-Attribut. Indizes lohnen sich in einer überwiegend lesenden Verarbeitung ab 10, sonst ab 15 pages.

- Vermeiden Sie es, Indizes zu definieren, die Teile anderer Indizes sind. Sie erzeugen nur physische Datenredundanz. Überzeugen Sie sich mit EXPLAIN, ob ein solcher Index erforderlich ist.

- Überprüfen Sie mit EXPLAIN, ob alle definierten Indizes auch wie erwartet benutzt werden. Wenn nötig formulieren Sie Abfrage um oder definieren neue Indizes. Vergessen Sie nicht, ungenutzte Indizes zu löschen.

- Bedenken Sie, daß Spalten mit erlaubten NULL-Werten ein zusätzliches Indikator-Byte erhalten und beachten Sie bitte, daß Sie in Programmen die NULL-Indikatoren behandeln müssen. Wählen Sie NOT NULL WITH DEFAULT überall dort, wo Sie auf die dreiwertige Logik wirklich verzichten können (Vorsicht bei Spaltenfunktionen!).

- Stehen Ihnen mehrere Plattenlaufwerke (nicht nur Partitionen einer Platte) zur Verfügung, verteilen Sie Datenbank und Log-Dateien auf verschiedene.

- Bedenken Sie, besonders wenn Sie aus der Mainframe-Umgebung kommen, daß eine DB2/2-Datenbank eine in sich geschlossene Einheit mit einem eigenen System-Katalog ist. Legen Sie soviel wie möglich in einer Datenbank zusammen. Sie sparen damit System-Overhead und CONNECTs.

- Beschränken Sie Ihre Projektion auf die Spalten, die Sie wirklich brauchen, vermeiden Sie die *Stern*-Angabe (*).

- Vermeiden Sie möglichst Datentyp-Konvertierungen. Sie kosten Zeit und können zu Ungenauigkeiten führen. Sie wirken sich unter Umständen auch negativ auf die Nutzung eines Index aus.

- Vermeiden Sie möglichst den Operator *ungleich* (<>). Es führt in der Regel zu einem *relation scan*.

- Überprüfen Sie mit EXPLAIN Abfragen mit OR-Auswahl. Wählen Sie gegebenenfalls eine andere Formulierung.

- Nutzen Sie Equi-Joins und vermeiden Sie mengenorientierte Unterabfragen, insbesondere korrelierte. Korrelierte Unterabfragen werden nach IBM-Philosophie für jede Zeile der äußeren Abfrage ausgewertet.

– Wählen Sie die unterste mögliche Ebene der Benutzertrennung (isolation level): CS dürfte in den meisten Fällen ausreichen. Nutzen Sie auch UR, wenn zumutbar. Sie erreichen so den besten Durchsatz.

– Wählen Sie die Größe der logischen Arbeits-Einheiten (Transaktionen) sorgfältig: zu große behindern den Durchsatz, zu kleine verringern die Performance Ihres Programms.

Dienstprogramme (Utilities)

Drei Dienstprogramme sind in DB2/2 durch eigene Symbole (icons) vertreten:

- das Directory Tool,
- das Configuration Tool,
- das Recovery Tool.

Diese wollen wir Ihnen in diesem Kapitel vorstellen.

Andere Dienstprogramme des DB2/2 wie zum Beispiel IMPORT oder EXPORT können entweder über die DBM-Kommandozeile oder den Query Manager aufgerufen werden. Diese Utilities erläutern wir Ihnen in den entsprechenden Kapiteln.

Die in diesem Kapitel dargestellten Tools sind Werkzeuge für die Datenbank-Administration. Daher benötigen Sie für ihren Einsatz im allgemeinen die Berechtigungen SYSADM oder DBADM.

Alle drei besitzen eine graphische Systemoberfläche, die voll dem Presentation Manager angepaßt ist. Funktionstasten für den schnelleren Aufruf der einen oder anderen Funktion zusätzlich zu den üblichen Kurzkommandos (Alt +Buchstabe oder nur Buchstabe) sind jedoch nicht vorgesehen. Experten können allerdings auch an den Werkzeugen vorbei mit DB2/2-Kommandos arbeiten. Wir erwähnen daher bei der Vorstellung der Werkzeuge kurz die jeweiligen Kommandos.

Es liegt in Ihrer freien Entscheidung, ob Sie den schönen oder den schnellen Weg wählen.

8.1 Directory Tool

Das *Directory Tool* erlaubt es Ihnen, den Zugriff auf Datenbanken über DB2/2-Verzeichnisse zu organisieren.

Funktions-übersicht Wenn Sie das Dienstprogramm durch Doppelklick mit der Maus auf dem Symbol aufrufen, erscheint ein leeres Fenster mit einer Menüzeile mit den Pull-down-Menüs:

- Database

- Workstation

- Directory

- Option

- Windows

- Help.

Bild 8.1:
Das Directory
Tool-Fenster
mit drei
geöffneten
Verzeichnissen

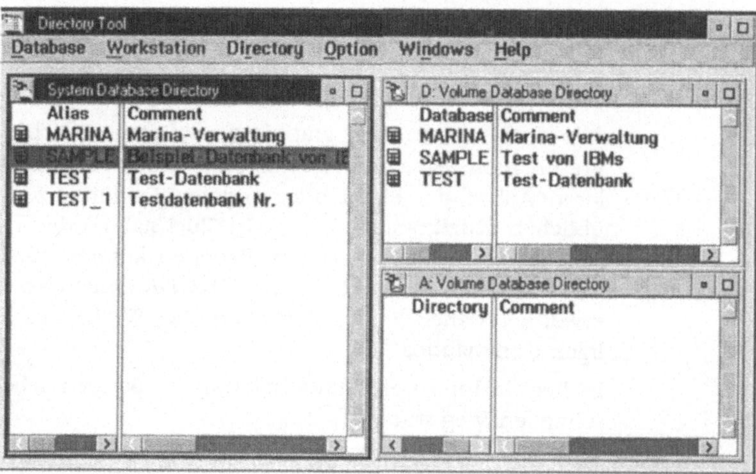

Diese Anzeige ist unterhalb der Menü-Leiste in sich geteilt. In der Standard-Anzeige sehen Sie im linken Fenster nur die Alias-Namen, im rechten Fenster den erläuternden Kommentar. Verschieben Sie das linke Fenster seitlich, so können Sie noch den Namen der Datenbank, das zugehörige Laufwerk und die Workstation lesen. Verschieben Sie das rechte Fenster, so erscheint dort noch die Angabe des Sprachcodes für den Kommentar.

Funktions-Menü *Directory* Mit dem Funktions-Menü *Directory* können Sie das gewünschte Verzeichnis auswählen. Es gibt vier Arten von DB2/2-Verzeichnissen. Je nach Konfiguration Ihres Systems arbeiten Sie mit allen oder nur mit einigen davon:

- Database Connection Services Directory

- System Database Directory

- Volume Database Directory

- Workstation Directory

Die zugehörigen Menü-Punkte lauten entsprechend:

- *Database Connection Services*

- *System Database*

- *Volume Database*

- *Workstation*

Wählen Sie ein Verzeichnis aus, so erscheint ein Fenster, das Ihnen die Einträge in dem Verzeichnis zeigt. Je nach Art des gewählten Verzeichnisses haben die Einträge unterschiedlichen Aufbau, die in den folgenden Abschnitten ausführlich erläutert werden. Sie können mehrere Verzeichnisse gleichzeitig geöffnet haben. Deren Fenster teilen sich dann den Platz im Fenster des *Directory Tool*.

Nach dem Auswählen und Öffnen mindestens eines Verzeichnisses stehen Ihnen die Funktions-Menüs *Database* und/oder *Workstation* zur Bearbeitung der Verzeichnisse zur Verfügung.

Funktions-Menü *Database* *Database* bearbeitet um das *System Database-*, *Volume Database-* oder *Database Connection Services*-Verzeichnis. Sie können folgende Funktionen in diesem Menü ausführen:

- Create

- Catalog

- Catalog Selected

- Uncatalog

- Modify Comment

- Drop

Funktions-Menü *Workstation* *Workstation* bearbeitet das *Workstation*-Verzeichnis. Sie können die folgenden Funktionen in diesem Menü ausführen:

- Catalog

- Uncatalog

Zur Beeinflussung der optischen Darstellung im Fenster des Werkzeugs stehen Ihnen zwei weitere Funktions-Menüs zur Verfügung.

Funktions-Menü Option

Option ändert den Font der Anzeige. Sie können folgende Funktionen auswählen:

Font	Ändert den Font der angezeigten Texte
Save Settings	Sichert die aktuellen Einstellungen
Remove Settings	Entfernt die zuvor gesicherten Einstellungen

Funktions-Menü Windows

Windows beeinflußt die Anordnung der geöffneten Fenster. Sie können folgende Funktionen auswählen:

Refresh All Now	Aktualisiert den Inhalt aller angezeigten Fenster des *Directory Tool*
Automatically Arrange	Schaltet das automatische Anordnen der Anzeige-Fenster ein oder aus. Ist die Funktion ausgeschaltet, so überlagert das Anzeige-Fenster für das nächste Verzeichnis das vorherige Anzeige-Fenster. Ist sie eingeschaltet, so werden die Fenster beim Öffnen eines neuen Fensters entsprechend den Funktionen *Tile* und *Cascade* angeordnet (siehe unten). Das Einschalten hat keine Auswirkung auf die Plazierung der bereits geöffneten Fenster. Diese können nur mit den Funktionen *Tile* und *Cascade* (siehe unten) neu angeordnet werden.
Tile	Ordnet die Anzeige-Fenster im Fenster des Werkzeugs nebeneinander an und schaltet eine vorherige Einstellung *Cascade* aus. Die Größe der Fenster wird so angepaßt, daß sie sich nicht überschneiden.
Cascade	Ordnet die Anzeige-Fenster im Fenster des Werkzeugs versetzt übereinander an. Jedes geöffnete Fenster bleibt teilweise sichtbar.

Am Ende des Menüs werden die geöffneten Fenster aufgelistet. Das zuletzt benutzte ist das erste der Liste. Das Anklicken eines Eintrags aktiviert das zugehörige Fenster. Wird *More* am Ende der Liste angezeigt, sind mehr als neun Fenster geöffnet. Klicken Sie *More* an, um den Rest der Liste zusehen. Mit (Strg)+(F6) können Sie zwischen den Fenstern wechseln.

Mit *Help* erhalten Sie den OS2/-üblichen Zugang zu den online-Hilfe-Funktionen.

Verzeichnisarten

DB2/2 unterscheidet die Verzeichnisarten:

- Database Connection Services Directory

- System Database Directory

- Volume Database Directory

- Workstation Directory.

Unterschiede zu DB2/MVS DB2/MVS kennt zwar den Begriff *Directory*, aber nicht in derselben Bedeutung. Unter DB2/MVS dient die Directory, auch als DSNDB01 bekannt, der internen Verwaltung und Steuerung auf der Basis verschlüsselter Daten. Auch die Verwaltung verteilter Ressourcen geschieht in DB2/MVS mit Mitteln des System-Katalogs (DSNDDF).

Unter DB2/2 müssen Directories die Funktionen eines systemweiten Katalogs übernehmen, da DB2/2 im Gegensatz zu den Mainframe-Systemen nur *einen* datenbankweiten Katalog besitzt.

Database Connection Services-Verzeichnis Das *Database Connection Services*-Verzeichnis enthält Einträge für Datenbanken, auf die durch Distributed Database Connection Services/2 (DDCS/2) zugegriffen werden kann.

DDCS/2 verbindet DB2/2-Clients mit Datenbanken auf entfernten Systemen. Diese entfernten Datenbanken sind SQL-Datenbanken wie DB2/MVS, SQL/DS oder andere, die DRDA-1[1] unterstützen.

DDCS/2 ist nicht Bestandteil von DB2/2, sondern ein eigenes Produkt. Das *Database Connection Services*-Verzeichnis gibt es also nur, wenn Sie auf Ihrer Workstation zusätzlich zum DB2/2 auch DDCS/2 installiert haben.

---

1   DRDA = Distributed Relational Database Architecture

Jeder Eintrag in das *Database Connection Services*-Verzeichnis enthält folgende Felder:

Local Database	Name der lokalen Datenbank, der mit dem Namen einer entfernten Datenbank im *System Database*-Verzeichnis übereinstimmen muß
Target Database	Name der Ziel-Datenbank, benutzt vom Application Requester. Wenn Sie keine Ziel-Datenbank angeben, wird vom Application Requester standardmäßig die lokale Datenbank benutzt.
Application Requester	Name des Programms, das DDCS/2 lädt und ausführt
SQLJRDR1	DRDA-1-Verbindung
SQLC_AR0	OS/2 Datenbank-Verbindung
SQLESRVR	Lokaler Server
Comment	Erläuternder Kommentar
Comment Code Page	Angabe der Code Page für den Kommentar
Database Connection Services Parameters	Parameter für den Application Requester

Alle Felder eines Eintrags bis auf den Namen der lokalen Datenbank sind optional.

Die entfernten (remote) Datenbanken werden durch ein Symbol gekennzeichnet:

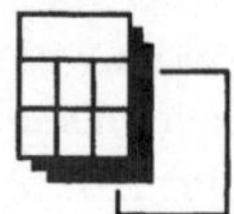

Bild 8.2: Symbol für entfernte (remote) Datenbank

Wenn Sie konkurrierende Verbindungen mit Datenbank-Werkzeugen zu entfernten Datenbanken aufbauen, können simultane Logon-Versuche zu Problemen führen. Daher sollten Sie zunächst einen Logon erfolgreich beenden, bevor Sie den nächsten starten.

Berechtigungen Für das Ansehen und Ändern von *Database Connection Services*-Verzeichnissen benötigen Sie keine Berechtigungen.

System Database-Verzeichnis Das *System Database*-Verzeichnis liegt auf dem Laufwerk, auf dem DB2/2 installiert ist. Damit DB2/2 auf eine Datenbank zugreifen kann, muß ein Eintrag für diese Datenbank in der *System Database* Directory stehen. Das *System Database*-Verzeichnis wird automatisch angelegt, wenn die erste Datenbank angelegt oder katalogisiert wird.

Jeder Eintrag in dem *System Database*-Verzeichnis enthält folgende Felder:

Alias	Alternativ-Name zur Referenzierung der Datenbank
Database	Name der Datenbank
Drive	Laufwerk, auf dem die lokale Datenbank liegt
Workstation	Name der Workstation, auf der die entfernte Datenbank liegt
Comment	Erläuternder Kommentar
Comment Code Page	Angabe der Code Page für den Kommentar

Lokale Datenbanken werden durch das folgende Symbol vor dem Alias-Namen gekennzeichnet:

Bild 8.3: Symbol für lokale Datenbank

Entfernte Datenbanken werden durch folgendes Symbol vor dem Alias-Namen gekennzeichnet:

Bild 8.4: Symbol für entfernte (remote) Datenbank

Berechtigungen Für das Ansehen von *System Database*-Verzeichnissen benötigen Sie keine Berechtigungen, aber für das Ändern eine SYSADM-Berechtigung.

Volume Database-Verzeichnis Ein *Volume Database*-Verzeichnis liegt auf jedem Laufwerk, auf dem eine Datenbank angelegt ist. DB2/2 benutzt dieses *Volume Database*-Verzeichnis, um auf die Datenbanken dieses Laufwerks zuzugreifen.

Der angezeigte Eintrag eines *Volume Database*-Verzeichnis enthält folgende Felder:

Database	Name der Datenbank
Directory	Verzeichnis im OS/2-Dateisystem, in dem die Datenbank liegt
Comment	Erläuternder Kommentar
Comment Code Page	Angabe der Code Page für den Kommentar

Die Datenbanken eines *Volume Database*-Verzeichnisses sind per definitionem alle lokal. Sie sind daher oder trotzdem gekennzeichnet durch das Symbol für lokale Datenbanken vor dem Datenbank-Namen:

Bild 8.5: Symbol für lokale Datenbank

Berechtigungen Für das Ansehen von *Volume Database*-Verzeichnissen benötigen Sie keine Berechtigungen, aber für das Ändern eine SYSADM-Berechtigung.

Workstation-Verzeichnis Ein *Workstation-* oder Knoten-Verzeichnis befindet sich auf jedem Datenbank-Client. Es liegt auf dem Laufwerk, auf dem DB2/2 installiert ist. Damit DB2/2 zugreifen kann, muß zu jeder entfernten Datenbank das System oder die Workstation im *Workstation*-Verzeichnis eingetragen sein.

Das *Workstation*-Verzeichnis wird angelegt, wenn das erste entfernte System mit der *Catalog*-Funktion in das *Workstation*-Verzeichnis eingetragen werden soll.

Ist Ihr DB2/2 als Standalone Database bzw. Einzelplatzsystem konfiguriert, stehen Ihnen das *Workstation*-Verzeichnis und alle zugehörigen Funktionen nicht zur Verfügung.

Der Communications Manager kennt bei entfernten Systemen zwei Schnittstellen, die DB2/2 für die Kommunikation benutzt: NetBios und APPN.

NetBios ist eine Programmier-Schnittstelle (API – application programming interface) für die Kommunikation zwischen Anwendungsprogrammen und LAN-Adaptern.

APPN (Advanced Peer-to-Peer Networking) ist ein Satz von Funktionen, Formaten und Protokollen, der das Verwalten von SNA-Netzen (Systems Network Architecture) und die Benutzbarkeit von APPC-Anwendungen (Advanced Program-to-Program Communication), die im Netz laufen, erweitert.

APPC ist eine Implementierung des LU^2 6.2-Protokolls von SNA, das es miteinander vernetzten Systemen erlaubt, zu kommunizieren und Programme gemeinsam zu benutzen (share).

Der Communications Manager besitzt APPN- und APPC-Schnittstellen für die Kommunikation von Workstations mit anderen Systemen.

Wird NetBios zur Kommunikation mit dem entfernten System benutzt, wird es in der Anzeige gekennzeichnet durch

Bild 8.6: Symbol für NetBios

Wird APPN zur Kommunikation mit dem entfernten System benutzt, wird es in der Anzeige gekennzeichnet durch

Bild 8.7: Symbol für APPN

---

[2] LU = Logical Unit

Die folgenden Felder im *Workstation*-Verzeichnis sind relevant,
wenn NetBios zur Kommunikation benutzt wird:

Workstation	Eindeutiger Name, den Sie dem entfernten System gegeben haben
Server nname	Parameter *nname* aus der DB2/2-Konfiguration des Server
Adapter	LAN-Adapter-Karte, die benutzt wird
Comment	Erläuternder Kommentar
Comment Code Page	Angabe der Code Page für den Kommentar

Die folgenden Felder im *Workstation*-Verzeichnis sind relevant,
wenn APPN zur Kommunikation benutzt wird:

Workstation	Eindeutiger Name, den Sie dem entfernten System gegeben haben
Network ID	Netzwerk-ID zur Identifizierung des SNA-Netzes, das die gewünschte Datenbank enthält
Partner Logical Unit	identifiziert das entfernte System, das die gewünschte Datenbank enthält
Local Logical Unit Alias	identifiziert den Anschluß, über den DB2/2 auf das SNA-Netz zugreifen will
Partner Logical Unit Alias	Alias-Name für das entfernte System, das die gewünschte Datenbank enthält
Transmission Service Mode	konfiguriert eine Kommunikationssitzung zwischen Ihrer Workstation und einem entfernten System
Comment	Erläuternder Kommentar
Comment Code Page	Angabe der Code Page für den Kommentar

Berechtigungen Für das Ansehen von *Workstation*-Verzeichnissen benötigen Sie
keine Berechtigungen, aber für das Ändern eine SYSADM-
Berechtigung.

Wenn Sie sich die DB2/2-Verzeichnisse **ohne** das *Directory Tool*
ansehen wollen, so können Sie die folgenden LIST-Kommandos
dafür eingeben:

```
DBM LIST DATABASE DIRECTORY (ON laufwerk)
```

Wenn Sie das Laufwerk angegeben, wird Ihnen das *Volume Database*-Verzeichnis angezeigt, sonst das *System Database*-Verzeichnis.

Mit der R-Option können Sie eine Datei angeben, die die Ausgabe
aufnimmt (Standard DBM.RPT)

Der angezeigte Eintrag hat folgenden Aufbau:

Database 1 entry:

```
Database alias          = TESST_1
Database name           = TEST
Database drive          = D:
Database directory      =
Workstation alias       =
Database type           = DB2/2
Comment                 = Test-Datenbank 1
Comment code page       = 850
Directory entry type    = Indirect
```

```
DBM LIST DCS DIRECTORY
```

Mit diesem Befehl zeigt Ihnen DB2/2 das *Database Connection
Services*-Verzeichnis an.

Mit der R-Option können Sie eine Datei angeben, die die Ausgabe
aufnimmt (Standard DBM.RPT)

Der angezeigte Eintrag hat folgenden Aufbau:

```
Local database name         = DBNAME
Target database name        = TARGETDB
Application requester name  =
DCS parameters              =
Comment                     =
Comment code page           = 850
DCS directory release level = 0x0100
```

```
DBM LIST NODE DIRECTORY
```

Mit diesem Befehl zeigt Ihnen DB2/2 das *Workstation*-Verzeichnis an.

Mit der R-Option können Sie eine Datei angeben, die die Ausgabe aufnimmt (Standard DBM.RPT)

Der angezeigte Eintrag hat folgenden Aufbau:

```
Workstation alias              = PUERN1
Comment                        = Test-Arbeiten
Comment code page              = 850
Protocol                       = APPC
Local logical unit alias       = WKST471
Partner logical unit alias     = PUERN1
Transmission service mode      = EMPNET
```

oder

```
Workstation alias        = PUERN2
Comment                  = Demo-Beispiele
Comment code page        = 850
Protocol                 = NetBios
Adapter number           = 3
Server NNAME             = PUESERV1
```

Verzeichnisse bearbeiten

Die drei Datenbank-Verzeichnisse haben ein gemeinsames Funktions-Menü *Database* mit folgenden Funktionen:

- Create
- Catalog
- Catalog Selected
- Uncatalog
- Modify Comment
- Drop.

Create Erstellen einer Datenbank auf dem angegebenen Laufwerk.

Die neue Datenbank wird als OS/2-Verzeichnis auf dem vorgegebenen Laufwerk angelegt und automatisch in das *Volume Database*-und das *System Database*-Verzeichnis eingetragen.

Gleichzeitig werden auch alle Tabellen des DB2/2-Systemkatalogs und die Log-Dateien angelegt. Die Datei SQLDBCON mit den Konfigurations-Parametern der Datenbank wird eingerichtet, die Parameter auf die Standard-Werte gesetzt. DB2/2 bindet außerdem die

Dienstprogramme ein. Sollte das nicht möglich sein, erscheint eine Fehlermeldung.

Berechtigungen Sie können die Datenbank nur mit SYSADM-Berechtigung anlegen und erhalten automatisch die DBADM-Berechtigung für die Datenbank. Die Berechtigungen CONNECT, CREATETAB und BINDADD werden automatisch an PUBLIC vergeben, ebenso SELECT-Berechtigung für alle Tabellen des Katalogs. Diese Berechtigungen können Sie jederzeit mit SYSADM- oder DBADM-Berechtigung widerrufen (siehe auch *SQL-Befehl REVOKE*, Abschnitt 5.23) und gesondert vergeben (siehe auch *SQL-Befehle GRANT*, Abschnitte 5.14 bis 5.17).

Unterschiede zu DB2/MVS Im Gegensatz zu DB2/MVS ist CREATE DATABASE unter DB2/2 kein SQL-Befehl, sondern ein DB2/2-Kommando.

Sie können **außerhalb** des *Directory Tool* eine Datenbank im Query Manager (siehe auch Kapitel 4.5 *Tabellenbearbeitung, DEFINE TABLE*) oder direkt mit folgendem Kommando anlegen:

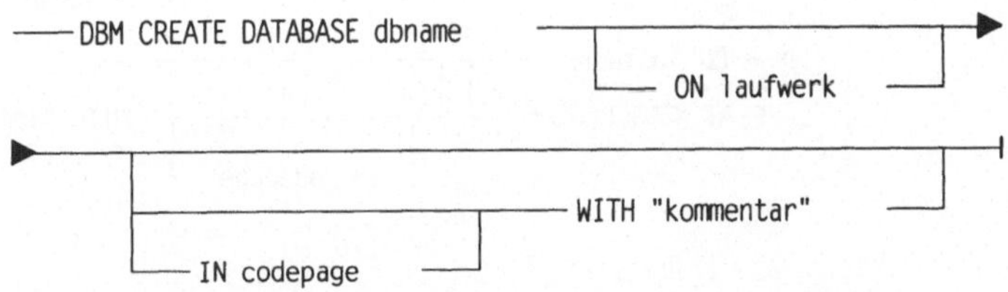

Catalog Eintragen einer Datenbank in das aktive DB2/2-Verzeichnis

Catalog benötigen Sie, um eine Datenbank in das *System Database*- oder das *Database Connection Services*-Verzeichnis einzutragen.

Damit DB2/2 auf eine Datenbank zugreifen kann, muß sie im *System Database*-Verzeichnis eingetragen sein.

Wenn Sie eine Datenbank im *System Database*-Verzeichnis eintragen wollen, können Sie eine lokale oder entfernte Datenbank angeben.

Eine lokale Datenbank liegt auf einem Laufwerk, auf das Sie von Ihrer Workstation aus zugreifen können. Wird eine Datenbank angelegt, so wird sie automatisch im *System Database*- und im *Volume Database*-Verzeichnis eingetragen. Daher brauchen Sie eine lokale Datenbank nur dann zu katalogisieren, wenn sie zuvor entkatalogisiert wurde oder von einer anderen DB2/2-Installation angelegt wurde.

Eine entfernte Datenbank liegt auf einem entfernten System. Um die Verbindung zu ihr herstellen zu können, muß die im Eintrag des *System Database*-Verzeichnisses angegebene Workstation auch im *Workstation*-Verzeichnis stehen.

Für eine erfolgreiche Verbindung mit einer Ziel-Datenbank (target database), die im *Database Connection Services*-Verzeichnis angegeben ist, muß der Name der lokalen Datenbank, die mit der Ziel-Datenbank korrespondiert, gleich dem Datenbank-Namen für eine entfernte Datenbank im *System Database*-Verzeichnis sein.

Berechtigungen Das *System Database*-Verzeichnis können Sie nur mit SYSADM-Berechtigung ändern. Für Änderungen im *Database Connection Services*-Verzeichnis sind keine Berechtigungen erforderlich.

Alternativ zum *Directory Tool* können Sie zum Eintragen einer Datenbank folgende Kommandos verwenden:

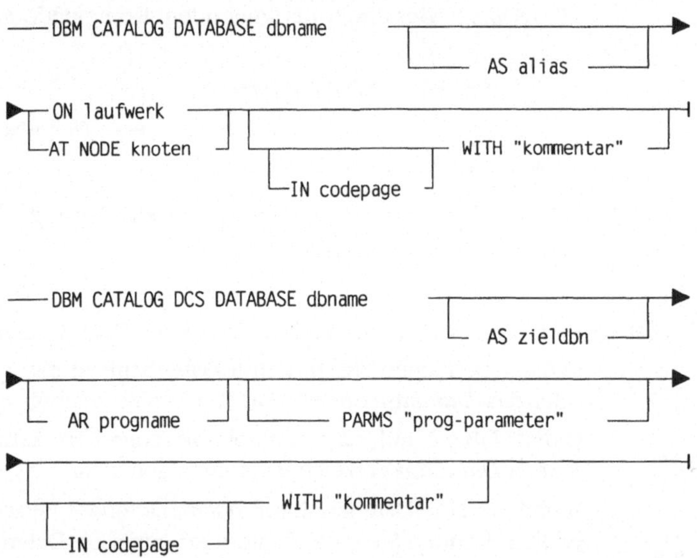

Catalog Selected Eintragen einer im aktiven *Volume Database*- oder *Database Connection Services*-Verzeichnis ausgewählten Datenbank in das *System Database*-Verzeichnis

Das *Directory Tool* füllt dabei die meisten Felder eines Eintrags automatisch. Sie müssen nur die Felder ergänzen, die ihm nicht bekannt sind.

Uncatalog

Austragen der angewählten Datenbank aus dem aktiven *System Database-* oder *Database Connection Services*-Verzeichnis

Aus dem *Volume Database*-Verzeichnis können Sie Datenbanken nur durch Löschen (drop) entfernen. Entkatalogisieren ist nicht möglich.

Alternativ zum *Directory Tool* können Sie auch folgende Befehle benutzen:

```
DBM UNCATALOG DATABASE dbname
DBM UNCATALOG DCS DATABASE dbname
```

Modify Comment Ändern des Kommentars zur ausgewählten Datenbank im *System Database-* oder *Volume Database*-Verzeichnis. Sie können in beiden Verzeichnissen unterschiedliche Anmerkungen machen.

Berechtigungen Zum Ändern des Kommentars brauchen Sie keine Berechtigungen.

Alternativ zum *Directory Tool* können Sie den Kommentar auch mit folgendem DB2/2-Kommando ändern:

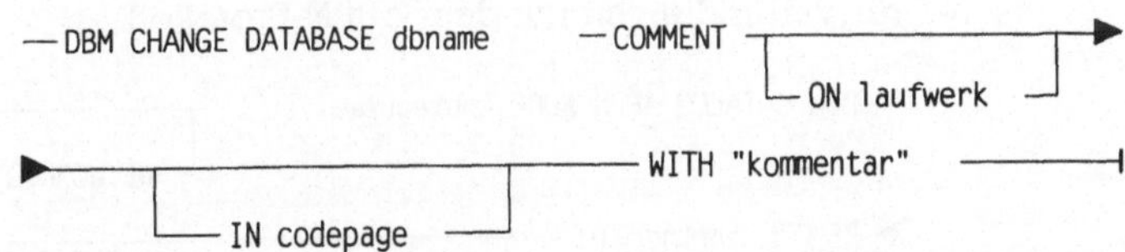

Drop Löschen der ausgewählten lokalen Datenbank mit allen Tabellen und Dateien. Die Datenbank wird aus dem *System Database-* und *Volume Database*-Verzeichnis ausgetragen. Das zugehörige OS/2-Verzeichnis wird gelöscht.

Berechtigungen Sie können eine Datenbank nur mit SYSADM-Berechtigung löschen.

Unterschiede zu DB2/MVS Im Gegensatz zu DB2/MVS ist DROP DATABASE unter DB2/2 kein SQL-Befehl, sondern ein DB2/2-Kommando.

Sie können **außerhalb** des *Directory Tool* eine Datenbank im Query Manager (siehe auch Abschnitt *4.5 Tabellenbearbeitung, ERASE TABLE*) oder direkt mit folgendem Kommando löschen:

```
DBM DROP DATABASE dbname
```

Workstation-Verzeichnis Die folgenden Funktionen zur Verwaltung Ihres *Workstation*-Verzeichnisses stehen Ihnen zur Verfügung:

Catalog Eintragen eines entfernten System im *Workstation*-Verzeichnis.

Alternativ zum Directory Tool können Sie folgende Kommandos verwenden:

- für Verbindungen mit dem NetBios-Protokoll

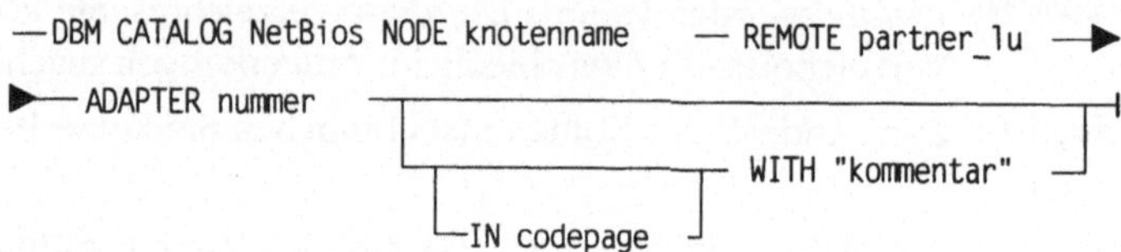

- für Verbindungen mit dem APPN-Protokoll

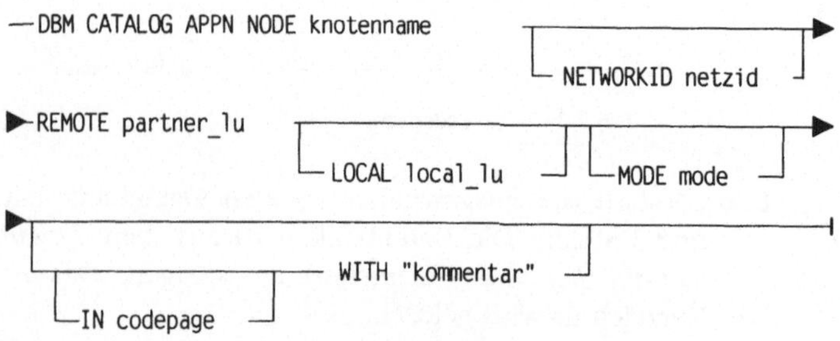

- für Verbindungen mit dem APPC-Protokoll

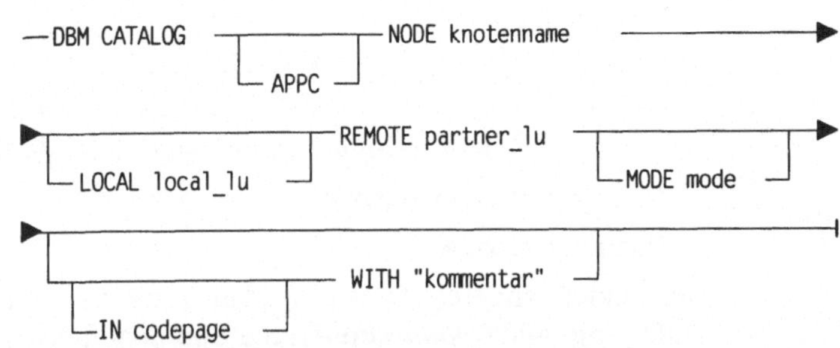

Uncatalog Austragen eines ausgewählten entfernten Systems aus dem *Workstation*-Verzeichnis

Statt des *Directory Tool* können Sie folgendes DB2/2-Kommando benutzen:

```
DBM UNCATALOG NODE knotenname
```

Berechtigungen Das *Workstation*-Verzeichnis können Sie nur mit SYSADM-Berechtigung ändern.

8.2   Configuration Tool

Mit dem Configuration Tool können Sie die Konfigurations-Parameter von DB2/2 oder einer Datenbank ändern.

Wenn Sie das Dienstprogramm durch Doppelklick mit der Maus auf dem Symbol aufrufen, erscheint ein Fenster, in dem die Namen bzw. Alias-Namen der bearbeitbaren Datenbanken mit weiteren Angaben aufgelistet sind.

Diese Anzeige ist unterhalb der Menü-Leiste in sich geteilt. In der Standard-Anzeige sehen Sie im linken Fenster nur die Alias-Namen, im rechten Fenster den erläuternden Kommentar. Verschieben Sie das linke Fenster seitlich, so können Sie noch den Namen der Datenbank, das zugehörige Laufwerk und die Workstation lesen. Verschieben Sie das rechte Fenster, so erscheint dort noch die Angabe des Sprachcodes für den Kommentar. Diese Angaben können nur über das *Directory Tool* eingegeben oder verändert werden.

Die Menü-Leiste enthält folgende Funktions-Menüs:

- Configuration
- Option
- Help.

Funktions-Menü Configuration

Das Funktions-Menü *Configuration* bietet Ihnen die Funktionen

- Change Database Manager
- Change Database.

Die beiden anderen Funktions-Menüs stellen lediglich Hilfen zur Verfügung: Mit *Option* können Sie den Schrift-Font im Fenster verändern, mit *Help* erhalten Sie Zugang zu den Hilfe-Funktionen.

Change Database Manager

Mit dem Aufruf dieser Funktion werden Ihnen die System-Parameter des lokalen DB2/2 angezeigt:

- Node (workstation) name – *nname*
- Requester I/O block – *rqrioblk*
- Maximum server I/O block bytes – *svrioblk*
- Maximum shared segments – *sqlenseg*
- Number of maximum concurrently active databases – *numdb*
- Sort heap threshold – *sheapthres*
- Communication heap seize – *comheapsz*
- Remote Data Services heap seizsegments – *rsheapsz*
- Number of estimated remote connections – *numrc*
- Index re-creation time – *indexrec*

In Abschnitt *7.3 Tuning, Konfigurations-Parameter* sind diese Parameter näher beschrieben.

Berechtigungen Sie können die änderbaren Parameter im Fenster zwar überschreiben, aber nur mit der SYSADM-Berechtigung wirklich ändern. Die Berechtigung wird dann überprüft, wenn Sie mit der *Change*-Taste das Zurückschreiben der Parameter auslösen.

Mit der *Default*-Taste können Sie wieder die Standard-Werte als System-Parameter einsetzen.

Damit die Änderungen in Kraft treten können, muß DB2/2 gestoppt (Befehl STOPDBM) und erneut gestartet (Befehl STARTDBM) werden.

Sie können nur die System-Parameter Ihres lokalen DB2/2 ändern.

Die System-Parameter stehen in der OS/2-Datei SQLSYSTM. Ändern Sie die Datei nicht mit einem Editor! Ist sie beschädigt, kann sie nur durch eine Re-Installation von DB2/2 wiederhergestellt werden.

Sie können die System-Parameter auch **außerhalb** des *Configuration Tool* durch DB2/2-Kommandos bearbeiten:

```
DBM GET DATABASE MANAGER CONFIGURATION
```

listet Ihnen die Parameter mit ihren aktuellen Werten auf.

```
DBM RESET DATABASE MANAGER CONFIGURATION
```

setzt die System-Parameter auf die Standard-Werte.

```
DBM UPDATE DATABASE MANAGER CONFIGURATION USING list
```

verändert die unter *list* angegebenen Parameter auf die dort zugewiesenen Werte. *list* hat die Form

```
Parameter Wert
```

Change Database

Mit dem Aufruf dieser Funktion werden Ihnen die Parameter der im selben Fenster zuvor ausgewählten Datenbank angezeigt.

Bild 8.8:
Das
Configuration
Tool-Fenster
mit Change
Database-
Fenster

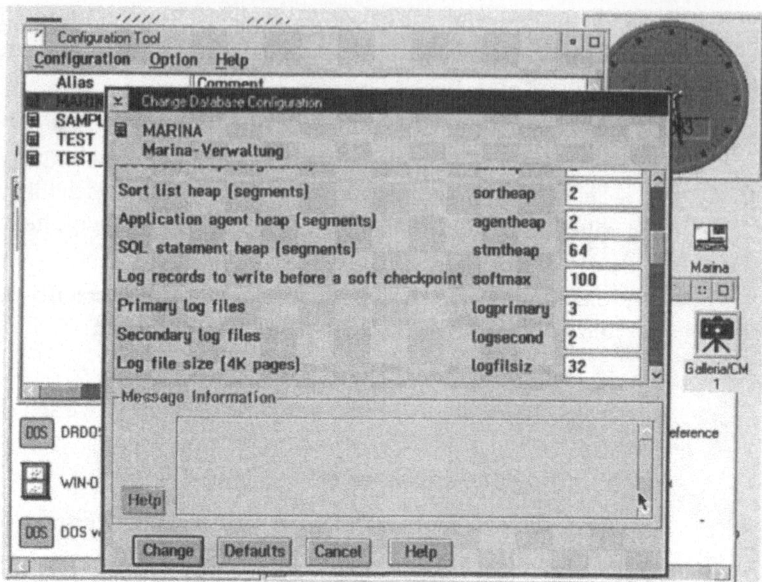

änderbare Parameter

Davon sind änderbar:

- Buffer pool size (4K pages) – *buffpage*
- Interval for checking deadlock (milliseconds) – *dlchktime*
- Maximum storage for lock lists (4K pages) – *locklist*
- Maximum percent of lock lists per application – *maxlocks*
- Maximum database files open per application – *maxfilop*
- Maximum files open per application – *maxtotfilop*
- Maximum active applications – *maxappls*
- Default application heap (segments) – *applheapsz*
- Database heap (segments) – *dbheap*
- Sort list heap (segments) – *sortheap*
- Application agent heap (segments) – *agentheap*
- SQL statement heap (segments) – *stmtheap*
- Log records to write before a soft checkpoint – *softmax*
- Primary log files – *logprimary*
- Secondary log files – *logsecond*
- Log file size (4K pages) – *logfilsiz*
- Change the database log path – *newlogpath*

- Database index recreation time - *indexrec*
- Log retain enable - *log_retain*
- User exit enable - *user_exit*
- Copy protection enable - *copy_protect*
- Auto restart enable - *auto_restart*

nicht änderbare Parameter

Nicht änderbar sind:

- Current database log path - *logpath*
- First active log file - *loghead*
- Next active log file - *nextactive*
- Database country code - *country*
- Database code page - *codepage*
- Database release level - *release*
- Database in a consistent state - *database_consistent*
- Backup pending - *backup_pending*
- Roll forward pending - *rollfwd_pending*
- Log retain status - *log_retain_status*
- User exit status - *user_exit_status*

Diese Parameter können je Datenbank individuell eingestellt werden. Der wichtigste Grund, diese Parameter zu ändern, ist die Optimierung des Durchsatzes auf der Datenbank entsprechend den Benutzungsanforderungen. Im Kapitel *7.3 Tuning, Konfigurations-Parameter* sind die wichtigsten Parameter näher beschrieben.

Berechtigungen Sie können die änderbaren Parameter im Fenster zwar überschreiben, aber nur mit der SYSADM-Berechtigung wirklich ändern. Die Berechtigung wird dann überprüft, wenn Sie mit der *Change*-Taste das Zurückschreiben der Parameter auslösen.

Mit der *Default*-Taste können Sie wieder die Standard-Werte als Konfigurations-Parameter einsetzen.

Mit Hilfe des *System*-Menüs der Anwendung können Sie auch die Konfiguration einer Datenbank in eine andere kopieren:

Copy Configuration	kopiert die Parameter in eine private Zwischenablage.
Paste Configuration	kopiert die Parameter-Werte aus der Zwischenablage in die Konfigurations-Parameter der aktuell ausgewählten Datenbank.

Damit die Änderungen in Kraft treten können, müssen alle Benutzer und Anwendungen die Datenbank verlassen. Anschließend werden die Parameter mit dem ersten CONNECT auf die Datenbank aktiviert.

Die Konfigurations-Parameter stehen in der OS/2-Datei SQLDBCON. Ändern Sie die Datei nicht mit einem Editor! Ist sie beschädigt, kann sie nur durch Einspielen einer Sicherungskopie der Datenbank wiederhergestellt werden.

Sie können die Konfigurations-Parameter auch durch DB2/2-Kommandos bearbeiten:

```
DBM GET DATABASE CONFIGURATION FOR dbname
```

listet Ihnen die Parameter mit ihren aktuellen Werten für Datenbank *dbname* auf.

```
DBM RESET DATABASE CONFIGURATION FOR dbname
```

setzt die Konfigurations-Parameter für Datenbank *dbname* auf die Standard-Werte.

```
DBM UPDATE DATABASE MANAGER CONFIGURATION FOR dbname USING list
```

verändert für Datenbank *dbname* die unter *list* angegebenen Parameter auf die dort zugewiesenen Werte. *list* hat die Form

```
Parameter Wert
```

8.3 Datensicherung und -wiederherstellung

Bevor wir uns den Funktionen des *Recovery Tools* widmen, wollen wir uns mit den Prinzipien von Datensicherung, Wiederherstellung und Wiederanlauf unter DB2/2 beschäftigen.

Zunächst ist die Wiederherstellung einer beschädigten Datenbank (Recovery) von dem Wiederanlauf-Prozeß nach Systemabstürzen (Restart) abzugrenzen.

Wiederanlauf Der Wiederanlauf (Restart) einer Datenbank ist notwendig, wenn diese durch einen Systemabsturz in ihrer Konsistenz beeinträchtigt wurde. Ursachen für den Systemabsturz können Software-Fehler, Hardware-Probleme oder Stromausfälle sein. Der Wiederanlauf wird vom Dienstprogramm RESTART DATABASE ausgeführt. Es ergänzt alle durch COMMIT festgeschriebenen Änderungen, die noch nicht in die Datenbank geschrieben wurden, und setzt alle Änderungen in der Datenbank zurück, die noch nicht durch COMMIT abgeschlossen wurden.

Ist für eine Datenbank der Konfigurations-Parameter *auto_restart* eingeschaltet, so erfolgt der Wiederanlauf automatisch, wenn sich die erste Anwendung bei der Datenbank anmeldet (mit START USING DATABASE). Dieses ist für alle neuen DB2/2-Datenbanken Standard und sollte nicht verändert werden.

Für Datenbanken, die von der Vorläuferversion übernommen und umgestellt wurden, wird *auto_restart* aus Kompatibliltätsgründen ausgeschaltet. Wir empfehlen, wenn nur irgendmöglich, auch hier den Parameter einzuschalten.

Ein manueller Start des Wiederanlaufs kann über das im nächsten Abschnitt beschriebene *Recovery Tool* erfolgen oder durch Eingabe des DB2/2-Kommandos

```
DBM RESTART DATABSE datenbank-name
```

Wieder- Die Wiederherstellung (Recovery) einer Datenbank ist notwendig,
herstellen wenn diese durch Hardware- oder Software-Fehler zerstört oder gar
einer durch Programmfehler oder Benutzermanipulation logisch inhaltlich
Datenbank beschädigt wurde. Dazu wird eine Sicherungskopie der Datenbank auf dasselbe oder ein anderes Laufwerk zurückgeschrieben (Restore) und optional mit Hilfe von festgehaltenen Log-Dateien weiter rekonstruiert (Roll forward).

Unbedingte Voraussetzung für eine Wiederherstellung ist also das regelmäßige Sichern der Datenbank. Dazu dient das Dienstprogramm BACKUP DATABASE, das Sie über das im nächsten Abschnitt beschriebene *Recovery Tool* oder direkt als DB2/2-Kommando aufrufen können:

```
DBM BACKUP DATABASE datenbank-name (ALL | CHANGES) TO laufwerk
```

Mit einer Sicherungskopie können Sie zwar eine zerstörte Datenbank neu erstellen, Sie verlieren aber alle Veränderungen der Daten, die Sie und andere Benutzer seit dem Sicherungslauf vorgenommen haben. Wenn Sie diese Verluste nicht riskieren wollen oder können, weil es sich um wichtige Daten Ihres Unternehmens (Aufträge, Lagerbestände, usw.) handelt, so müssen Sie zusätzlich zur Datenbank-Sicherung noch die Log-Dateien der Datenbank aufheben und sichern.

Log-Datei Die Log-Dateien enthalten die Änderungsinformationen für die Datenbank. Enthalten Log-Dateien Änderungsinformationen für den zur Zeit laufenden Datenbank-Betrieb, so werden sie als *aktiv* bezeichnet. Enthalten sie dagegen nur Informationen über abgeschlossene Änderungen, so werden sie als *archiviert* bezeichnet.

Die aktiven Log-Dateien benutzt DB2/2 auch für den Wiederanlauf-Prozeß. Sind diese Dateien beschädigt, so ist ein Wiederanlauf der Datenbank nicht möglich, sie muß wiederhergestellt werden. Sie sollten daher die Log-Dateien möglichst auf einem anderen physischen Laufwerk (andere Platte) anlegen.

Haben Sie sich nicht für die Möglichkeit zur Vorwärts-Recovery (Roll forward) entschieden und keinen der Datenbank-Konfigurations-Parameter *log_retain* oder *user_exit* eingeschaltet, so benutzt DB2/2 nur aktive Log-Dateien, die es immer wieder überschreibt.

Wollen Sie mehr Sicherheit, so können Sie mit dem Einschalten von *log_retain* erreichen, daß DB2/2 die Log-Dateien dieser Datenbank festhält als archivierte Log-Dateien. Die Dateien bleiben dann im OS/2-Verzeichnis stehen, das für die Log-Dateien vorgesehen ist (Parameter *logpath*). Diese archivierten Log-Dateien werden als *online* bezeichnet.

Es ist natürlich eine Frage, wieviel dieser archivierten Log-Dateien online aufbewahrt werden sollen und wie lange, zumal sie hoffentlich nie benötigt werden und wertvollen Platz belegen. Mit dem Konfigurations-Parameter *user_exit* erreichen Sie es daher, daß DB2/2 über eine Schnittstelle (User Exit) ein Programm aufruft, das diese inaktive Log-Dateien auf anderen Datenträger archiviert und auch wieder von dort bereitstellt. Diese Log-Dateien, die nicht mehr in dem dafür vorgesehenen OS/2-Verzeichnis stehen, werden als *offline* bezeichnet.

IBM liefert vier REXX-Prozeduren als Programmbeispiele dazu: SQLUEXIT.EX1-4. Drei Beispiele unterstützen spezielle Produkte, das vierte Beispiel SQLUEXIT.EX4 benutzt das OS/2-Programm XCOPY. Die Beispiele sind gut kommentiert und können leicht abgewandelt werden.

Mit Hilfe der archivierten Log-Dateien können Sie nun die Datenbank von einer eingespielten Sicherungskopie bis zum letzten konsistenten Zustand vor den Fehler oder bis zu einem von Ihnen gewählten Zeitpunkt rekonstruieren. Die verwendete Sicherungskopie muß nicht die zuletzt erstellte sein. Sie sollten jedoch in der Regel stets die letzte (aktuellste) benutzen, um Zeit bei der Vorwärts-Recovery (Roll forward) zu sparen. Sie gewinnen aber so auch die Sicherheit, bei Ausfall der aktuellen Sicherungskopie nicht noch mehr Daten zu verlieren.

Jede Wiederherstellung einer Datenbank beginnt mit dem Laden einer ihrer Sicherungskopien. Dazu dient die Utility RESTORE DATABASE, die Sie über das im nächsten Abschnitt beschriebene *Recovery Tool* oder direkt als DB2/2-Kommando aufrufen können:

```
DBM RESTORE DATABASE datenbank-name FROM laufwerk TO db_laufwerk
     (WITHOUT ROLLING FORWARD)
```

Vorwärts-Recovery Die daran anschließende Vorwärts-Recovery können Sie am einfachsten gleich mit dem Restore zusammen durchführen. Sollten Sie zwischenzeitlich eingreifen wollen, so können Sie die Vorwärts-Recovery eigenständig entweder über das im nächsten Abschnitt beschriebene *Recovery Tool* oder direkt als DB2/2-Kommando aufrufen:

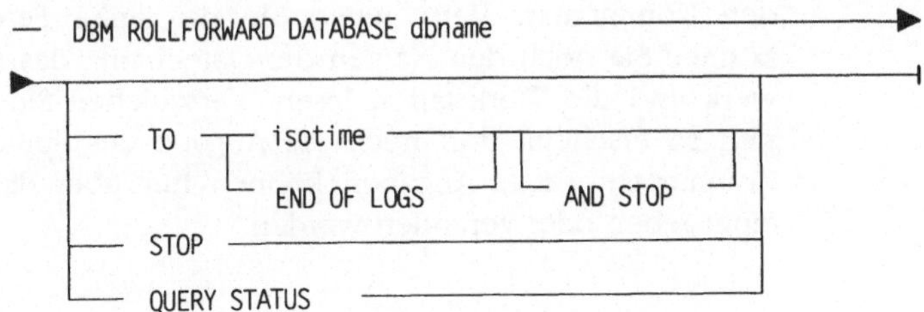

DB2/2 bietet also durchaus die Mittel zur Sicherung Ihrer Daten, wie ein Datenbankmanagement-System auf dem Mainframe. Es liegt in Ihrer Entscheidung, in welchem Umfang Sie diese nutzen. Sie müssen das Risiko des Datenverlusts mit seinen Folgekosten gegenüber dem Aufwand der zusätzlichen Archivierung der Log-Dateien abwägen und sich dann entscheiden. Tun Sie lieber zuviel als zu wenig, testen Sie Ihr Sicherungs- und Wiederherstellungsverfahren gründlich und freuen Sie sich, wenn der Ernstfall nicht eintritt.

Aus unserer Sicht ist es ein absolutes Minimum, die Datenbanken regelmäßig, im Zweifel täglich, zu sichern. Wer täglich wichtige Geschäftsdaten, von denen es möglicherweise keine Kopie mehr auf Papier gibt, auf seinen Datenbank-Servern verarbeitet, sollte die User Exits des DB2/2 nutzen, um seine Datenbanken und Log-Dateien auf Bänder, Wechselplatten oder andere Medien zu sichern, und dabei gleich noch eine Kopie für ein feuerfestes Archiv anzufertigen.

8.4 Recovery Tool

Mit dem *Recovery Tool* können Sie Ihre Datenbanken sichern und die Sicherungskopien einspielen, wenn die Datenbanken zerstört wurden.

Wenn Sie das Dienstprogramm durch Doppelklick mit der Maus auf dem Symbol aufrufen, erscheint ein Fenster, in dem die Namen bzw. Alias-Namen der bearbeitbaren Datenbanken mit weiteren Angaben aufgelistet sind. Diese Liste wird dem DB2/2-System-Verzeichnis entnommen.

Diese Anzeige ist unterhalb der Menü-Leiste in sich geteilt. In der Standard-Anzeige sehen Sie im linken Fenster nur die Alias-Namen mit den Symbolen für die Datenbank-Lokation (lokal oder entfernt) und für den Datenbank-Zustand, im rechten Fenster den erläuternden Kommentar. Verschieben Sie das linke Fenster seitlich, so können Sie noch den Namen der Datenbank, das zugehörige Laufwerk und die Workstation lesen. Verschieben Sie das rechte Fenster, so erscheint dort noch die Angabe des Sprachcodes für den Kommentar. Diese Angaben können nur über das *Directory Tool* eingegeben oder verändert werden.

Das Symbol für den Zustand der Datenbank ist nur dann zu sehen, wenn der Zustand als *nicht betriebsbereit* erkannt wurde:

– ein Fragezeichen zeigt Ihnen, daß der Zustand nicht ermittelt werden konnte,

– Kasten1 zeigt Ihnen die Notwendigkeit einer Sicherung,

Bild 8.9: Symbol für notwendige Sicherung

– Kasten2 die Notwendigkeit zur Durchführung (Fortsetzung) der Wiederherstellung an,

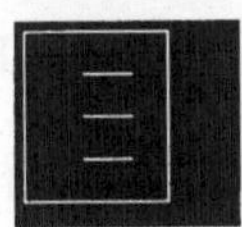

Bild 8.10: Symbol für notwendige Wiederherstellung

– der zerrissene Kasten weist auf die Notwendigkeit eines Wiederanlauf (restart) hin.

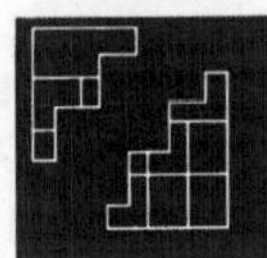

Bild 8.11: Symbol für notwendigen Wiederanlauf

Die Menü-Leiste enthält folgende Funktions-Menüs:

– Database

– Option

– Help.

Funktions-Menü Database Das Funktions-Menü *Database* läßt Sie eine der Funktionen auswählen:

– Backup

– Recover

   o Create New

   o Replace Existing

   o Resume Recovery

– Restart.

Die beiden anderen Funktions-Menüs stellen lediglich Hilfen zur Verfügung: Mit *Option* können Sie den Schrift-Font im Fenster verändern, mit *Help* erhalten Sie Zugang zu den Hilfe-Funktionen.

Backup

Wählen Sie eine lokale Datenbank aus und rufen Sie *Backup* im Funktions-Menü *Database* auf, um von einer Datenbank eine Sicherungskopie zu ziehen.

Es erscheint ein Fenster, in dem Sie das Ziel-Laufwerk für die Sicherungkopie auswählen können und die Art der Sicherung angeben müssen.

Die Ziel-Laufwerke sind die dem OS/2-bekannten Laufwerke Ihrer Rechnerkonfiguration mit Ausnahmen des Laufwerks, auf dem die zu sichernde Datenbank liegt, und ein virtuelles Laufwerk 0.

Da eine Sicherungskopie der Datenbank auch beim Ausfall des Laufwerks vor Verlust wichtiger Daten schützen soll, ist es nicht sinnvoll, diese auf das Laufwerk der Datenbank zu schreiben. Daher können Sie dasselbe Laufwerk auch nicht aus der Vorschlagsliste auswählen. Da häufig eine Platte in mehrere logische Laufwerke unterteilt wird, sollten Sie auch die logischen Laufwerke nicht wählen, die mit dem der Datenbank auf derselben physikalischen Einheit liegen. Wir empfehlen Ihnen, zumindest in regelmäßigen Abständen Sicherungskopien auf anderen Datenträgern, Disketten, Streamer, Fest- oder Wechselplatten, anzulegen.

User Exit Das virtuelle Laufwerk 0 repräsentiert die Schnittstelle zum User Exit, an den Sie eigene Programme anhängen können, um die Daten zum Beispiel auf besonderen Medien wie Streamer, optische Speicher oder andere, die nicht unmittelbar von OS/2 unterstützt werden, sichern zu können. IBM liefert vier REXX-Prozeduren als Beispiele dazu: SQLUEXIT.EX1, SQLUEXIT.EX2, SQLUEXIT.EX3, SQLUEXIT.EX4. Drei Beispiele unterstützen spezielle Produkte, das vierte Beispiel SQLUEXIT.EX4 benutzt das OS/2-Programm XCOPY. Die Beispiele sind gut kommentiert und können leicht abgewandelt werden.

Sie können zwischen zwei Arten der Sicherung wählen:

– der Sicherung der gesamten Datenbank oder

– der Sicherung der Änderungen seit der letzten Sicherung.

Um nur Änderungen sichern zu können, muß als erste Sicherung eine Kopie der gesamten Datenbank gezogen werden.

Die Backup-Utility sperrt die Datenbank exklusiv, d.h. andere Benutzer können solange nicht auf die Datenbank zugreifen, bis die Sicherung beendet ist.

Die zu sichernde Datenbank muß lokal und in konsistentem Zustand sein.

Bricht eine Sicherung zum Beispiel durch Systemabsturz mittendrin ab, muß sie erst erfolgreich fortgesetzt und abgeschlossen werden, bevor die Datenbank wieder benutzt werden kann.

Schalten Sie in der Datenbank-Konfiguration die Vorwärts-Recovery (roll-forward function, Parameter *log_retain* oder *user_exit*) ein, so müssen Sie als erstes eine Sicherung der gesamten Datenbank durchführen, bevor die Datenbank wieder benutzbar ist. Die Möglichkeit zur Sicherung nur der letzten Änderungen steht Ihnen dann nicht mehr zur Verfügung.

Wenn Sie nicht mit dem User Exit (Laufwerk 0) arbeiten, benutzt DB2/2 das OS/2-Programm BACKUP. Alle Beschränkungen dieses Programms gelten dann natürlich auch für die DB2/2-Sicherungen.

Sie können mit dieser Funktion *Backup* nicht zwei Datenbanken oder mehrere Datenbanken zusammensichern.

Die Sicherung von zwei gesamten Datenbanken auf dasselbe logische Festplattenlaufwerk führt zum Überschreiben der ersten Sicherung durch die zweite bei Nutzung des OS/2-Programms BACKUP. Falls Sie dies wünschen, sollten Sie sich den User Exit SQLU-EXIT.EX4 anpassen und nutzen.

Zur Koordination von konkurrierenden Backup-Läufen unterschiedlicher Datenbanken benutzt das Werkzeug eine Datei, die auf dem Ziel-Laufwerk eröffnet wird. Bricht ein Sicherungslauf vorzeitig fehlerhaft ab, so bleibt diese Datei geöffnet, was zu nachfolgenden Zugriffsfehlern führen kann. Daher müssen Sie den abgebrochenen Backup-Prozeß vollständig beenden und das Ziel-Laufwerk verlassen.

Berechtigungen Sie können Backup nur mit SYSADM- oder DBADM-Berechtigung ausführen. Die Prüfung erfolgt erst, wenn Sie die Taste *Backup* im zweiten Fenster drücken.

Recover

Wählen Sie eine lokale Datenbank aus (außer für *Create New*) und rufen Sie *Recover* im Funktions-Menü *Database* auf, um eine beschädigte Datenbank durch Sicherungskopien wiederherzustellen. Es erscheint ein Untermenü, aus dem Sie das gewünschte Wiederherstellungsverfahren auswählen müssen:

– Create New

– Replace Existing

– Resume Recovery.

Create New *Create New* erstellt eine neue Datenbank aus einer Sicherungskopie und ergänzt optional die Transaktionen, die in einer archivierten Log-Datei aufgezeichnet wurden.

In einem Fenster, das nach der Auswahl erscheint, müssen Sie den Namen der Datenbank eintragen.

Bild 8.12: Das Recovery Tool-Fenster

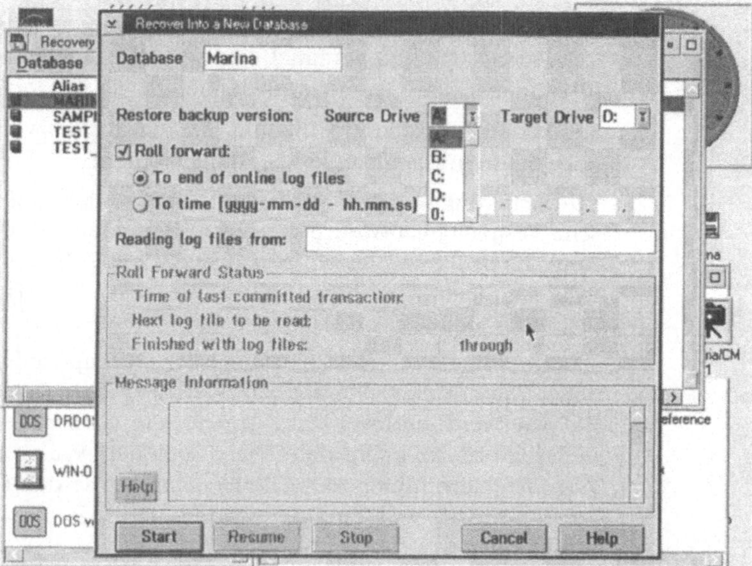

Die Datenbank braucht auf der Workstation nicht existiert zu haben, um eingespielt werden zu können. Existiert sie doch, wenn auch auf einem anderen Laufwerk, so erscheint eine Warnung.

Übergehen Sie die Warnung, so wechselt DB2/2 das vorgegebene Ziel-Laufwerk in das Laufwerk der existierenden Datenbank und versucht diese zu überschreiben.

Der Name der neuen Datenbank und der Datenbank-Name in der Sicherungskopie müssen übereinstimmen. Die Datenbank muß lokal sein.

Außerdem müssen Sie das Quell-Laufwerk, d.h. das Laufwerk mit der Sicherungskopie, und das Ziel-Laufwerk, d.h. das Laufwerk, auf dem die Datenbank eingerichtet werden soll, angeben.

User Exit Als Quell-Laufwerk repräsentiert Laufwerk 0 die Schnittstelle zum User Exit, an dem Sie eigene Programme anhängen können, um die Daten von besonderen Speichermedien, die OS/2 nicht unmittelbar unterstützt, einspielen können (siehe weiter oben *Backup*).

Ziel- und Quell-Laufwerk müssen unterschiedlich sein.

Vorwärts-Recovery Wenn Sie eine Vorwärts-Recovery machen wollen, so können Sie in diesem Fenster *Roll forward* anklicken. Die Vorwärts-Recovery bis zum Ende der Log-Dateien wird standardmäßig vorgeschlagen. Alternativ können Sie eine Vorwärts-Recovery bis zu einer einzugebenden Uhrzeit eines Tages wählen. Dazu können Sie angeben, aus welchem OS/2-Verzeichnis die Log-Dateien genommen werden sollen. Standard ist das Verzeichnis, das unter dem Konfigurations-Parameter *logpath* angegeben ist.

Die Recovery bis zum Ende der Log-Dateien sollten Sie, sofern Sie die Vorwärts-Recovery auf der Datenbank aktiviert hatten, dann wählen, wenn die Datenbank durch Hardware- oder Software-Fehler zerstört wurde, die Log-Dateien bis zum Zeitpunkt des Ausfalls aber verfügbar sind[3].

Die Recovery bis zu einem bestimmten Zeitpunkt sollten Sie unter der gleiche Voraussetzung dann wählen, wenn die Datenbank logisch inhaltlich beschädigt wurde und Sie einen Zeitpunkt bestimmen können, wann sie noch in Ordnung war.

Bei einer solchen Recovery verlieren Sie alle Log-Daten, die nach dem vorgegebenen Zeitpunkt liegen. Sollten Sie Zweifel haben, ob diese doch noch mal benötigen, zum Beispiel zur Rekonstruktion des Fehlers, sollten Sie diese sichern.

---

[3] Nicht nur aus Durchsatzgründen sondern auch wegen der Sicherheit lohnt es sich, die Log-Dateien auf eine andere physische Platte (nicht Laufwerk auf derselben Platte) zu legen!

Haben Sie die Vorwärts-Recovery ausgewählt, müssen Sie nach dem Wiederherstellungsprozeß die Datenbank durch die Auswahl von *Stop* explizit zur Benutzung freigeben. Alternativ können Sie auch ein anderes Verzeichnis für gesicherte Log-Dateien eingeben und mit diesen die Wiederherstellung fortsetzen (Taste *Resume*). Mit *Cancel* haben Sie die Möglichkeit, vorerst die Wiederherstellung der Datenbank zu unterbrechen, Sicherungskopien von Log-Dateien einzuspielen und dann die Vorwärts-Recovery fortzusetzen (siehe weiter hinten *Resume Recovery*).

Sie können während des Zurückspielens einer Datenbank auf keine der Datenbanken auf Ihrer Workstation neu zugreifen, weil das DB2/2-Datenbank-Verzeichnis gesperrt ist. Ist das Zurückspeichern beendet, wird dieses freigegeben. Wurde jedoch Vorwärts-Recovery für die Datenbank eingeschaltet, bleibt diese gesperrt, bis Sie *Stop* eingeben.

DB2/2 kann die Datenbank nur zurückspielen, wenn die Sicherungskopie mit DB2/2 erstellt wurde.

Wenn Sie nicht mit dem User Exit (Laufwerk 0) arbeiten, benutzt DB2/2 das OS/2-Programm RESTORE. Alle Beschränkungen dieses Programms gelten dann natürlich auch für DB2/2-*Create New*.

Berechtigungen Sie können *Create New* nur mit SYSADM-Berechtigung ausführen. Die Prüfung erfolgt erst, wenn Sie die Taste *Start* im zweiten Fenster drücken.

Replace Existing Replace Existing überschreibt eine bestehende Datenbank mit einer Sicherungskopie und ergänzt optional die Transaktionen, die in einer archivierten Log-Datei aufgezeichnet wurden.

In einem Fenster, das nach der Auswahl erscheint, ist der Name der Datenbank aufgrund Ihrer Auswahl im vorherigen Fenster bereits fest eintragen.

Die Datenbank muß bereits katalogisiert sein, um eingespielt werden zu können. Auch wenn sie also – wie erwartet – schon existieren sollte, so erscheint dennoch eine entsprechende Warnung.

Der Name der neuen Datenbank und der Datenbank-Name in der Sicherungskopie müssen übereinstimmen. Die Datenbank muß lokal sein.

Außerdem müssen Sie das Quell-Laufwerk angeben, d.h. das Laufwerk mit der Sicherungskopie. Sie können das Laufwerk, auf dem die Datenbank liegt, nicht als Quell-Laufwerk angeben.

Ist die Datei SQLDBCON mit den Konfigurations-Parametern noch in Ordnung, wird ihr die Information entnommen, ob eine Vorwärts-Recovery nach dem Zurückspielen der Sicherungskopie gemacht werden soll.

DB2/2 kann die Datenbank nur zurückspielen, wenn die Sicherungskopie mit DB2/2 erstellt wurde.

Sie können während des Zurückspielens einer Datenbank auf keine der Datenbanken auf Ihrer Workstation neu zugreifen, weil das DB2/2-Datenbank-Verzeichnis gesperrt ist. Ist das Zurückspeichern beendet, wird dieses freigegeben. Wurde jedoch Vorwärts-Recovery für die Datenbank eingeschaltet, bleibt diese gesperrt, bis Sie *Stop* eingeben. Alternativ können Sie auch ein anderes Verzeichnis für gesicherte Log-Dateien eingeben und mit diesen die Wiederherstellung fortsetzen (Taste *Resume*). Mit *Cancel* haben Sie die Möglichkeit, vorerst die Wiederherstellung der Datenbank zu unterbrechen, Sicherungskopien von Log-Dateien einzuspielen und dann die Vorwärts-Recovery fortzusetzen (siehe unten *Resume Recovery*).

Wenn Sie nicht mit dem User Exit (Laufwerk 0) arbeiten, benutzt DB2/2 das OS/2-Programm RESTORE. Alle Beschränkungen dieses Programms gelten dann natürlich auch für DB2/2-Replace Existing.

Die Datei SQLDBCON mit den Konfigurations-Parametern der Datenbank wird nicht immer mit der Datenbank zurückgeschrieben. Ist die aktuelle Datei noch in Ordnung, so wird sie auch weiterhin benutzt. Ist sie es nicht, so wird SQLDBCON von der Sicherungskopie genommen.

Also Vorsicht, wenn Sie Konfigurations-Parameter geändert haben! Am besten machen Sie unmittelbar nach solchen Änderungen eine Datenbank-Sicherung (siehe weiter oben *Backup*).

Berechtigungen Sie können *Replace Existing* nur mit SYSADM-Berechtigung ausführen. Die Prüfung erfolgt erst, wenn Sie die Taste *Start* im zweiten Fenster drücken.

Resume Recovery Resume Recovery setzt den Prozeß der Vorwärts-Recovery fort, bis alle Log-Dateien abgearbeitet sind oder der vorgegebene Zeitpunkt erreicht ist.

In einem Fenster, das nach der Auswahl erscheint, ist der Name der Datenbank aufgrund Ihrer Auswahl im vorherigen Fenster bereits fest eintragen.

Die Vorwärts-Recovery bis zum Ende der Log-Dateien wird standardmäßig vorgeschlagen. Alternativ können Sie eine Vorwärts-Recovery bis zu einer einzugebenden Uhrzeit eines Tages wählen.

Die Recovery bis zum Ende der Log-Dateien sollten Sie, sofern Sie Vorwärts-Recovery auf der Datenbank aktiviert hatten, dann wählen, wenn die Datenbank durch Hardware- oder Software-Fehler zerstört wurde, die Log-Dateien bis zum Zeitpunkt des Ausfalls aber verfügbar sind[4].

Die Recovery bis zu einem bestimmten Zeitpunkt sollten Sie unter der gleichen Voraussetzung dann wählen, wenn die Datenbank logisch inhaltlich beschädigt wurde und Sie einen Zeitpunkt bestimmen können, wann sie noch in Ordnung war.

Bei einer solchen Recovery verlieren Sie alle Log-Daten, die nach dem vorgegebenen Zeitpunkt liegen. Sollten Sie Zweifel haben, ob Sie diese doch nochmal benötigen, zum Beispiel zur Rekonstruktion des Fehlers, sollten Sie diese sichern.

Dazu können Sie angeben, aus welchem OS/2-Verzeichnis die Log-Dateien genommen werden sollen. Standard ist das Verzeichnis, das unter dem Konfigurations-Parameter *logpath* angegeben ist.

Roll Forward Status Unter *Roll Forward Status* wird Ihnen der aktuell erreichte Zustand der Datenbank angezeigt

– Datum und Uhrzeit der letzten erfolgreichen Transaktion, die auf der Datenbank gearbeitet hatte,

– der Name der nächsten zu verarbeitenden Log-Datei und

– die Namen der bisher schon verarbeiteten Log-Dateien.

Mit der Taste *Resume* können Sie den Wiederherstellungsprozeß fortsetzen.

Sie müssen die Recovery durch die Auswahl von *Stop* beenden, Sie können dies auch vorzeitig tun. Dann wird die Datenbank zur Benutzung auf dem angezeigten Stand wieder freigegeben.

Berechtigungen Sie können *Resume Recovery* nur mit SYSADM-Berechtigung ausführen. Die Prüfung erfolgt erst, wenn Sie die Taste *Resume* im zweiten Fenster drücken.

---

4   Nicht nur aus Durchsatzgründen sondern auch wegen der Sicherheit lohnt es sich, die Log-Dateien auf eine andere physische Platte (nicht Laufwerk auf derselben Platte) zu legen!

Restart

Wählen Sie eine als beschädigt angezeigte Datenbank aus, und rufen Sie im Funktions-Menü Database den Punkt *Restart* auf, um für diese Datenbank einen Wiederanlauf-Prozeß zu starten. Als beschädigt wird eine Datenbank angezeigt, wenn diese durch einen Systemabsturz in ihrer Konsistenz beeinträchtigt wurde. Ursachen für den Systemabsturz können Software-Fehler, Hardware-Probleme oder Stromausfälle sein.

In einem Fenster, das nach der Auswahl erscheint, ist der Name der Datenbank aufgrund Ihrer Auswahl im vorherigen Fenster bereits fest eintragen. Mit der Taste *Restart* müssen Sie den Wiederanlauf-Prozeß explizit starten.

Der Wiederanlauf ergänzt alle durch COMMIT festgeschriebenen Änderungen, die noch nicht in die Datenbank geschrieben wurden, und setzt alle Änderungen in der Datenbank zurück, die noch nicht durch COMMIT abgeschlossen wurden.

Ist für eine Datenbank der Konfigurations-Parameter *auto_restart* eingeschaltet, so erfolgt der Wiederanlauf automatisch, wenn sich die erste Anwendung bei der Datenbank anmeldet (mit START USING DATABASE). Ein manueller Start des Wiederanlaufs über dieses Werkzeug ist für eine solche Datenbank in der Regel nicht notwendig.

Berechtigungen Für den Start des Wiederanlaufs wird keine Berechtigung benötigt.

Unterschiede zu DB2/MVS DB2/2 muß als Einheit immer *eine* Datenbank sichern bzw. wiederherstellen. Bei DB2/MVS ist die kleinste Einheit der Tablespace. Bei einer Datenbank-Sicherung unter DB2/2 ist der Katalog inbegriffen, bei DB2/MVS ist der System-Katalog eine eigene Datenbank (DSNDB06), die nicht automatisch mitgesichert wird. Die Reihenfolge der Sicherungen von Benutzer-Datenbanken und System-Katalog ist zu beachten, da die Sicherungs-Informationen im System-Katalog abgelegt werden. DB2/2 hält dagegen in der Katalog-Tabelle SYSBACKUP nur Informationen über die Datenbank-Dateien (für inkrementelle Sicherungen), nicht über die Datenbank-Sicherungen.

Während DB2/2 die Vorwärts-Recovery bis zu einer ausgewählten Uhrzeit durchführen kann, wird eine adäquate Recovery unter DB2/MVS über die RBA gesteuert.

Insgesamt sind Sicherung und Wiederherstellung unter DB2/MVS viel komplexer und ausgefeilter, erfordern aber auch mehr organisatorischen Aufwand.

Die Nutzer-Berechtigungen in DB2/2 sind mit den Benutzer-Profilen im OS/2 verknüpft. DB2/2 setzt UPM (User Profile Management) voraus und erzwingt dessen Installation, falls es auf Ihrem System noch nicht vorhanden ist. Daher gehen wir in diesem Kapitel zunächst auf einige Aspekte des UPM ein, bevor wir die DB2/2-Berechtigungen ausführlicher behandeln.

Die Berechtigung zum Zugang zu den DB2/2-Datenbanken wird außerhalb von DB2/2 durch UPM geprüft. UPM prüft die Benutzer-Kennung und das Paßwort und reicht bei Gültigkeit die Benutzer-Informationen an den Datenbank-Manager weiter.

Ist ein Benutzer nicht schon im System durch LOGON bekannt, so muß er sich beim Aufruf von DB2/2-Diensten oder -Anwendungen durch UPM anmelden. Er bleibt auch nach dem Verlassen der DB2/2-Dienste bzw. -Anwendungen solange angemeldet, bis er sich explizit per LOGOFF abmeldet oder OS/2 abschließt (shut down).

In einer Client-Server-Konfiguration des DB2/2 können die Benutzer-Kennungen für Client und Server unterschiedlich sein. Eine durchgängige Benutzer-Kennung vereinfacht jedoch das Handling, da *eine* Anmeldung ausreicht. Sind die Benutzer-Kennungen unterschiedlich, müssen Sie sich zunächst im Client anmelden und dann beim Zugriff auf den Datenbank-Server ein weiteres Mal, weil der Versuch der automatischen Anmeldung mit der Client-Benutzer-Kennung fehlschlug.

9.1   OS/2-Benutzerverwaltung

UPM kennt folgende Benutzergruppen (level):

(normale) Benutzer	Sie können sich an- und abmelden, ihr Profil sehen, ihr Paßwort ändern, einen Eintrag in ihrem LOGON-Profil ändern, ihr LOGON-Profil löschen. Sie können in DB2/2 Berechtigungen zugeteilt bekommen.
Lokale Administratoren	Sie besitzen zusätzlich zu den *normalen Benutzer*-Rechten System-Administrator-Berechtigung im DB2/2 der lokalen Workstation. Es kann auf einer Workstation nur *einen* lokalen Administrator geben.

Administratoren	Sie besitzen zusätzlich zu den Berechtigungen *lokaler Administratoren* die Rechte,
	- neue Benutzer oder Benutzergruppen einzurichten,
	- anzuschauen,
	- zu ändern,
	- zu löschen,
	- Einträge in dem LOGON-Profil eines Benutzers
	   o zu ändern,
	   o zu ergänzen,
	   o zu löschen
	- Benutzer Benutzergruppen zuzuordnen.

Accounts Operators (Profil-Verwalter)	Sie besitzen die gleichen Berechtigungen zur Verwaltung *normaler Benutzer* wie *Administratoren* – bis auf die *System-Administrator*-Berechtigung in DB2/2. *Administratoren, lokale Administratoren* und *Accounts Operators* dürfen sie nicht bearbeiten.

Die Funktion des *Accounts Operator* ist natürlich in Netzwerken großer Unternehmen wichtig, wo die Einrichtung und Pflege der Benutzer von einer verwaltenden Stelle ausgeübt wird. Diese Stelle kann mit der Funktion des DB2/2-Systemverwalters nicht betraut werden. Daher die Abtrennung dieser DB2/2-Berechtigung.

9.2 UPM-Befehle

In diesem Abschnitt stellen wir kurz die Befehle von UPM vor, die Sie im Zusammenhang mit der Nutzung DB2/2 benötigen werden. Wir berücksichtigen hier aber nicht die Aspekte, die für die Verwaltung von Netzwerken von Bedeutung sind. Darüber können Sie sich besser in der Literatur zu diesem Thema informieren.

LOGON

OS/2-Befehl zur Anmeldung an lokale oder entfernte Workstations

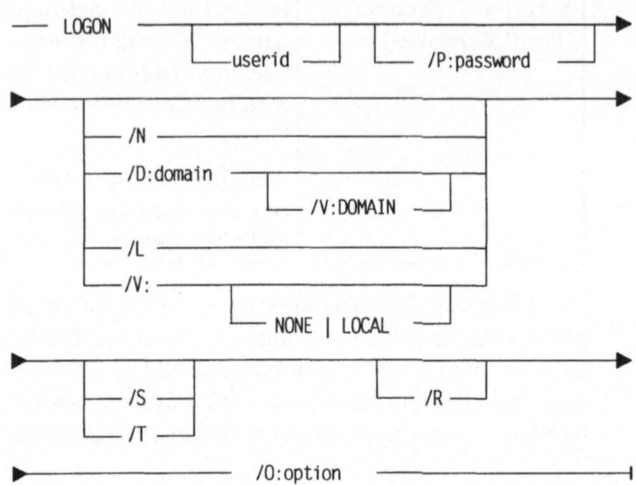

Enthält der LOGON-Befehl keine Benutzer-Kennung (userid), wird das LOGON-Fenster auf dem Bildschirm ausgegeben. Eine gültige Benutzer-Kennung und gegebenenfalls das zugehörige Paßwort müssen eingegeben werden, damit der Anmeldeprozeß weiterläuft.

Optionen werden durch einen Schrägstrich (/) gekennzeichnet. Ihre Reihenfolge ist beliebig. Es bedeuten:

/P:password	Direkte Eingabe des Paßworts
/N:node	Direkte Eingabe eines Netzknotens, nur /N bewirkt die Abfrage danach im LOGON-Fenster
/L	Lokale Anmeldung
/D:domain	Direkte Eingabe der LAN-Domäne, nur /D bewirkt die Abfrage danach im LOGON-Fenster.
/V:NONE | LOCAL | DOMAIN	Anmeldung an einen LAN-Server: NONE keine Prüfung, LOCAL Prüfung auf dem lokalen Server, DOMAIN Prüfung auf dem LOGON-Server der Domäne

/O:option	Art der Anmeldung: SINGLE für eine einzige lokale Anmeldung, MULTI für mehrere lokale Anmeldungen mit verschiedenen Benutzer-Kennungen, z.B. für konkurrierende Programme.
/R	Unterdrückung des LOGON-Fensters bei Fehlern
/S	Unterdrückung aller LOGON-Warnungen vom LAN-Server
/T	Unterdrückung aller Warnungen, die für das LAN-Server Produkt spezifisch sind

Die Anmeldung bleibt aktiv bis zu einer expliziten Abmeldung oder dem Abschluß oder Neustart von OS/2 auf Ihrer Workstation.

Beispiele

```
logon PMÜLLER
```

Der Benutzer mit der Kennung *PMÜLLER* meldet sich an. Wird ein Paßwort benötigt, so erscheint das LOGON-Fenster zur Eingabe des Paßworts.

```
logon EGHUG /N:KnotenB
```

Der Benutzer mit der Kennung *EGHUG* meldet sich am Knoten *KnotenB* an.

```
logon /o=multi
```

Es wird auf die Möglichkeit zur mehrfachen lokalen Anmeldung umgeschaltet.

LOGOFF

OS/2-Befehl zur Abmeldung von Benutzer-Kennungen

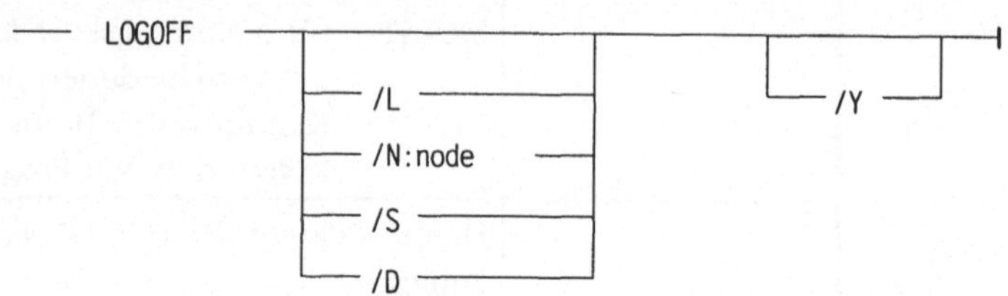

Sind keine Optionen angegeben, werden alle angemeldeten Benutzer-Kennungen abgemeldet.

Optionen werden durch einen Schrägstrich (/) gekennzeichnet. Ihre Reihenfolge ist beliebig. Es bedeuten:

/L	Listet die angemeldeten Benutzer-Kennungen zur Auswahl auf.
/N:node	Abmeldung von einem angegebenen Knoten, nur /N meldet von allen Knoten ab.
/D	Abmeldung von der LAN-Domäne
/S	Abmeldung aus der aktuellen OS/2-Sitzung
/Y	Unterdrückt die Ausgabe einer Bestätigungsfrage

Ist keine Benutzer-Kennung angemeldet, verursacht dies beim Aufruf von LOGOFF keinen Fehler.

UPMACCTS

OS/2-Befehl zum Aufruf der UPM-Dienste

```
——  UPMACCTS        —————————————————————————————————————————|
```

Ist der aufrufende Benutzer nicht angemeldet, erscheint das LOGON-Fenster. Nach erfolgreicher Anmeldung erscheint die UPM-Maske mit dem Profil. In dieser Maske können folgende Funktions-Menüs aufgerufen werden:

Actions	Hierunter findet der Benutzer Funktionen zur Pflege seines Profiles.
Manage	Hierunter findet der Administrator Funktionen zur Verwaltung von Benutzern und Benutzergruppen. Wird nur für *Administratoren* und *Accounts Operator* angezeigt.
Exit	Verlassen von UPM

UPMCSET

OS/2-Befehl zur Angabe des Zeichensatzes zur Definition von
Benutzern, Benutzergruppen und Paßwörtern

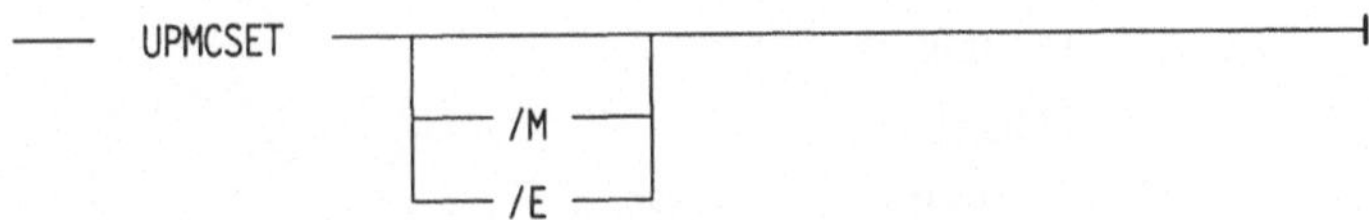

minimaler Die Option /M ist Standard. Sie gibt die Benutzung des minimalen
Zeichensatz Zeichensatzes vor.

Der minimale Zeichensatz umfaßt:

A bis Z

0 bis 9

Sonderzeichen # @ $

Mit dem minimalen Zeichensatz gelten folgende Regeln:

- Benutzer- und Benutzergruppen-Kennungen

  o können 1 bis 8 Zeichen lang sein, Paßwörter 0 bis 8.

  o dürfen nicht mit einer Ziffer beginnen oder dem Dollar-Zeichen ($) enden.

  o dürfen nicht mit IBM, SYS oder SQL beginnen.

- Folgende Werte sind reserviert:

  USERS

  GUESTS

  ADMINS

  PUBLIC

  LOCAL

erweiterter Zeichensatz Die Option /E gibt die Benutzung des erweiterten Zeichensatzes vor.

Der erweiterte Zeichensatz umfaßt den minimalen Zeichensatz und alle druckbaren Zeichen **mit Ausnahme von**

. ' / \ [ ] ; : | < > + = , ? *

Mit dem erweiterten Zeichensatz gelten folgende Regeln:

- Benutzer- und Benutzergruppen-Kennungen können 1 bis 10 Zeichen lang sein, Paßwörter 0 bis 10.

- Folgende Werte sind reserviert:

  USERS

  GUESTS

  ADMINS

  PUBLIC

  LOCAL

  SYSASID

9.3 DB2/2-Berechtigungen

DB2/2 kennt vielfältig abgestufte Berechtigungen für die verschiedenen Datenbank-Ressourcen. Es erlaubt damit auch für sensitive Daten eine ausgefeilte Organisation der Benutzer-Rechte, die Sie natürlich im voraus sorgfältig planen werden.

Datenbank-Ressourcen, für die Sie Berechtigungen definieren können, sind:

Datenbanken

Tabellen

Sichten

Indizes

Packages.

DB2/2 unterstützt Berechtigungen für einzelne Benutzer oder Benutzergruppen. Diese Benutzergruppen bestehen aus einzelnen Benutzern, die über alle Rechte verfügen, die der Benutzergruppe zugestanden wurden.

PUBLIC Standardmäßig gehören alle Datenbank-Benutzer zu einer speziellen DB2/2-Gruppe: PUBLIC. Alle Rechte, die PUBLIC zugeteilt wurden, stehen somit allen Benutzern zur Verfügung.

Werden einer Benutzergruppe Berechtigungen entzogen, so behalten die Benutzer der Benutzergruppe *die* Rechte, die sie einzeln, d.h. nicht über die Benutzergruppe erhalten haben.

SYSADM DB2/2 setzt voraus, daß mindestens ein Benutzer über die Systemverwalter-Berechtigung verfügt. Die Rechte zur Verwaltung eines DB2/2-Systems sind unter dem Standard-Profil SYSADM gebündelt. Der Systemverwalter steuert als oberste Instanz die Vergabe von Berechtigungen und ist zugleich *Administrator* oder *Lokaler Administrator* im OS/2.

Er kann nur über die UPM-Funktionen eingerichtet und gepflegt werden, nicht aber in DB2/2![1]

DB2/2 kennt zwei weitere Standard-Berechtigungs-Profile:

DBADM DBADM ist ein Bündel von Rechten zur Verwaltung einer Datenbank in einem DB2/2-System.

CONTROL CONTROL ist ein Bündel von Rechten, das einen Benutzer als Eigentümer eines Datenbank-Objekts ausweist. Der Ersteller dieses Objekts erhält automatisch die CONTROL-Rechte.

In diesen drei Standard-Profilen (SYSADM, DBADM, CONTROL) ist auch die Berechtigung enthalten, anderen Benutzern Berechtigungen innerhalb des Gültigkeitsbereichs der Profile zu vergeben oder zu entziehen (siehe auch *SQL-Befehle GRANT* und *REVOKE*).

---

1   Im Gegensatz zu DB2/MVS: GRANT SYSADM TO ...

Die Bündel- bzw. Einzel-Berechtigungen sind hierarchisch struktu-
riert:

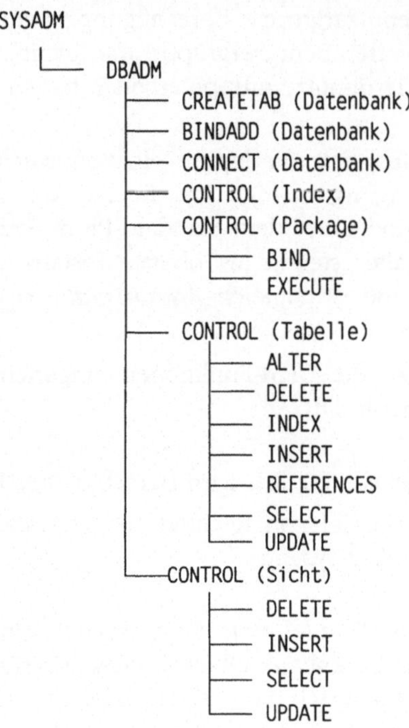

Die hierarchisch höhere Berechtigung umfaßt immer die unter-
geordneten Rechte und einige spezifisch eigene.

SYSADM SYSADM enthält die Berechtigungen

- Datenbanken einzurichten und zu löschen

- Datenbanken und Workstations zu katalogisieren

- DB2/2-System- und Datenbank-Konfigurationen zu verändern

- Utility RESTORE DATABASE auszuführen

- Datenbank-Verwalter (DBADM) einzurichten

Beim Einrichten einer neuen Datenbank vergibt DB2/2 automatisch einige Berechtigungen:

- Der Ersteller wird Datenbank-Administrator (DBADM),

- Die Rechte CREATETAB, BINDADD und CONNECT werden der Benutzergruppe PUBLIC zugeteilt, ebenso die SELECT-Berechtigungen für die Katalog-Tabellen.

DBADM DBADM gilt jeweils nur für eine Datenbank, wobei ein Benutzer natürlich auch DBADM-Berechtigungen für mehrere Datenbanken besitzen kann. DBADM enthält die Berechtigungen

- Utilities auf der Datenbank auszuführen

- DB2/2-Kommandos abzusetzen

- Berechtigungen für die Datenbank und ihre Objekte zu vergeben und zu widerrufen

CREATETAB CREATETAB erlaubt es einem Benutzer, Tabellen in der Datenbank anzulegen. Er erhält für die von ihm erstellten Tabellen automatisch CONTROL-Rechte.

BINDADD BINDADD erlaubt es einem Benutzer, neue Packages (Zugriffspläne) für eine Datenbank zu erstellen. Er erhält für die von ihm erstellten Packages automatisch CONTROL-Rechte.

CONNECT CONNECT erlaubt Ihnen den Zugriff auf eine Datenbank.

CONTROL CONTROL *auf einen Index* erlaubt Ihnen, den erstellten Index wieder zu löschen.

CONTROL *auf einem Package* erlaubt Ihnen, Packages zu übersetzen (BIND-Lauf), auszuführen und zu löschen. Sie können die Rechte zum Ausführen (EXEC) und Übersetzen (BIND) an andere Benutzer vergeben bzw. widerrufen.

Wenn Sie ein Package übersetzen, müssen Sie außer der BIND-Berechtigung auch alle Berechtigungen für die Ausführung der statischen SQL-Befehle im Package besitzen.

Wenn Sie ein Package ausführen, so benötigen Sie für die zugehörigen statischen SQL-Befehle keine weiteren Berechtigungen über die EXEC-Berechtigung hinaus. Für dynamische SQL-Befehle, die ja erst zur Ausführungszeit erstellt werden, benötigen Sie die entsprechenden Berechtigungen.

CONTROL *auf eine Tabelle* enthält die Berechtigungen

- die Tabelle wieder zu löschen

- die Utility RUNSTATS auszuführen

- Berechtigungen für die Tabelle zu vergeben und zu widerrufen

Die einzelnen Berechtigungen für eine Tabelle können mit dem Schlüsselwort ALL gemeinsam an Benutzer vergeben werden. Zu den Einzel-Berechtigungen gehören die Rechte für die tabellenorientierten Befehle ALTER, DELETE, INSERT einschließlich IMPORT-Utility, SELECT einschließlich EXPORT-Utility und UPDATE sowie das Recht, einen Index zu erstellen (INDEX), und das Recht, in einer anderen Tabelle einen Fremdschlüssel mit Verweis auf diese Tabelle zu definieren oder zu löschen (REFERENCES).

CONTROL *auf eine Sicht* enthält die Berechtigungen

- die Sicht wieder zu löschen

- Berechtigungen für die Sicht zu vergeben und zu widerrufen

Zur Erstellung einer Sicht müssen Sie die SELECT-Berechtigung für jede der bezogenen Tabellen direkt oder indirekt über übergeordnete Bündel besitzen.

Die einzelnen Berechtigungen für eine Sicht können mit dem Schlüsselwort ALL gemeinsam an Benutzer vergeben werden. Zu den Einzel-Berechtigungen gehören die Rechte für die tabellenorientierten Befehle DELETE, INSERT einschließlich IMPORT-Utility, SELECT einschließlich EXPORT-Utility und UPDATE.

Sichten sind ein wichtiges Mittel, den Zugriff auf Daten zu steuern:

Mit der Berechtigung, eine Sicht zu nutzen, erwirbt ein Anwender *nicht* das Recht, auch die darin enthaltenen Tabellen direkt nutzen zu können. Da Sie die Berechtigung für bestimmte Operationen nur auf Tabellen- oder Sicht-Ebene, nicht aber auf Spalten-Ebene vergeben können, sind Sichten in DB2/2 die einzige Möglichkeit, Anwendern Zugriffe nur auf bestimmte Tabellenspalten zu gestatten (im DB2/MVS gibt es wenigstens noch die Beschränkung auf Spalten für UPDATE). Zusätzlich erlauben Ihnen die WHERE-Klausel und die CHECK-Option in der Sicht-Definition, Beschränkungen bei der Datenselektion zu verankern.

Beispiel Damit können Sie steuern, daß Personalsachbearbeiter nur die Gehälter von Tarifangestellten lesen und bearbeiten können oder daß ein DB2/2-Nutzer nur seine eigenen Objekt-Definitionen im Katalog lesen kann.

Vergleich zu DB2/MVS DB2/MVS kennt eine weitergehende Abstufung von Berechtigungen als DB2/2. Schon aufgrund komplexerer physischer Strukturen existieren für diese zusätzliche Berechtigungen.

DB2/MVS verfügt außerdem über einige Berechtigungen für den Operator oder Arbeitsvorbereiter. Diese Berechtigungen sind in DB2/2 unbekannt, weil wohl eine so ausgefeilte Arbeitsteilung beim Betrieb eines OS/2-Netzwerks nicht unterstellt wird. Zu diesen speziellen DB2/MVS-Berechtigungen gehören zum Beispiel:

SYSOPR,

BSDS,

DISPLAY,

MONITOR1,

RECOVER,

STOPALL,

STOSPACE,

DBMAINT,

DISPLAYDB,

IMAGECOPY,

LOAD,

RECOVERDB,

REORG,

STARTDB,

STOPDB,

STATS

Für besonders sensible Daten kennt DB2/MVS eine Variante des Datenbank-Administrators DBCTRL, mit der Sie zwar alle administrativen Tätigkeiten in einer Datenbank ausüben können, aber keinen Zugriff auf die Daten selbst haben. Ein vergleichbares Berechtigungsprofil gibt es unter DB2/2 nicht.

Einige Berechtigungen, die in DB2/MVS systemweit gelten, gelten nur eingeschränkt in DB2/2. Zum Beispiel gilt BINDADD im DB2/MVS systemweit, in DB2/2 nur für eine Datenbank.

Außerdem können Systemverwalter (SYSADM) im DB2/MVS definiert werden.

Der Grund für diesen Unterschied liegt wohl darin, daß unter DB2/MVS nur *ein* systemweiter Katalog existiert, in DB2/2 aber *jeweils* einer für jede Datenbank. Daher können dort eingetragene Berechtigungen nur für die jeweilige Datenbank gültig sein.

Die DB2/2-Berechtigung REFERENCES ist in DB2/MVS unbekannt

Für die Verteilung der Datenverarbeitung in einem Netz miteinander verbundener Rechner gibt es verschiedene Ansätze: die Daten werden verteilt oder die Funktionen laufen verteilt ab.

Moderne Datenbankmanagement-Systeme (DBMS) bieten heute mindestens die Möglichkeit, auf entfernte, nicht am selben Netzknoten unter demselben DBMS gespeicherte Daten zuzugreifen. Die fortgeschrittenen können auch innerhalb einer Verarbeitungseinheit (Transaktion) Daten auf verschiedenen Netzknoten verändern, was ein Zweiphasen-Protokoll für das Transaktionsende voraussetzt (Two Phase Commit).

Moderne Betriebssysteme verfügen dagegen mindestens über die Möglichkeit, Funktionen auf einem anderen Netzknoten aufzurufen und dort auszuführen (RPC, Remote Procedure Call). Die aufgerufene Funktion führt natürlich Datenzugriffe aus, die lokal oder – bei zusätzlich verteilter Datenhaltung – auch entfernt sein können. Bei Betriebssystemen von IBM liegen diese Funktionen traditionell in den TP-Monitoren. Für OS/2 steht mit CICS OS/2 ein solcher TP-Monitor zur Verfügung. Er stammt von den Mainframes und ist heute auch unter OS/2, AIX und OS/400 verfügbar. CICS ist ein komplexes Software-Produkt, das verschiedene Möglichkeiten zur Unterstützung verteilter Datenverarbeitung bietet. CICS ist daher besonders interessant für das Downsizing von bestehenden Mainframe-Anwendungen und für die Entwicklung portabler Anwendungen, die auf dem Mainframe, unter Unix, auf PC-Netzwerken unter OS/2 oder in verteilter Umgebung mit Unix- und OS/2-Systemen laufen sollen. Wir können Ihnen seine Funktionalität leider im Rahmen dieses Buches, das „kompakt" sein will, nicht vorstellen.

Eine besondere Form einer arbeitsteiligen verteilten Datenverarbeitung ist das Client-Server-Prinzip, das auch von DB2/2 unterstützt wird.

10.1 Client-Server-Architektur

Die traditionelle Software-Architektur kennt ursprünglich nur eine verarbeitende Instanz. Eine Verteilung der Verarbeitung auf mehrere Hardware-Komponenten resultiert unter anderem aus dem Wunsch, die Funktionalität moderner Workstations zu nutzen. Eine einfache, besonders klar gegliederte Form der verteilten Verarbeitung ist die Client-Server-Architektur.

Für eine Client-Server-Architektur wird die Anwendung in zwei Teile zerlegt: Ein Teil fordert Dienste an, ein anderer leistet diese. Der anfordernde Teil wird als Client, der leistende Teil als Server bezeichnet.

Software, die nach dem Client-Server-Prinzip organisiert werden soll, muß in geschlossene Module zerlegt werden, die jeweils eine definierte Teilaufgabe im Gesamtsystem übernehmen.

Eine typische Client-Server-Anwendung besteht aus

– der Präsentationskomponente mit Bildschirmaufbereitung der Ausgabedaten, Eingabesteuerung und Plausibilitätsprüfung der Eingabe,

– der Anwendungskomponente mit der Verarbeitungslogik,

– der Datenkomponente mit lesenden und ändernden Zugriffen auf die Datenbasis.

DB2/2 unterstützt die Abtrennung der Datenkomponente als Server, deren Verteilung auf mehrere Netzwerk-Knoten (RDS, Remote Data Services) und durch *Stored Procedures* (siehe Abschnitt 10.3, *Stored Procedures*, Seite 319) auch die Auslagerung von Verarbeitungslogik auf einen Server. Der Zugriff auf Mainframe-Server wird mit DDCS/2 (Distributed Database Connection Services) ermöglicht. DDCS/2 ist ein eigenständiges Produkt und gehört nicht zum Lieferumfang von DB2/2.

Die Lokalisation des Servers – auf demselben Rechner oder einem anderen – ist für den Client transparent, d.h. er wird nicht davon berührt. DB2/2 unterstützt Clients unter OS/2, DOS oder Windows.

DB2/2 als Datenbank-Server verarbeitet die Anforderungen der Clients synchron. Bei dieser synchronen Verarbeitung wartet der Client solange, bis er vom Server das Ergebnis der Anforderung erhält (bei asynchroner Verarbeitung wartet der Client nicht, er empfängt erst später eine Vollzugsmeldung).

10.2 Mainframe-Anbindung: DDCS/2 und SQLQMF

DDCS/2
: DDCS/2 bietet die Unterstützung, von OS/2-, DOS- oder Windows-Clients aus auf Mainframe-Datenbanken zuzugreifen und darin zu ändern. Es basiert auf DRDA (Distributed Relational Database Architecture).

Mit DRDA hat IBM Regeln aufgestellt für den transparenten Zugriff auf entfernte relationale Datenbanken. DRDA kennt auch das Client-Server-Prinzip. Die Mainframe-Systeme und die Datenbank der AS/400 können dabei die Rolle des Client oder des Server übernehmen, DB2/2 bisher nur die Rolle des Client.

Sie können also von OS/2 auf relationale Datenbanken eines Mainframe zugreifen, aber nicht umgekehrt vom Mainframe auf Datenbestände unter DB2/2. Zum Beispiel können Anwendungen, bei denen die Zentrale im Rahmen einer Filialorganisation auf die vor Ort in den Filialen gehaltenen Stamm- oder Bewegungsdaten zugreifen muß, zur Zeit nicht auf DRDA aufbauen, sondern müssen eine Lösung mit verteilter Transaktionsverarbeitung (CICS) suchen.

DDCS/2 erlaubt es nicht, mit dem Query Manager oder Werkzeugen für die Datenbank-Administration auf Mainframe-Datenbanken zuzugreifen. Stattdessen können Sie mit SQLQMF (SQL Query Manager Facility) Daten des Mainframes in DB2/2-Tabellen importieren und lokal weiterverarbeiten.

SQLQMF
: SQLQMF lädt Daten, die aus einer Datenbank-Tabelle auf einem Mainframe unter den Betriebssystemen MVS oder VM extrahiert wurden, auf den PC und konvertiert sie in ein „Delimited ASCII"-Format (ASCII-Format mit Feldbegrenzern), so daß sie in eine DB2/2-Tabelle geladen werden können.

Die Daten müssen dazu zunächst auf dem Mainframe mit QMF (Query Management Facility) im QMF-Format in eine TSO- oder CMS-Datei entladen werden (EXPORT DATA oder EXPORT TABLE). Der Name der Datei kann maximal achtstellig sein und muß die Namenskonventionen beider Systeme einhalten.

In Abhängigkeit von den gewählten Parametern kann SQLQMF eine neue Tabelle für die Daten anlegen und laden oder diese in eine bereits vorhandene Tabelle laden.

SQLQMF unterstützt **nicht** die LONG-Datentypen LONG VARCHAR und LONG VARGRAPHIC, die Datentypen GRAPHIC und VARGRAPHIC nur in der Doppelbyte-Version SQLQMFDB.

Als Begrenzer für das „Delimited ASCII"-Format benutzt SQLQMF

– als Spaltenbegrenzer das Komma (,),

– als Zeichenkettenbegrenzer das Anführungszeichen ("),

– als Dezimalstellentrenner den Punkt (.).

Enthalten die Zeichenketten (Datentyp CHAR oder VARCHAR) der Mainframe-Tabellen Anführungszeichen ("), werden diese nicht korrekt bearbeitet. Üblicherweise gehen alle Zeichen hinter dem " verloren.

Bevor Sie SQLQMF aufrufen, müssen Sie den Communications Manager und DB2/2 starten, sich am Mainframe anmelden und die gewünschten Daten mit QMF extrahieren.

Während der Ausführung des SQLQMF-Aufrufs werden Ihnen die Meldungen des Communications Manager und die Anzahl der übertragenen Bytes angezeigt. Bei der Beendigung sehen Sie die Namen der erzeugten Dateien. Erzeugt werden

– die Datei mit den Spalten-Definitionen der exportierten Tabelle (Extension .COL). Sie können diese Datei dazu benutzen, eine neue DB2/2-Tabelle für die Aufnahme der Daten anzulegen. Werden die Daten automatisch in DB2/2 importiert, wird die Datei nach dem Import gelöscht.

– die Import-Datei im „Delimited ASCII"-Format (Extension .DEL). Sie enthält die Daten, die in die DB2/2-Tabelle geladen werden sollen. Werden die Daten automatisch in DB2/2 importiert, wird die Datei nach dem Import gelöscht.

– die Datei mit der Tabellen-Definition für DB2/2 (Extension .CRE). Sie enthält den CREATE TABLE-Befehl mit den gleichen Spalten-Definitionen wie die .COL-Datei. Sie bleibt nur bestehen, wenn der Import-Vorgang Fehler- oder Warnmeldungen erzeugt hat.

– die Import-Meldungsdatei (Extension .INL). Sie wird nur dann angelegt, wenn der Import-Vorgang Fehler- oder Warnmeldungen erzeugt hat.

– die temporäre Arbeitsdatei (Extension .TMP). Sie wird immer am Ende der Befehlsausführung gelöscht.

Befehlsformat:

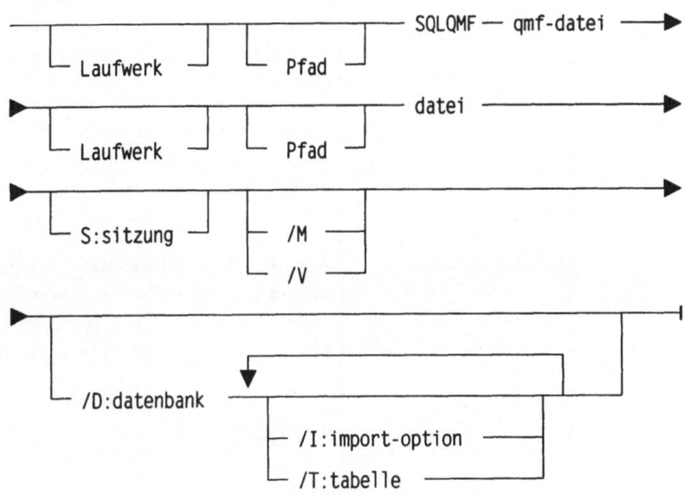

Parameter	
qmf-datei	gibt den Namen der Datei an, die auf dem Mainframe die mit QMF exportierten Daten enthält.
datei	benennt die Dateien, in die die übertragenen Informationen eingestellt werden. SQLQMF ergänzt den Namen um Extensionen, die auf den Inhalt hinweisen.
/D:datenbank	Angabe der Datenbank, in die die Daten geladen werden sollen. Wird dieser Parameter nicht angegeben, werden nur die OS/2-Dateien .DEL und .COL erstellt.
/I:import-option	gibt vor, was mit den importierten Daten geschehen soll: R Überschreiben aller Zeilen einer existierenden Tabelle. C Anlegen der Tabelle, Commit, Importieren der Daten. Die Tabelle darf noch nicht existieren. Bei einem Abbruch des Import-Vorgangs bleibt die Tabelle definiert. Dieser Parameter ist der Standard. A Erweitern einer bestehenden Tabelle. O Überschreiben einer bestehenden Tabellen-Definition und der zugehörigen Zeilen, falls eine solche existiert. Dieser Parameter darf nur zusammen mit /D benutzt werden.
/M	verweist auf ein MVS-System. /M wird als Standardwert unterstellt.
/S:sitzung	bezeichnet die Mainframe-Sitzung, die für die Datenübertragung benutzt werden soll. Es wird die Kurzbezeichnung verwendet. Standard ist A.
/T:tabelle	benennt die DB2/2-Tabelle, in die die Daten geladen werden. Wird *tabelle* nicht angegeben, benutzt SQLQMF den Dateinamen der Workstation.
/V	verweist auf ein VM-System.

10.3 Stored Procedures

Häufig dienen Programme dazu, ein sehr kompaktes Ergebnis aufzubereiten, auszugeben oder weiterzuleiten. Dazu sind möglicherweise mehrere Datenbank-Zugriffe notwendig. In einer Client-Server-Anwendung werden die Datenbank-Aufrufe vom Client zum Server gesendet, die Datenbank-Zugriffe auf dem Server ausgeführt, die Daten über das Netz zum Client gesendet und dort verarbeitet. Mit Stored Procedures, auf dem Server gespeicherten Prozeduren oder Programmen, können Sie unter DB2/2 die Datenübertragung minimieren und den Durchsatz im System verbessern: Der Client ruft eine Prozedur über eine spezielle Schnittstelle (DARI, Database Application Remote Interface genannt) auf dem Server auf und sendet dabei nur die Eingabedaten an den Server. Die Datenbank-Aufrufe, -Zugriffe und die Verarbeitung oder Verdichtung der Daten werden auf dem Server durchgeführt und nur das Ergebnis an den Client gesendet. Server-Prozeduren laufen dabei innerhalb derselben Transaktion ab, in der sie auf dem Client aufgerufen werden.

Stored Procedures sind C- oder COBOL-Programme, die in dynamischen Modul-Bibliotheken (Dynamic Link Libraries – .DLL) abgelegt werden, oder REXX-Prozeduren. Sie werden über die API-Schnittstellen sqleproc( ), CALL "_SQLGPROC" oder in REXX per call sqldbs 'INVOKE ...' aufgerufen. Parameter und Daten werden über Eingabe- und Ausgabe-SQLDAs (siehe auch Abschnitt 6.3 ESQL-Befehle, *DESCRIBE*) übergeben.

Die aufrufenden Programme können in jeder unterstützten Sprache (zur Zeit C, COBOL, FORTRAN oder REXX) geschrieben werden.

Mit INVOKE können Sie eine Stored Procedure in REXX-Programmen oder von der DB2/2-Kommandozeile aus aufrufen:

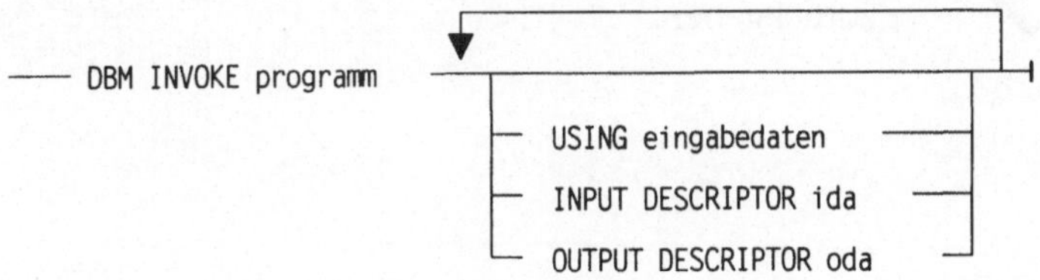

Parameter	
programm	gibt den Namen der Stored Procedure vor. Ist die aufgerufene Prozedur eine REXX-Prozedur muß sie die Namensextension .CMD in der Eingabe enthalten und in einem OS/2-Verzeichnis stehen, das auf dem Server unter PATH eingetragen ist.
	Handelt es sich bei der aufgerufenen Prozedur um ein C- oder COBOL-Programm, reicht der einfache Name aus, wenn sie in einer DLL-Bibliothek mit demselben Namen gespeichert ist.
	Ansonsten muß auch der Name der DLL-Bibliothek angegeben werden (lib.dll\programm). Die DLL-Bibliothek muß sich in einem OS/2-Verzeichnis befinden, das auf dem Server unter LIBPATH eingetragen ist.
USING eingabedaten	gibt die Eingabedaten an, die der Server-Prozedur übergeben werden.
INPUT DESCRIPTOR ida	gibt die Eingabe-SQLDA an, die der Server-Prozedur übergeben wird, um sie mit Eingabedaten zu versorgen.
OUTPUT DESCRIPTOR oda	gibt die Ausgabe-SQLDA an, die der Server-Prozedur übergeben wird, um die Rückgabedaten in Empfang zu nehmen.

Sie können mit INVOKE aus der Kommandozeile keine Prozeduren aufrufen, die Eingabe- oder Ausgabe-SQLDAs benutzen oder Daten zurückgeben.

Sachwortverzeichnis

Systemprogrammierung OS/2 2.x

von Frank Eckgold

1993. XVI, 959 Seiten mit Diskette. Gebunden.
ISBN 3-528-05306-2

Aus dem Inhalt: Detaillierte Einführung in die Programmentwicklung unter OS/2 2.x – Besonderheiten des Multitasking – Besonderheiten der nachrichtenbasierten Systemstruktur – Datenstrukturen – Systemnachrichten des OS/2 2.x.

Systemprogrammierung OS/2 2.x wendet sich an Programmentwickler, die eine präzise und überschaubare Einführung in die Konzepte und Strukturen des Multitaskingsystems OS/2 suchen. Gleichzeitig dient das Buch als hilfreiches Nachschlagewerk, das einen raschen Zugriff auf die Nutzung der Systemfunktionen, -nachrichten und -datenstrukturen ermöglicht. Alle wichtigen Betriebssystemfunktionen werden nach Aufgabenfeldern sortiert bereitgestellt, womit weitergehende Programmentwicklungen unter OS/2 2.x unterstützt werden. Die effektive Nutzung des Buches setzt die Kenntnis einer höheren prozeduralen Programmiersprache, vorzugsweise C, voraus.

Verlag Vieweg · Postfach 58 29 · 65048 Wiesbaden

Heinz Axel Pürner / Beate Pürner

DB2/2 kompakt

Anhang

Anhang

A1   DB2/2-Zugriffe im Programm MARIRECH

Hier die Ausgabe des EXPLAIN-Programms für unser Programmier-
beispiel in COBOL:

```
Explain Version 1.4 04G1047 (c) Copyright IBM Corp. 1989 1993
Licensed Material - Program Property of IBM
IBM DATABASE 2 OS/2 Explain Function


Plan Name = AXEL.MARIRECH
Section = 1


SQL Statement:
  SELECT NAME, Y.LAENGE, B.LPNR, (BIS-VON), STROM, WASSERANSCHLUSS,
         PNR
  FROM BELEGUNG B, YACHT Y, LIEGEPLATZ L
  WHERE B.LPNR = L.LPNR AND B.YNR = Y.YNR AND VON = :DATUMV
  ORDER BY B.LPNR


Access Table Name = AXEL.BELEGUNG  ID = 22  #Columns = 4
  Scan Direction  = Forward
  Index Scan:  Name = SYSIBM.SQL930909143346310  ID = 1  #Key Columns = 0
    Sargable Index Predicate
  Lock Intent Share
Nested Loop Join
  Access Table Name = AXEL.YACHT  ID = 17  #Columns = 4
    Scan Direction  = Forward
    Index Scan:  Name = SYSIBM.SQL930909141614160  ID = 1  #Key Columns = 1
    Lock Intent Share
Nested Loop Join
  Access Table Name = AXEL.LIEGEPLATZ  ID = 20  #Columns = 3
    Scan Direction  = Forward
    Index Scan:  Name = SYSIBM.SQL930909142938190  ID = 1  #Key Columns = 1
    Lock Intent Share
```

```
Plan Name = AXEL.MARIRECH
Section = 2


SQL Statement:

  SELECT NAME 1, NAME 2, ANSCHRIFT 1, ANSCHRIFT 2, TELEFON, TELEFAX,
          W JAHR, METER KOST, ZUSCHLAG, MWST SATZ, RECHNR INTO :NAME1,
          :NAME2, :ANSCHRIFT1, :ANSCHRIFT2, :TELEFON, :TELEFAX,
          :WJAHR, :KOSTENSATZ, :ZUSCHLAG:ZIND, :MWST, :RECHNR
  FROM WIRTJAHR
  WHERE W JAHR =
     (SELECT MAX(W JAHR)
     FROM WIRTJAHR)


Access Table Name = AXEL.WIRTJAHR  ID = 21  #Columns = 1
  Scan Direction  = Forward
  Index Scan:  Name = SYSIBM.SQL931229145155150  ID = 1  #Key Columns = 0
  Lock Intent Share
Aggregation
  Column Function(s)
Access Table Name = AXEL.WIRTJAHR  ID = 21  #Columns = 11
  Scan Direction  = Forward
  Index Scan:  Name = SYSIBM.SQL931229145155150  ID = 1  #Key Columns = 1
  Lock Intent Share




Plan Name = AXEL.MARIRECH
Section = 3


SQL Statement:

  UPDATE WIRTJAHR SET RECHNR = :RECHNR
  WHERE W JAHR = :WJAHR


Access Table Name = AXEL.WIRTJAHR  ID = 21  #Columns = 2
  Scan Direction  = Forward
  Index Scan:  Name = SYSIBM.SQL931229145155150  ID = 1  #Key Columns = 1
  Lock Intent Exclusive Immediate
Update:  Table Name = AXEL.WIRTJAHR  ID = 21
```

```
Plan Name = AXEL.MARIRECH
Section = 4


SQL Statement:

  SELECT NAME, VORNAME, NKZ, POSTLZ, ORT, STRASSE INTO :PNAME,
           :VORNAME, :NKZ, :PLZ, :ORT, :STRASSE:STRIND
  FROM PERSON P, ADRESSE A
  WHERE A.PNR = P.PNR AND ADR NR =
     (SELECT MIN(ADR NR)
      FROM ADRESSE
      WHERE PNR = :PNR)



Access Table Name = AXEL.ADRESSE  ID = 19  #Columns = 2
  Scan Direction  = Forward
  Index Scan:  Name = AXEL.I P ADR  ID = 2  #Key Columns = 1
  Lock Intent Share
Aggregation
  Column Function(s)
Access Table Name = AXEL.ADRESSE  ID = 19  #Columns = 6
  Scan Direction  = Forward
  Index Scan:  Name = SYSIBM.SQL930909142405750  ID = 1  #Key Columns = 1
  Lock Intent Share
Nested Loop Join
  Access Table Name = AXEL.PERSON  ID = 18  #Columns = 3
    Scan Direction  = Forward
    Index Scan:  Name = SYSIBM.SQL930909141936370  ID = 1  #Key Columns = 1
    Lock Intent Share
```

A2   REXX-Prozedur EXP.CMD zu EXPLAIN

```
/* A REXX Driver to invoke the EXPLAIN tool for all plans in a specified
database */

/* Change the SELECT statement by adding predicates (WHERE clause) if
you only want a selective set of access plans.  However, this program is
dependent on the SELECT list and FROM clause remaining constant */

stmt = 'SELECT creator, name FROM sysibm.sysplan ORDER BY 1, 2'

/* Register SQLDBS and SQLEXEC external entry points */
if rxfuncquery('SQLDBS') <> 0 then do
  rcy = rxfuncadd('SQLDBS', 'SQLAR', 'SQLDBS')
  if rcy <> 0 then
    say 'RxFuncAdd return code for SQLDBS is' rcy
end

if rxfuncquery('SQLEXEC') <> 0 then do
  rcz = rxfuncadd('SQLEXEC', 'SQLAR', 'SQLEXEC')
  if rcz <> 0 then
    say 'RxFuncAdd return code for SQLEXEC is' rcz
end

say
say 'Database Name'
pull dbname
call sqldbs 'Start Using Database' dbname

/* display any error messages */
sql_result = check_sql()

if sql_result = 0 then do

  /* declare cursor for select statements */
  call sqlexec declare c51 cursor with hold for s51

  /* display any error messages */
  sql_result = check_sql()

  if sql_result = 0 then do

    /* call sqlexec to prepare the sql statement */
    call sqlexec prepare s51 from ':stmt'
```

```
/* display any error messages */
sql_result = check_sql()

if sql_result = 0 then do

  /* call sqlexec to open the cursor */
  call sqlexec open c51

  /* display any error messages */
  sql_result = check_sql()

  count = 0

  /* while no sql errors */
  do while sql_result = 0

    /* call sqlexec to fetch a row of data */
    call sqlexec fetch c51 into ':creator, :planname'

    /* display any error messages */
    sql_result = check_sql()

    /* if successful fetch */
    if sql_result = 0 then do

      count = count + 1

      /* get rid of trailing blanks */
      planname = strip(planname, T, ' ')
      creator  = strip(creator,  T, ' ')

      /* if first invocation of explain */
      if count = 1 then do

        /* this prevents lock contention if the explain plan has
           to be bound */
        call sqlexec commit

        /* display any error messages */
        sql_result = check_sql()

      end
```

```
            if sql_result = 0 then do

              /* call explain */
              explain dbname planname creator 0 planname'.EXP'

            end
          end
          else do
            if sql_result = 100 & count = 0 then do
              parse source with 'COMMAND ' src
              say 'No plans were found in database' dbname
              say 'which match the SQL SELECT statement in' src
            end
          end
        end

        /* end-of-file */
        if sql_result = 100 then do

          /* call sqlexec to close the cursor */
          call sqlexec close c51

          /* display any error messages */
          sql_result = check_sql()
        end
      end
    end

    call sqldbs stop using database
    sql_result = check_sql()

    /* drop the SQLDBS and SQLEXEC external functions */
    rcy = rxfuncdrop('SQLDBS')
    rcz = rxfuncdrop('SQLEXEC')
end
exit sql_result
```

```
check_sql: procedure expose result sqlca. sqlmsg
  if (result <> 0) then do
    sql_result = result
    say 'Result =' result
  end
  else do
    sql_result = sqlca.sqlcode
    if sqlca.sqlcode <> 0 & sqlca.sqlcode <> 100 then
      say sqlmsg
  end
return sql_result
```

A3   DB2/2-Katalog-Tabellen

SYSIBM.SYSBACKUP

Spalte	Datentyp	Erläuterung
DB_FILE_NAME	CHAR(12) NOT NULL	Dateiname mit Extension
DATE_CREATED	INTEGER NOT NULL	Datum der Datei-Einrichtung
TIME_CREATED	INTEGER NOT NULL	Uhrzeit der Datei-Einrichtung
DATE_WRITTEN	INTEGER NOT NULL	Datum der letzten Datei-Änderung
TIME_WRITTEN	INTEGER NOT NULL	Uhrzeit der letzten Datei-Änderung
STATE	SMALLINT NOT NULL	Datei-Status: 0 = aktiv, 1 = gelöscht
OLD_ATTR	INTEGER NOT NULL	Datei-Attribute vor Sicherung
NEW_ATTR	INTEGER NOT NULL	Datei-Attribute nach Sicherung

SYSIBM.SYSCOLUMNS

Spalte	Datentyp	Erläuterung
NAME	VARCHAR(18)	Spaltenname
TBNAME	VARCHAR(18)	Name der Tabelle oder Sicht
TBCREATOR	CHAR(8)	Qualifier der Tabelle oder Sicht
REMARKS	VARCHAR(254)	Benutzer-Kommentar
COLTYPE	CHAR(8)	Datentyp der Spalte, ggfs. in sprechender Abkürzung
NULLS	CHAR(1)	NULL-Angabe: Y = NULLS erlaubt N = NOT NULL D = WITH DEFAULT
CODEPAGE	SMALLINT	Angabe des Zeichencodes für Zeichenketten
DBCSCODEPG	SMALLINT	Angabe des Zeichencodes für Zeichenketten bei Doppelbyte-Darstellung
LENGTH	SMALLINT	Länge der Spalte
SCALE	SMALLINT	Skalierung für DECIMAL-Spalten
COLNO	SMALLINT	Positionsnummer der Spalte innerhalb der Tabelle oder Sicht
COLCARD	INTEGER	Anzahl unterschiedlicher Spaltenwerte
HIGH2KEY	VARCHAR(16)	Zweithöchster Wert der Spalte
LOW2KEY	VARCHAR(16)	Zweitniedrigster Wert der Spalte
AVGCOLLEN	INTEGER	Durchschnittliche Länge der Spalte
KEYSEQ	SMALLINT	Rangfolge der Spalte innerhalb des Primär-schlüssels der Tabelle

SYSIBM.SYSDBAUTH

Spalte	Datentyp	Erläuterung
GRANTOR	CHAR(8)	Kennung des Benutzers, der die Berechtigungen vergab
GRANTEE	CHAR(8)	Kennung des Benutzers, der die Berechtigungen erhielt
DBADMAUTH	CHAR(1)	DBADM-Berechtigung: Y/N
CREATETABAUTH	CHAR(1)	CREATETAB-Berechtigung: Y/N
BINDADDAUTH	CHAR(1)	BINDADD-Berechtigung: Y/N
CONNECTAUTH	CHAR(1)	CONNECT-Berechtigung: Y/N

SYSIBM.SYSINDEXAUTH

Spalte	Datentyp	Erläuterung
GRANTOR	CHAR(8)	Kennung des Benutzers, der die Berechtigungen vergab
GRANTEE	CHAR(8)	Kennung des Benutzers, der die Berechtigungen erhielt
NAME	VARCHAR(18)	Name des Index
CREATOR	CHAR(8)	Qualifier des Index
CONTROLAUTH	CHAR(1)	CONTROL-Berechtigung: Y/N

SYSIBM.SYSINDEXES

Spalte	Datentyp	Erläuterung
NAME	VARCHAR(18)	Indexname
CREATOR	CHAR(8)	Qualifier des Index
TBNAME	VARCHAR(18)	Name der zugehörigen Tabelle
TBCREATOR	CHAR(8)	Qualifier der zugehörigen Tabelle
COLNAMES	VARCHAR(320)	Liste der Spaltennamen mit + oder - für die auf- oder absteigende Sortierfolge
UNIQUERULE	CHAR(1)	Eindeutigkeit: U = eindeutig, P = Primärschlüssel, D = nicht eindeutig
COLCOUNT	SMALLINT	Anzahl der Spalten des Index
IID	SMALLINT	Interne Index-Kennung
NLEAF	INTEGER	Anzahl Leaf Pages
NLEVELS	SMALLINT	Anzahl der Index-Stufen
FIRSTKEYCARD	INTEGER	Anzahl der unterschiedlichen Werte der ersten Index-Spalte
FULLKEYCARD	INTEGER	Anzahl der unterschiedlichen Werte aller Index-Spalten
CLUSTERRATIO	SMALLINT	drückt Verhältnis von Index- und Zeilen-Sortierfolge aus

SYSIBM.SYSPLAN

Spalte	Datentyp	Erläuterung
NAME	CHAR(8)	Name des Zugriffplans (package)
CREATOR	CHAR(8)	Qualifier des Zugriffsplans
BOUNDBY	CHAR(8)	Kennung des Benutzers, der den Zugriffsplan gebunden hat
VALID	CHAR(1)	Zugriffsplan noch gültig: Y/N
UNIQUE_ID	CHAR(8)	Interner Zeitstempel, der den letzten Bindelauf des Zugriffsplans anzeigt
TOTALSECT	SMALLINT	Anzahl der Abschnitte des Zugriffsplans
FORMAT	CHAR(1)	Format von Datum und Uhrzeit
SECT_INFO	LONG VARCHAR	Interne Daten zu änderbaren Spalten und Cursor
HOST_VARS	LONG VARCHAR	Interne Daten zu Programm-Variablen
ISOLATION	CHAR(1)	Benutzertrennung: R = repeatable read, S = cursor stability, U = uncomitted read
BLOCK	CHAR(1)	Satzblockung
STANDARDS_LEVEL	CHAR(1)	SQL-Standard: 0 = SAA Level 1, 1 = MIA

SYSIBM.SYSPLANAUTH

Spalte	Datentyp	Erläuterung
GRANTOR	CHAR(8)	Kennung des Benutzers, der die Berechtigungen vergab
GRANTEE	CHAR(8)	Kennung des Benutzers, der die Berechtigungen erhielt
NAME	CHAR(8)	Name des Zugriffplans
CREATOR	CHAR(8)	Qualifier des Zugriffsplans
CONTROLAUTH	CHAR(1)	CONTROL-Berechtigung: Y/N
BINDAUTH	CHAR(1)	BIND-Berechtigung: Y/N
EXECUTEAUTH	CHAR(1)	EXECUTE-Berechtigung: Y/N

SYSIBM.SYSPLANDEP

Spalte	Datentyp	Erläuterung
BNAME	VARCHAR(18)	Name des Objekts
BCREATOR	CHAR(8)	Qualifier des Objekts
BTYPE	CHAR(1)	Objektart (Index, Tabelle, Sicht)
DNAME	CHAR(8)	Name des Zugriffplans (package)
DCREATOR	CHAR(8)	Qualifier des Zugriffsplans
BINDER	CHAR(8)	Kennung des Benutzers, der den Zugriffsplan gebunden hat
TABAUTH	SMALLINT	Interne Verschlüsselung aller Tabellen-Abhängig-keiten

SYSIBM.SYSRELS

Spalte	Datentyp	Erläuterung
CREATOR	CHAR(8)	Qualifier der abhängigen Tabelle
TBNAME	VARCHAR(18)	Name der abhängigen Tabelle
RELNAME	CHAR(8)	Name der referentiellen Beziehung
REFTBNAME	VARCHAR(18)	Name der übergeordneten Tabelle
REFTBCREATOR	CHAR(8)	Qualifier der übergeordneten Tabelle
COLCOUNT	SMALLINT	Anzahl der Spalten des Fremdschlüssels
DELETERULE	CHAR(1)	Lösch-Regel: C = CASCADE, R = RESTRICT, N = SET NULL
UPDATERULE	CHAR(1)	Änderungsregel: R = RESTRICT
TIMESTAMP	TIMESTAMP	Zeitstempel, wann die Beziehung definiert wurde
FKCOLNAMES	VARCHAR(320)	Liste der Spaltennamen des Fremdschlüssels
PKCOLNAMES	VARCHAR(320)	Liste der Spaltennamen des Primärschlüssels

SYSIBM.SYSSECTION

Spalte	Datentyp	Erläuterung
PLNAME	CHAR(8)	Name des Zugriffplans (package)
PLCREATOR	CHAR(8)	Qualifier des Zugriffsplans
SEQNO·	SMALLINT	Folgenummer der Zeile zu diesem Abschnitt – beginnend mit 1
SECTNO	SMALLINT	Nummer des Abschnitts
SECTION	VARCHAR(3900)	Abschnitt oder Teil davon

SYSIBM.SYSSTMT

Spalte	Datentyp	Erläuterung
PLNAME	CHAR(8)	Name des Zugriffplans (package)
PLCREATOR	CHAR(8)	Qualifier des Zugriffsplans
SEQNO	SMALLINT	Folgenummer der Zeile zu diesem Befehl – beginnend mit 1
SECTNO	SMALLINT	Nummer des Abschnitts zu diesem Befehl
TEXT	VARCHAR(3900)	Befehl oder Teil davon

SYSIBM.SYSTABAUTH

Spalte	Datentyp	Erläuterung
GRANTOR	CHAR(8)	Kennung des Benutzers, der die Berechtigungen vergab
GRANTEE	CHAR(8)	Kennung des Benutzers, der die Berechtigungen erhielt
TCREATOR	CHAR(8)	Qualifier der Tabelle oder Sicht
TTNAME	VARCHAR(18)	Name der Tabelle oder Sicht
CONTROLAUTH	CHAR(1)	CONTROL-Berechtigung: Y/N
ALTERAUTH	CHAR(1)	ALTER TABLE-Berechtigung: Y/N
DELETEAUTH	CHAR(1)	DELETE-Berechtigung: Y/N
INDEXAUTH	CHAR(1)	CREATE INDEX-Berechtigung: Y/N
INSERTAUTH	CHAR(1)	INSERT-Berechtigung: Y/N
SELECTAUTH	CHAR(1)	SELECT-Berechtigung: Y/N
UPDATEAUTH	CHAR(1)	UPDATE-Berechtigung: Y/N
REFAUTH	CHAR(1)	Referenz-Berechtigung bei referentieller Integrität: Y/N

SYSIBM.SYSTABLES

Spalte	Datentyp	Erläuterung
NAME	VARCHAR(18)	Name der Tabelle oder Sicht
CREATOR	CHAR(8)	Qualifier der Tabelle oder Sicht
TYPE	CHAR(1)	T = Tabelle, V = Sicht
CTIME	TIMESTAMP	Zeitstempel, wann die Tabelle angelegt wurde
REMARKS	VARCHAR(254)	Benutzer-Kommentar
PACKED_DESC	LONG VARCHAR	Internes Format der Tabellenbeschreibung für schnelle Befehlsübersetzungen
VIEW_DESC	LONG VARCHAR	Internes Format der Sichtbeschreibung
COLCOUNT	SMALLINT	Anzahl der Tabellenspalten
FID	SMALLINT	Interne Datei-Kennung
TID	SMALLINT	Interne Tabellen-Kennung
CARD	INTEGER	Anzahl der Zeilen
NPAGES	INTEGER	Anzahl der Blöcke (Pages) mit Zeilen
FPAGES	INTEGER	Anzahl der Blöcke der Datei
OVERFLOW	INTEGER	Anzahl der Überlauf-Zeilen der Tabelle
PARENTS	SMALLINT	Anzahl übergeordneter Tabellen
CHILDREN	SMALLINT	Anzahl abhängiger Tabellen
SELFREFS	SMALLINT	Anzahl der Referenzen auf sich selbst

KEYCOLUMNS	SMALLINT	Anzahl der Spalten des Primärschlüssels
KEYOBID	SMALLINT	Index-Kennung des Primärschlüssels
REL_DESC	LONG VARCHAR	Interne Beschreibung aller Beziehungen der Tabelle

SYSIBM.SYSVIEWDEP

Spalte	Datentyp	Erläuterung
BNAME	VARCHAR(18)	Name der Tabelle oder Sicht, von der die Sicht abhängt
BCREATOR	CHAR(8)	Qualifier zu BNAME
BTYPE	CHAR(1)	Art von BNAME (Tabelle, Sicht)
DNAME	VARCHAR(18)	Name der Sicht
DCREATOR	CHAR(8)	Qualifier der Sicht
VCAUTHID	CHAR(8)	Kennung des Benutzers, der die Sicht definierte

SYSIBM.SYSVIEWS

Spalte	Datentyp	Erläuterung
NAME	VARCHAR(18)	Name der Sicht
CREATOR	CHAR(8)	Qualifier der Sicht
SEQNO	SMALLINT	Folgenummer der Zeile zu dieser Sicht - beginnend mit 1
CHECK	CHAR(1)	CHECK-Option: Y/N
TEXT	VARCHAR(3900)	CREATE VIEW-Befehl oder Teil davon

B1 Literaturverzeichnis

Zu den Themen Datenmodellierung und Datenbank-Entwurf verweisen wir auf folgende vertiefende Veröffentlichungen:

[1]   Chen, P.P.S.:
The Entity-Relationship Model: Toward a Unified View of Data,
in: ACM Transaction on Database Systems, Vol. 1 No. 1, 1976

[2]   Coad, P., Yourdon, E.:
Object-Oriented Analysis, 2nd edition, Verlag Prentice Hall,
Englewood Cliffs

[3]   Martin, J.:
Information Engineering, Book II: Planning and Analysis,
Prentice Hall, Englewood Cliffs

[4]   Mistelbauer, H.:
Datenstrukturanalyse in der Systementwicklung
in: Müller-Ettrich, G.: Effektives Datendesign, Verlag Rudolf
Müller, Köln

[5]   Nijssen, G.M., Halpin, T.:
Conceptual Schema and Relational Database Design, Verlag
Prentice Hall

[6]   Pürner, H.A.:
Moderne Methoden der Datenmodellierung - ein Vergleich
bereits etablierter und neuerer Verfahren, in:
Fähnrich, K.P.: Software-Engineering und Software-Werkzeuge,
Kongreßband VI - Online 89, Online GmbH, Velbert, 1989

[7]   Pürner, H.A.:
NIAM - Eine Methode zur Informationsanalyse - Die Alternative
zu Top-Down-Ansätzen, in:
Heilmann, W.: Informationsmanagement: Strategien und
Logistik der Informationsverarbeitung, Kongreßband VII -
Online 92, Online GmbH, Velbert, 1992

[8]   Vetter, M.:
Strategie der Anwendungssoftware-Entwicklung, Verlag B.G.
Teubner, Stuttgart

[9]   Vetter, M.:
Aufbau betrieblicher Informationssysteme mittels konzeptioneller Datenmodellierung, Verlag B.G. Teubner, Stuttgart

Zu DB2/2 gibt es folgende Handbücher des Herstellers:

Bestell-Nr.	Titel
S62G-3670-00	Command Reference
S62G-3663-00	DB2/2 Guide
S62G-3662-00	Information & Planning Guide
S62G-3664-00	Installation Guide
S62G-3669-00	Master Index & Glossary
S62G-3668-00	Messages & Problem Determination Guide
S62G-3665-00	Programming Guide
S62G-3666-00	Programming Reference
S62G-3667-00	SQL Reference

Im DB2/2-Paket sind außerdem folgende Handbücher zum Query Manager enthalten:

Bestell-Nr.	Titel
S62G-3672-00	Query Manager Programming Guide & Reference
S62G-3671-00	Query Manager User's Guide & Exercises

Zur schnellen Unterscheidung sind die Buchrücken farblich gekennzeichnet:

Gelb	— Master Index & Glossary
Blau	— Information & Planning Guide — Installation Guide — DB2/2 Guide
Rot	— Programming Guide — Programming Reference — Messages & Problem Determination Guide
Grün	— SQL Reference — Command Reference
Lila	— Query Manager User's Guide & Exercises — Query Manager Programming Guide & Reference

B2   Abkürzungsverzeichnis

API	application programming interface
APPC	Advanced Program-to-Program Communication
APPN	Advanced Peer-to-Peer Networking
DARI	Database Application Remote Interface
DDCS/2	Distributed Database Connection Services/2
DRDA	Distributed Relational Database Architecture
EE	Extended Edition
ESQL	Embedded SQL
LU	Logical Unit
MIA	Multi-vendor Integrated Architecture
PM	Presentation Manager
QMF	Query Management Facility
RDS	Remote Data Services
RPC	Remote Procedure Call
SAA	Systems Application Architecture
SNA	Systems Network Architecture
SQL	Structured Query Language
SQLDA	SQL Deskriptor Area
UPM	User Profile Management

B3   Begriffsliste

In diesem Buch haben wir, wenn immer es sinnvoll und möglich war, die *deutsche* Fachbegriffe statt der englischen verwendet. Die folgenden Zusammenstellungen enthalten, alphabetisch sortiert, die wichtigsten Übersetzungen der Begriffe.

deutsch - englisch

Abfrage	query
abhängige Tabelle	dependent table
Abschnitt	section
aktuell	current
Anschluß	port
Arbeits-Einheit	unit of work
Ausgabeformat	form
Ausnahmezustand	exceptions condition
Benutzertrennung	isolation level
Bericht	report
Block	page
Entitäten-Integrität	entity integrity
erfüllt	true
Ersteller	creator
geführter Modus	prompted mode
Hilfsprogramm	utility
Kennung	identification
Maske	panel
Prädikat	predicate
Profil-Verwalter	accounts operator
Programm-Variable	host variable
Pufferbereich	buffer pool
Sperren	locks
Unterabfrage	subquery
Untertabelle	subtable
übergeordnete Tabelle	parent table
Verarbeitungseinheit	transaction
	logical unit of work
Verhalten	rule

wahr	true
Wurzel-Tabelle	root table
Ziel-Datenbank	target database
Zugriffsplan	package

englisch - deutsch

accounts operator	Profil-Verwalter
buffer pool	Pufferbereichs
creator	Ersteller
current	aktuell
dependent table	abhängige Tabelle
entity integrity	Entitäten-Integrität
exceptions condition	Ausnahmezustand
form	Ausgabeformat
host variable	Programm-Variable
identification	Kennung
isolation level	Benutzertrennung
locks	Sperren
logical unit of work	Verarbeitungseinheit
package	Zugriffsplan
page	Block
panel	Maske
parent table	übergeordnete Tabelle
port	Anschluß
predicate	Prädikat
prompted mode	geführter Modus
query	Abfrage
report	Bericht
root table	Wurzel-Tabelle
rule	Verhalten
section	Abschnitt
subquery	Unterabfrage
subtable	Untertabelle

target database	Ziel-Datenbank
transaction	Verarbeitungseinheit
true	erfüllt, wahr
unit of work	Arbeits-Einheit
utility	Hilfsprogramm

Schlagwortverzeichnis Anhang